Pythonによる
データマイニングと
機械学習

藤野 巖 著

本書に掲載されている会社名・製品名は、一般に各社の登録商標または商標です。

本書を発行するにあたって、内容に誤りのないようできる限りの注意を払いましたが、本書の内容を適用した結果生じたこと、また、適用できなかった結果について、著者、出版社とも一切の責任を負いませんのでご了承ください。

　本書は、「著作権法」によって、著作権等の権利が保護されている著作物です。本書の複製権・翻訳権・上映権・譲渡権・公衆送信権（送信可能化権を含む）は著作権者が保有しています。本書の全部または一部につき、無断で転載、複写複製、電子的装置への入力等をされると、著作権等の権利侵害となる場合があります。また、代行業者等の第三者によるスキャンやデジタル化は、たとえ個人や家庭内での利用であっても著作権法上認められておりませんので、ご注意ください。
　本書の無断複写は、著作権法上の制限事項を除き、禁じられています。本書の複写複製を希望される場合は、そのつど事前に下記へ連絡して許諾を得てください。

出版者著作権管理機構
（電話 03-5244-5088, FAX 03-5244-5089, e-mail: info@jcopy.or.jp）

JCOPY ＜出版者著作権管理機構 委託出版物＞

まえがき

　われわれはビッグデータの時代に生きています。したがって、いやおうなく常にデータに付きまとわれており、膨大なデータに毎日うんざりしている方も少なくありません。そして、何とかして少しだけ振り落としたり、我慢したりすることができても、そこから逃げ出すことができません。このデータの大海原の航海も、順風満帆に目的地に着くか、あるいはあてもなくただただ漂流するか、暴風雨に遭って沈没するか、その運命は、自分自身で磨き上げた知識と技術に掛かっているのです。

　近年、データマイニングと機械学習は一躍脚光を浴びています。データマイニングとは、データを採掘することですが、石炭などの採掘と同じように、貴重なデータを採掘することは非常に大変な作業なのです。この作業の効率化において大きな力を発揮するのが機械学習です。また、データマイニングと機械学習の急激な発展に大きな役割を果たしているのが、プログラミング言語の Python です。Python は生産性、信頼性、ユーティリティに優れた言語であり、今日、Python を用いて実用的なプログラムを作成するスキルが、ビッグデータの仕事を担うデータサイエンティストあるいはデータエンジニアにとって欠かせないものとなっています。

　現在、これらデータマイニングと機械学習の技術の発展が社会の進歩に多大な影響を与えており、今後、データマイニングと機械学習の知識とスキルに長ける人が求められる場面は増える一方であると見込まれています。本書は、このような背景を踏まえ、これからデータサイエンティスト、もしくはデータエンジニアを目指す方々の手助けとなるよう執筆しました。すなわち、初歩的なレベルからできるだけスムーズにデータマイニングと機械学習の世界に溶け込んでいただき、実務に役立つレベルまで到達していただけるよう解説に努めています。本書の構成においては、以下のような工夫をしてあります。

- 各種基本的なアルゴリズムの基本理論については、できるだけ飛躍なく丁寧に解説を試みています。一方、実際に応用ができるようになってもらうことを目指していますので、一部の数学解析などは少々レベルが高いかもしれない箇所があるかもしれません。そのような箇所は、両側に縦線を引いてあります。これらの箇所は初めて学習する方は読み飛ばしていただいても問題ありません。そうしておいて、概ね理解をした後で、読み返してみてください。
- 例題のソースコードはそのまま使用できるよう、省略することなく全文を掲載しています。これによって、プログラムの実行結果から実践的に基本理論やアルゴリズ

ムを理解いただくことができるようにと考えました。また、読者が他のところを参照することなく、プログラムを作成して実行できるように、すべての例題のプログラムにその作成作業、および実行用コマンドまでを明確に記述しました。
- さらに、例題のプログラムについて、1つひとつ詳しい解説を心がけました。特に少し長めのプログラムについては、2段階構成で解説を行っています。すなわち、第1段階では、行番号の範囲を示して、機能ブロックが全体的にどんな機能を実現しているかを説明し、そのうえで、第2段階で、行番号を1行ずつ明示して、さらにコードの細部の書き方まで説明しています。
- 読者が身近なPCで実践しやすいよう、現在最も普及しているPCの基本ソフトウェア Windows 10 上で動作するプログラム開発環境としました。また、Python の各種ライブラリをまとめたパッケージ Anaconda ＋ Visual Studio Code を活用することで、読者自身が個別にライブラリを導入する手間を省くことができるようにしました。こうして、ソースコード作成、プログラム実行、およびファイル管理など含めて、全体的に使いやすい操作環境となるよう心がけました。

データサイエンティストやデータエンジニアを目指す読者の皆さんに、本書が学習の一助となれば幸いです。最後になりましたが、本書を出版する機会を与えてくださいました、株式会社オーム社書籍編集局に心より御礼申し上げます。また、本書の編集および作成作業にあたり、ご尽力いただいた方々に深く感謝致します。

2019年7月

藤 野 巖

目　次

準備編

第 1 章　データマイニングと機械学習
1.1　ビッグデータ 1
1.2　データマイニング 2
1.3　機械学習 4
1.4　プログラム開発環境の構築 5

第 2 章　Python 速習（基本編）
2.1　Python の基本事項 31
2.2　Python の制御文（分岐） 35
2.3　Python の制御文（繰り返し） 38
2.4　リスト 46
2.5　ディクショナリ 50
2.6　ファイル入出力 55

第 3 章　Python 速習（応用編）
3.1　関　数 67
3.2　クラス 70
3.3　モジュールとライブラリ 74
3.4　数値計算ライブラリ NumPy と科学計算ライブラリ SciPy 81
3.5　グラフ作成ライブラリ matplotlib 85
3.6　機械学習ライブラリ scikit-learn 88
3.7　データ分析ライブラリ pandas 92

基礎編

第 4 章　回帰分析
4.1　モデル、学習と予測 97
4.2　線形回帰 98
4.3　評価指標 104
4.4　scikit-learn による線形回帰の実現 105
4.5　重回帰のプログラム例 107

第5章　階層型クラスタリング
- 5.1　クラスタリング ... 117
- 5.2　階層型クラスタリングと非階層型クラスタリング ... 122
- 5.3　階層型クラスタリングのアルゴリズム ... 124
- 5.4　SciPyによる階層型クラスタリングの実現 ... 129
- 5.5　階層型クラスタリングのプログラム例 ... 132

第6章　非階層型クラスタリング
- 6.1　k-平均法 ... 141
- 6.2　scikit-learnによるk-平均法のプログラム実現 ... 154
- 6.3　非階層型クラスタリングのプログラム例 ... 155

第7章　単純ベイズ法による分類
- 7.1　分類問題 ... 161
- 7.2　正解付きデータセット、そして訓練データとテストデータ ... 163
- 7.3　分類器の評価と評価指標 ... 164
- 7.4　単純ベイズ法 ... 165
- 7.5　scikit-learnによる単純ベイズ法のプログラム実現 ... 171
- 7.6　単純ベイズ法のプログラム例 ... 174

第8章　サポートベクトルマシン法による分類
- 8.1　基本的な考え方 ... 181
- 8.2　2クラス線形分離問題のサポートベクトルマシン法のモデル ... 184
- 8.3　サポートベクトルマシン法のモデルの最適解 ... 187
- 8.4　カーネル法による非線形サポートベクトルマシンモデル ... 193
- 8.5　scikit-learnによるサポートベクトルマシン法のプログラム実現 ... 199
- 8.6　サポートベクトルマシン法のプログラム例 ... 200

4.6　リッジ回帰 ... 110
4.7　scikit-learnによるリッジ回帰の実現 ... 111
4.8　リッジ回帰のプログラム例 ... 113

実践編

第9章　時系列数値データの予測
- 9.1　時系列数値データ ... 205
- 9.2　相関係数 ... 206
- 9.3　時系列数値データの予測と評価指標 ... 211

- 9.4 線形回帰モデルによる時系列数値データの予測 213
- 9.5 Python によるプログラム実現 214
- 9.6 時系列数値データの予測のプログラム例 218

第10章 日経平均株価の予測
- 10.1 データの準備と確認 229
- 10.2 予測手法の詳細 237
- 10.3 説明変数の選択 238
- 10.4 日経平均株価（終値）の予測プログラム 245

第11章 テキストデータマイニング
- 11.1 形態素解析と MeCab 253
- 11.2 MeCab の簡単なプログラム例 256
- 11.3 文書データの数値化：TF–IDF 261
- 11.4 ベクトル空間モデルとコサイン類似度 265
- 11.5 scikit–learn によるプログラム実現 267
- 11.6 Python による TF–IDF とコサイン類似度のプログラム例 269

第12章 Wikipedia 記事の類似度
- 12.1 データの準備 277
- 12.2 Wikipedia 記事から特徴量 TF–IDF を抽出する 284
- 12.3 Wikipedia 記事間の類似度 292

第13章 画像データの取り扱い手法
- 13.1 簡単な例：手書き数字の認識 305
- 13.2 OpenCV を始めよう 313
- 13.3 画像の表現と特徴量 317
- 13.4 OpenCV による特徴量の抽出と画像マッチング 321
- 13.5 Python によるプログラム例 323

第14章 画像の類似判別とクラスタリング
- 14.1 画像類似判別問題 329
- 14.2 一致する特徴点を数える手法 331
- 14.3 一致する特徴点間の平均距離を用いる手法 336
- 14.4 ベクトル量子化 339
- 14.5 ベクトル量子化とコサイン類似度を用いる手法 343
- 14.6 画像集合のクラスタリング 349

索引 357

本書ご利用の際の注意事項

　本書で解説している内容を実行・利用したことによる直接あるいは間接的な損害に対して、著作者およびオーム社は一切の責任を負いかねます。利用については利用者個人の責任において行ってください。

　本書に掲載されている情報は、2019年7月時点のものです。将来にわたって保証されるものではありません。実際に利用される時点では変更が必要となる場合がございます。特に、各社が提供しているAPIは仕様やサービス提供に係る変更が頻繁にあり、Pythonのライブラリ群等も頻繁にバージョンアップがなされています。これらによっては本書で解説しているアプリケーション等が動かなくなることもありますので、あらかじめご了承ください。

　本書の発行にあたって、読者の皆様に問題なく実践していただけるよう、できる限りの検証をしておりますが、以下の環境以外では構築・動作を確認しておりませんので、あらかじめご了承ください。

- PC本体：Windows10 Home 64bit（CPU：Intel Core i7、メモリ：8GB）
- 開発環境：Anaconda バージョン 2019.03（Python 3.7 version）

　また、上記環境を整えたいかなる状況においても動作が保証されるものではありません。ネットワークやメモリの使用状況、および同一PC上にある他のソフトウェアの動作によって、本書のプログラムが動作できなくなることがあります。併せてご了承ください。

　本書の購入者に対する限定サービスとして、本書に掲載しているソースコードは、以下の手順でオーム社のWebページからダウンロードできます。

1. オーム社のWebページ「https://www.ohmsha.co.jp/」を開きます。
2. 「書籍検索」で『Pythonによるデータマイニングと機械学習』を検索します。
3. 本書のページの「ダウンロード」タブを開き、ダウンロードリンクをクリックします。
4. ダウンロードしたファイルを解凍します。

　なお、本書に掲載しているソースコードについては、オープンソースソフトウェアのBSDライセンス下で再利用も再配布も自由です。

本書の構成と読み方

　本書は、データマイニングと機械学習の各種アルゴリズムの基本理論およびPython言語によるプログラム実現を順序よく、スムーズに学べるように構成しています。つまり、本書を読んでいただければ、データマイニングと機械学習の各種アルゴリズムについて理解でき、かつ時系列データ、テキストデータ、画像データに対して、Python言語を用いて実践的に応用できるようになります。本書は全体で14章からなりますが、大きく以下の3つの部分に分けられます。

- 第1部：準備編
  第1部は第1章、第2章と第3章から構成されています。ここでは、これ以降の学習のために必要な、Python言語の基本知識とスキルを解説しています。
  - 第1章：データマイニングおよび機械学習の基本概念の説明と、本書のプログラムを実行できる開発環境の構築について紹介しています。
  - 第2章：Python言語によるプログラミングのポイントを解説しています。すなわち、Python言語の基本事項、制御文、リスト、ディクショナリについて学びます。
  - 第3章：第2章に続いて、Python言語によるプログラミングのポイントを解説しています。ここでは、Python言語の関数、クラスおよびモジュールについて学びます。さらに、本書で使う各種データマイニングや機械学習のライブラリについて簡単に紹介しています。
- 第2部：基礎編
  第2部は、第4章から第8章までで構成されています。ここでは、データマイニングと機械学習の基本アルゴリズムの導出とプログラム実現について説明しています。
  - 第4章：回帰分析
  - 第5章：クラスタリング（階層型）
  - 第6章：クラスタリング（非階層型）
  - 第7章：分類（単純ベイズ法）
  - 第8章：分類（サポートベクトルマシン法）
- 第3部：実践編
  第3部は、第9章から第14章までで構成されています。ここでは、第2部で説明した各種データマイニングと機械学習アルゴリズムを使って、性質の異なる3種類のデータ（時系列データ、テキストデータ、画像データ）に対して、より実践的なデータマイニングを学びます。

- 第 9 章：時系列数値データの予測（第 4 章の応用）
- 第 10 章：日経平均株価の予測（第 4 章＋第 9 章の総合応用例）
- 第 11 章：テキストデータのマイニング
- 第 12 章：Wikipedia 記事の類似度（第 11 章の総合応用例）
- 第 13 章：画像データの取り扱い
- 第 14 章：画像の類似判別とクラスタリング（第 5 章＋第 8 章＋第 12 章＋第 13 章の総合応用例）

　本書は、第 1 章から順番に読んでいただくことを想定して構成していますが、事前に Python 言語の予備知識があれば、第 2 章と第 3 章は飛ばしていただいても問題ないでしょう。また、基本理論についての理解を後回しにして、まずはプログラムを走らせてみるといった学習スタイルで読み進めることもできます。

　さらには、いわゆる、芋づる式の読み方も可能です。すなわち、自分の関心のある部分から読み始めて、それに関連する箇所を順番に読んでいくという読み方です。例えば画像処理をしたいならば、いきなり第 13 章、第 14 章から読み始めて、例題のプログラムを動作させてみます。このように自ら進んで読みたいところから読んでいったほうが、結果的に読破しやすい人もいるかもしれません。

　また、本書では、数多くの例題を示してあります。なぜなら、例題を通して、基本理論への理解を深めることだけでなくプログラミングの技法やコーディングのスタイルも身につけることができるようになるはずと考えられるからです。なお、できればそのまま動かしてみるだけでなく、読者が自ら考えて、文やパラメータなどの一部を少しだけ変更して動かしてみてください。さらに、変更したことで、実行結果がどのように変わるかについてもあらかじめ想像してみてください。その結果において、プログラムが想定どおりに動作するようであれば、解説内容に対する自分の理解の正確さを実感することができ、自信を深めることができます。また、想定どおりにいかなければ、その原因は自分が変更したところにしかありませんので、何が悪かったのかを簡単につかむことができ、自分の理解の過ちに気づくことにつながるでしょう。このような作業の積み重ねが、プログラミングスキルを上達させる近道になります。

　それでは、さっそく読み進めてください。

第1章
データマイニングと機械学習

本章では、まず、ビッグデータとその時代背景から話を始めます。そして、データマイニングとは何か、機械学習とは何かについて、言葉自体の解釈、他分野のたとえを交えながら、ひも解いていきます。

さらに、どうしてこの本の内容が必要となるのか、その位置づけと役割はどんなものなのか、全体的な視点から、本書の概要と読み方について説明します。

最後に、第2章以降で使われるプログラムの開発環境を構築する作業手順を示します。

1.1　ビッグデータ

データとは何でしょう。**データ**（data[*1]）は実社会の記録です。自然界や人間社会の状態、変化や出来事を記録した数値、文字などの情報の集合です。したがって、例えば毎日の天気を記録して保管したら、データになります。お店の売上を記録して保管しても、データになります。しかし、従来は、データが主として紙に記録されていたため、データの生産、保管および運搬能力に大きな制約がありました。技術革新によって、半導体などの記録素子ができ、その価格は60年で10の15乗分の1にまで下がり[*2]、大容量データを簡単に保存できるようになりました。また、コンピュータやインターネットの普及のおかげで、情報発信のハードルが大幅に低下し、誰もが簡単に情報発信できる時代になりました。いまではテキストのみならず、音声、画像および映像データが、SNSを通じてまたたく間に全世界に拡散されます。しかも、人手により作成されたデータだけでなく、位置、速度、温度などの各種センサーからも、また電車、飛行機、船の自動識別装置といった機器からも、時々刻々と大量のデータが自動発信されています。

そして、これまでに蓄積された膨大なデータの自動処理と利用に関連して、データ

[*1]　英文法的には data は名詞 datum の複数形です。つまり、データは正式には複数扱いです。
[*2]　https://gigazine.net/news/20151021-graph-memory-price-decreasing/

マイニング、機械学習と人工知能など一連の技術・手法が発展・開発されています。今日の社会は、これらの技術・手法によって大きな変革が成されており、まさにビッグデータ社会と呼ぶにふさわしい状況です。

これからのビッグデータ社会では、個人識別データによって、個人の学習履歴、購買履歴、医療履歴、移動履歴などをすべてひも付けることができ、すべての人の人生が全期間にわたって記録されるようになります。

これは何を意味するのでしょうか。一例として、あなたが新しい服をつくることについて考えてみましょう。寸法などをいろいろ測ってもらうこともなく、あなたの年齢、性別と身体サイズデータにアクセスすることで、ぴったりのサイズの服を仕立ててくれます。それのみならず、あなたの購買履歴からあなたの好みを推測して、かつ現在のトレンドに合わせたデザインを提案してくれます。さらに、あなたのスケジュールデータにある入学式、就職面接、結婚式などのイベント予定を確認し、それに似合うスタイルも提案してくれます。

あなたに関する情報がたくさん集まれば集まるほど、あなたの気持ちを推し測ってよりよいサービスを提供するしくみづくりが可能になるのです。このようなビッグデータ技術の発展とともに、利用者側のプライバシー保護意識も従来より重要視され、より健全な社会を形成していくでしょう。

1.2 データマイニング

それでは、**データマイニング**とは何かについて説いていきます。まず、「データマイニング（Data Mining）」という言葉自体の意味について考えてみましょう。マイニング（mining）という言葉は、英語の mine から由来します。mine は名詞としては「鉱山」「炭坑」を意味しますが、動詞としては「採掘する」「掘る」を意味します。例えば、英語の文

例文 1：They are mining hill for gold.

を日本語に訳すと、「彼らは、金をとるために山を採掘しています」となります。この文を変更して、次の文をつくります。

例文 2：They are mining data for information.

これを日本語に訳すと、「彼らは、情報を得るためにデータを採掘しています」となります。この例文からデータマイニングの意味と使い方がよく理解できると思います。

このように、「マイニング」という用語には、対象と目的が求められます。例文1では「マイニング」の対象が「山」、目的が「金」です。例文2では「マイニング」の対象が「データ」、目的が「情報」です。

しかし、「マイニング」という用語にはもう1つの側面があります。それは、マイニングの目的となるものが、マイニングの対象の表面には見えないということです。つまり、マイニングの対象がとても大きく、採掘の目的となるものは少量しかない状態を表します。しかも、それはマイニングの対象の深いところに埋もれていて、簡単には見つかりません。

このマイニングの用語自体の解釈を踏まえて、「データマイニング」とは何かについて考えてみましょう。前節で述べたように、現代社会は、すでにビッグデータ時代に突入しています。データは集められるだけ集められていますが、大半は一度も使われないままに大量に保管されたままで終わります。保管コストが低いのでさほど問題はありません。この大量にあるデータから何かを見つけて、現実社会において、あるいは未来社会において、何か役に立てることをと考えるのがデータマイニングといえるでしょう。

さて、データマイニングの対象がデータということは明らかですが、目的は何でしょう。Web検索エンジンをつくる場合は、大量に集めたWebページのデータから有用な情報を見つけることが目的になるでしょう。昨日のアメリカ大統領の発言とか、住民票をとりに行く役所のサービス時間とか、初めて行くレストランのメニューとか、集めたデータの「表面」にある情報を見つけて、提示してくれます。

しかし、データマイニングの場合は、データの「表面」ではなく、その下の深いところにある何かを見つけたいのです。文章の例でいえば、夏目漱石の作品を集めて、コンピュータに分析してもらい、その「癖」を見つける、といったことです。それによって、例えば、作者のわからない文章を見つけたら、それをコンピュータにわたして、夏目漱石の作品かどうかを判別できるかもしれません。

ネットショッピングサイトの関係者なら、会員情報と購入履歴を大量に集めて、（複数の）「トレンド」を見つける、ということを考えるかもしれません。トレンドを見つけることで、来月あるいは次のシーズンにどんな商品が売れるのか、そして、どのくらい売れるのかを予測できるかもしれないからです。それらがわかれば、広報戦略や商品発注計画が立てやすくなります。

これらの例にある「癖」や「トレンド」は、データの表面の下の深いところにあります。統計学の言葉を借りて、これらをまとめて**モデル**と呼びます。モデルは、表面にあるデータをつくり出すための複数の関連要素を統合したものといえます。つまり、データそのものは表面にあり、モデルはデータの下の深いところにあります。モデルによってデータが生まれると考えられるので、観測データから深く掘り下げてモ

デルを見つけたいのです。そして、見つけたモデルを用いて、これから生まれてくるデータを予測したいわけです。

ここまでの話をまとめると、以下のようになります。

> **データマイニング**とは、大量のデータから、そのデータをつくり出すモデルを見つけることです。このモデルを用いれば、別の条件や時間に発生するデータを推測あるいは予測できます。

1.3 機械学習

前節の「マイニング」の話をもう少し続けます。マイニングの具体例としては、石炭や石油のマイニングがあげられます。マイニングの対象となる石炭も石油も地下の深いところに埋もれており、簡単には見つけられません。簡単に見つからないものを見つけて取り出すためには、何か道具や技術が必要となります。

石炭産業の歴史をみると、石炭を掘り出すために昔は手掘り法が広く採用されていました。これは、炭鉱夫がツルハシという道具を使って人手で掘り進めていく方式ですが、とても大変な労働作業でした。マイニングされた石炭をトロッコに積み入れ、手で押して運び出していました。一方、近代では、ホーベル採炭法という技術が導入されまています。これは壁面に沿って炭壁切削刃（ホーベル）を往復させ、連続して炭壁をくずして採炭する方式です。このような採炭作業の機械化と同時に、石炭をコンベアに積み込んで搬出する方法も開発されて、石炭の生産効率は大きく上がりました。

このたとえのとおり、データマイニング自体は以前からあったのです。つまり、データを表にしたり、その表を結合したり、分割したり、あるいは数値データの平均値を求めたり、テキストデータの照合を行ったりする技術は以前からありました。しかし、これらの技術はデータ表面の処理に過ぎませんので、モデルを効率的に見つけることが困難でした。

対して、**機械学習**（Machine Learning）は、データマイニングを行う技術です。「データマイニング」という用語が「機械学習」と同じ意味で使われるケースがときどき見受けられますが、正確にいうと、データマイニングと機械学習は同義語ではありません。データマイニングを行うために機械学習という技術が使われる、あるいは機械学習のアルゴリズムを用いてデータマイニングを行うというのが適切な表現です。

機械学習はその用語のとおり、機械が学習します。ここで「機械（Machine）」はコンピュータのことを指します。先のデータマイニングの理解を取り入れると、コンピュータがデータから学習して、モデルを見つけ出してくれるわけです。コンピュー

タはアルゴリズムにしたがって学習します。つまり、機械学習とは、学習を行う一連のアルゴリズムのことです。

機械学習にはどんなアルゴリズムが含まれるのでしょうか。古典的、代表的なものは以下のとおりです。

- 回帰
- 分類
- クラスタリング
- ベイズ推定
- サポートベクトルマシン（SVM）
- 決定木
- 隠れマルコフ過程
- ニューラルネットワーク

そして、2000年以降のコンピュータの大幅な性能向上にともない、ニューラルネットワークのしくみにもとづいたディープラーニング（Deep Learning）が登場しました。このディープラーニングに含まれる主なアルゴリズムは以下のとおりです。

- ニューラルネットワーク
- ディープニューラルネットワーク（DNN）
- 畳み込みニューラルネットワーク（CNN）
- リカレントニューラルネットワーク（RNN）

1.4　プログラム開発環境の構築

本書のプログラムの動作確認で使用した開発環境は以下のとおりです。

- ベースシステム：
  - コンピュータ：HP Spectre Notebook
  - CPU：Intel(R) Core i7–7500U
  - メモリ：8 GB
  - ハードディスク：463 GB
  - ネットワーク：Wi-Fi（インターネットアクセス）
  - OS：Windows10 Home 64 bit
- 導入したソフトウェアパッケージ：
  - Anaconda：Anaconda バージョン 2019.03（Python：3.7 version）
  - Visual Studio Code：バージョン 1.36.1
  - MeCab：本体：バージョン 0.996、ラッパー：mecab–python–windows

・OpenCV：opencv–python バージョン 3.4.5.20

以下に、上記の各種ソフトウェアパッケージをインストールするための手順を示します。

1.4.1　Anaconda のインストール

Anaconda とは、Python 言語本体と、データ解析および機械学習に必要な多くのツールやライブラリをまとめたソフトウェアパッケージです。これには、次に示すデータ解析や機械学習でよく使われるライブラリが最初から含まれています。

- NumPy（主に数値計算で使用されるライブラリ）
- SciPy（主に科学計算で使用されるライブラリ）
- pandas（主にデータ解析で使用されるライブラリ）
- scikit–learn（主に機械学習で使用されるライブラリ）
- matplotlib（主にグラフ作成で使用されるライブラリ）

Anaconda はその配布 Web サイト[*3]からダウンロードしてインストールできます。以下では、個々の段階の画面を示しながら、Windows におけるインストール方法を順に説明していきます（2019 年 7 月現在）。

1. まず、ダウンロードサイトにアクセスします。
2. すると、下の図のように Windows タブがありますので、これを選んでから、「Python 3.7 version」の下にある［ダウンロード］ボタンをクリックします。

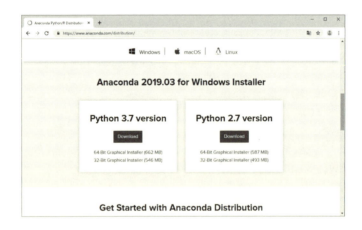

[*3]　https://www.anaconda.com/distribution/ （2019 年 7 月現在）

3. そして、Web サイトからダウンロードしたファイルを、ダブルクリックして実行します。
4. 下の図のようなダイアログが表示されますので、ここで［Next］をクリックします。

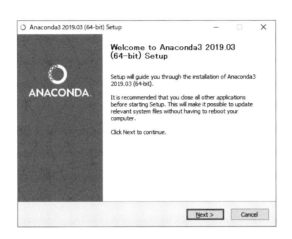

5. 下の図のようなダイアログが表示されますので、ここで［I Agree］をクリックします。

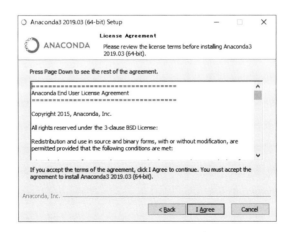

6. 下の図のようなダイアログが表示されますので、ここで［All Users］を選択して、［Next］をクリックします。

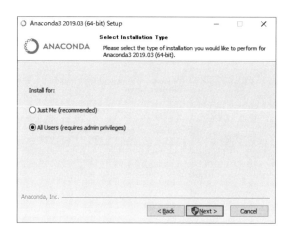

7. 下の図のようなダイアログが表示されますので、ここで［はい］をクリックします。

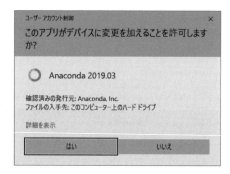

8. 下の図のようなダイアログが表示されますので、ここで［Next］をクリックします。

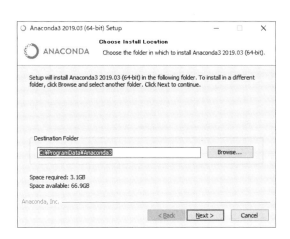

9. 下の図のようなダイアログが表示されますので、ここで［Add Anaconda to the system PATH environment variable］を選択して、［Install］をクリックします。

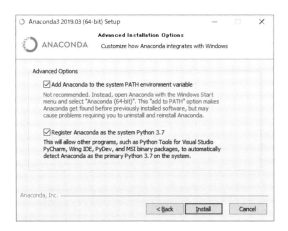

10. 下の図のダイアログが表示され、ファイルコピーなどのインストール作業が行われます。一般的な PC で正常にインストールが行われる場合、10〜15 分くらいの時間がかかります。その後、下の図のようなダイアログが表示されますので、ここで［Next］をクリックします。

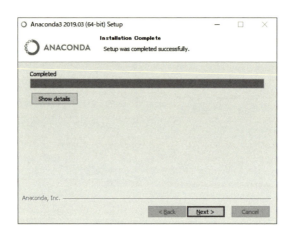

11. 下の図のようなダイアログが表示されますので、ここで［Next］をクリックします。

12. 最後に、下の図のようなダイアログが表示されますので、ここで［Finish］をクリックします。これで Anaconda がインストールできました。

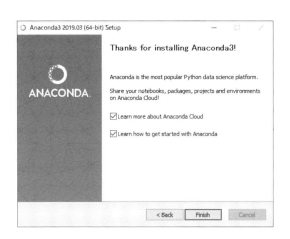

1.4.2 Visual Studio Code のインストール

ここでは、プログラム統合開発環境 **Microsoft Visual Studio Code**（**VSCode**）を配布 Web サイト*4 からダウンロードしてインストールします。以下では、個々の段階の画面を示しながら、Windows におけるインストール方法を順に説明していきます（2019 年 7 月現在）。

1. まず、ダウンロードサイトにアクセスします。
2. すると、次の図のように［Download for Windows］ボタンがありますので、これをクリックしてファイルを保存します。

---

*4　https://code.visualstudio.com（2019 年 7 月現在）

12 第 1 章　データマイニングと機械学習

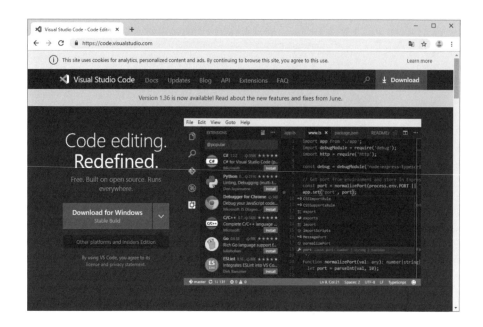

3. そして、Web サイトからダウンロードしたファイルを、ダブルクリックして実行します。
4. 下の図のようなダイアログが表示されますので、ここで [次へ] をクリックします。

5. 下の図のようなダイアログが表示されますので、ここで［次へ］をクリックします。

6. 下の図のようなダイアログが表示されますので、ここで「次へ」をクリックします。

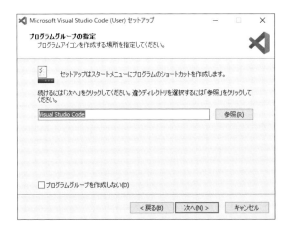

7. 下の図のようなダイアログが表示されますので、ここで［デスクトップ上にアイコンを作成する］にチェックを入れて、［次へ］をクリックします。

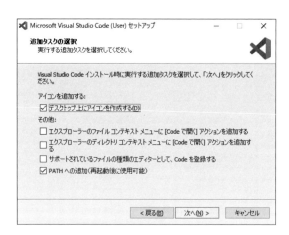

8. 下の図のようなダイアログが表示されますので、ここで［インストール］をクリックします。

1.4 プログラム開発環境の構築　15

9. 最後に下のダイアログが表示されますので、[完了] をクリックします。

これで本体のインストール作業が終わりました。インストールした直後に、VSCode を起動してみると、以下のような画面が表示されます。画面をみてわかるように、英語の表示になっています。

VSCcodeをより使いやすいものにするために、続いて日本語化を行います。以下に示す手順にしたがって、作業を行ってください。

1. 左下の歯車のマークを右クリックして、［Extensions］を選択します。

2. ［Search Extensions in Marketplace］の検索窓に「japanese」を入力します。

3. 表示されたリストにある「Japanese Language Pack for Visual Studio」の右下にある [Install] ボタンをクリックします。インストールが完了したら、[Install] ボタンは「√ Installed」に変わります。

4. 最後に、画面の右下にある [Restart Now] をクリックして、VSCode を再起動します。再起動後は、画面が日本語表示になります。

さらに、VSCcodeを白背景に黒文字の表示にするために、配色テーマを変更します。以下に示す手順にしたがって、作業を行ってください。

1. VSCodeのメニューから［ファイル］→［基本設定］→［配色テーマ］の順に選択します。

2. ▼または▲キーを押して、テーマを変更できます。

3. 白背景黒文字にするには、「Light（Visual Studio）」を選びます。

これで配色テーマの設定ができました。

1.4.3 ファイル名拡張子の表示

本書では各プログラムやデータファイルについて、ファイル名に拡張子を含めて記載しています。一方、Windows 10 のデフォルト設定では、ファイルの拡張子が非表示になっていますので、できればファイルの拡張子を以下の手順で表示させるようにしたほうがわかりやすいかもしれません。

1. ホーム画面下部のタスクバーから［エクスプローラー］を起動します。
2. 現れたウィンドウの上部のメニューにある［表示］をクリックします。
3. 現れたサブメニューにある［ファイル名拡張子］に、以下のようにチェックを入れます。

1.4.4 MeCab のインストール

後述の第 11 章と、第 12 章では、素の Anaconda パッケージのほかに、さらに日本語形態素解析のソフトウェアである **MeCab** というライブラリが必要となります。MeCab の本体ファイル mecab-0.996.exe は、MeCab の Web サイト[5]「MeCab: Yet Another Part-of-Speech and Morphological Analyzer」からダウンロードできます。

以下では、個々の段階の画面を示しながら、Windows における MeCab のインストール方法を順に説明していきます（2019 年 7 月現在）。

1. まず、ダウンロードサイトにアクセスします。
2. ダウンロードしたファイルをダブルクリックすると、インストールが開始します。
3. 下の図のようなダイアログが表示されますので、ここで [次へ] をクリックします。

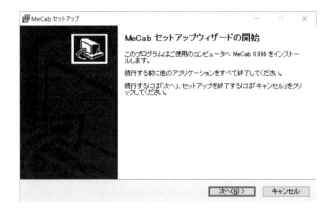

---

[5] http://taku910.github.io/mecab/（2019 年 7 月現在）

4. 下の図のようなダイアログが表示されますので、ここで［UTF-8］を選んで、［次へ］をクリックします。

5. 下の図のようなダイアログが表示されますので、ここで［次へ］をクリックします。

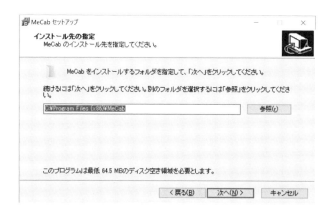

第1章　データマイニングと機械学習

6. 下の図のようなダイアログが表示されますので、ここで［次へ］をクリックします。

7. 下の図のようなダイアログが表示されますので、ここで［インストール］をクリックします。

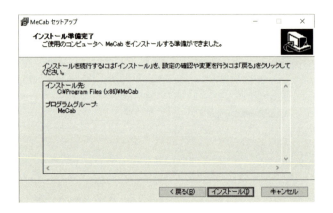

8. 下の図のようなダイアログが表示されますので、ここで［はい］をクリックします。

9. 下の図のようなダイアログが表示されますので、ここで［OK］をクリックします。

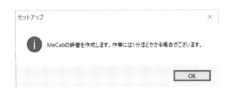

10. 最後に、下の図のようなダイアログが表示されますので、ここで［完了］をクリックします。

これで MeCab 本体がインストールできました。

次に、Python から MeCab を利用するためのラッパープログラム[*6]mecab-python-windows をインストールします。

1. スタートメニューから「Anaconda Prompt」を開きます。
2. すると、次の図のようにダイアログが表示されます。ここで、コマンドライン（最終行のカーソルのある入力が可能な箇所）に

    ```
    >pip install mecab-python-windows
    ```

    を入力します。

[*6] この場合の「ラッパープログラム」とは、Python から MeCab を利用できるようにするためのプログラムという意味です。

第 1 章 データマイニングと機械学習

3. 次に、インストールが成功（successfully）したことを確認します。インストール後のコマンドラインに

   >pip list

   を入力してください。無事、インストールできていれば、以下のようにインストールの結果が確認できます。

1.4.5 OpenCVのインストール

最後に、画像処理のためのソフトウェアである **OpenCV** をインストールします。ただし、この OpenCV の最新バージョン 4.0（2019 年 7 月現在）には、まだ不具合が報告されています。この不具合を回避するため、以下では Windows における旧バージョン 3.4.5.20 を指定したインストール方法を、個々の段階の画面を示しながら、順に説明していきます（2019 年 7 月現在）。

1. 普通に pip install opencv-python でインストールすると、最新バージョンがインストールされてしまいますので、pip コマンドで旧バージョン 3.4.5.20 を指定してインストールします。スタートメニューから「Anaconda Prompt」を開きます。
2. そして、コマンドライン（最終行のカーソルのある入力が可能な箇所）に

   >pip install opencv-python==3.4.5.20

   を入力します。

3. 次に、インストールが成功（successfully）したことを確認します。インストール後に、コマンドラインに

   >pip list

   を入力します。無事、インストールできていれば、次のようにインストールの結

果が確認できます。

```
Anaconda Prompt
nbformat              4.4.0
networkx              2.2
nltk                  3.4
nose                  1.3.7
notebook              5.7.8
numba                 0.43.1
numexpr               2.6.9
numpy                 1.16.2
numpydoc              0.8.0
opencv-python         3.4.5.20
packaging             19.0
pandas                0.24.2
pandocfilters         1.4.2
parso                 0.3.4
partd                 0.3.10
path.py               11.5.0
pathlib2              2.3.3
patsy                 0.5.1
pep8                  1.7.1
pickleshare           0.7.5
Pillow                5.4.1
pip                   19.0.3
pkginfo               1.5.0.1
pluggy                0.9.0
ply                   3.11
prometheus-client     0.6.0
prompt-toolkit        2.0.9
psutil                5.6.1
```

1.4.6　最初の準備作業

次章以降でプログラムをつくる前に、プログラムを保存するフォルダを作成しておくとよいでしょう。

1. スタートメニューから「Anaconda Prompt」を起動します。
2. 表示されたダイアログに、次のように記載されていることを確認します。

    ```
    C:\Users\(自分のユーザー名)>
    ```

3. 以下のように入力して、新しいフォルダ「python3user」を作成します。

    ```
    C:\Users\(自分のユーザー名)>mkdir python3user
    ```

4. 続いて、以下のように入力して、作成された python3user に移動します。

    ```
    C:\Users\(自分のユーザー名)>cd python3user
    ```

5. さらに、以下のように入力して、もう一度新しいフォルダ「DMandML」を作成します。

   C:\Users\(自分のユーザー名)\python3user>**mkdir DMandML**

6. その後、以下のように入力して、作成された DMandML に移動します。

   C:\Users\(自分のユーザー名)\python3user>**cd DMandML**

7. 最後に、次のように入力して、フォルダの中身を確認します。

   C:\Users\(自分のユーザー名)\python3user\DMandML>**dir**

この結果は以下のようになります。現時点では、つくったばかりのフォルダなので、なかにファイルが1つもありません。

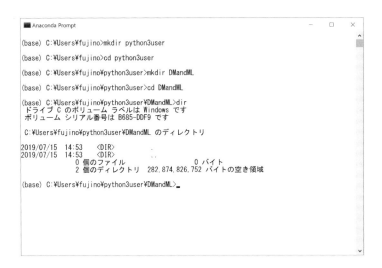

1.4.7　はじめての Python プログラム

VSCode の使い方を覚えるために、試しに Python のプログラムを1つつくってみましょう。第2章以降における例題プログラムの作成と実行の操作も、すべてここに示した手順にしたがって行ってください。

1. 開発環境起動
   スタートメニューから「Visual Studio Code」を選んで、開発環境を起動します。
2. 作業フォルダ指定
   最初にやらなければいけないのは、作業フォルダを指定することです。［ファイル］→［フォルダを開く］の順に選んで、以下のように「フォルダを開く」画面を開きます。

   ここで、先ほど作成した「DMandML」を選んで、［フォルダの選択］をクリックします。なお、この作業は、作業フォルダを変更しない限り、今後行う必要がありません。
3. プログラム作成
   次に、プログラムをつくります。メニューから［ファイル］→［新規ファイル］の順に選びます。すると、新しいエディタ画面が開きます。その中に、リスト 1.1 のプログラムを入力します。

   リスト 1.1　ch1ex1.py

```
1:  # 日本語のメッセージを表示
2:  print("Pythonを勉強しましょう")
```

   ここで、［ファイル］→［名前を付けて保存］の順に選びます。そして、フォルダ

の一覧から DMandML を選んでから、ファイル名「ch1ex1.py」をつけて保存します。
4. プログラム実行
作成したプログラムを実行するために、下記の表示されているダイアログ（ターミナル画面）にキーボードから以下のように「python ch1ex1.py」を入力して、Enter キーを押します。もしターミナル画面が表示されていないときは、［表示］メニューから［ターミナル］を選んでください。

すると、ターミナル画面に以下のように実行結果が表示されます。

5. 開発環境終了
最後に、［ファイル］→［終了］の順に選んで、VSCode を終了します。

MEMO

第2章

Python速習（基本編）

　第 2 章と第 3 章で、Python というプログラミング言語について学びます。プログラミングでは、何か 1 つでも言語を習得すれば、基本的な考え方や問題解決法がわかるようになります。その後は、新しいプログラミング言語に出会っても物怖じすることなく、効率的に身につけられます。

　本書では、すでに何らかのプログラミング言語（例えば C）を用いて、プログラムをつくった経験があることを前提としています。このような前提条件の下で、ここでは短時間で Python について解説していくので「速習」としています。

　まず本章では、基本演算、制御文、リスト、ディクショナリとファイル入出力について、例を示しながら簡単に説明します。第 3 章では、関数、クラスおよびモジュールについて、例を示しながら説明します。そのうえで、データマイニングや機械学習に使われる各種ライブラリについても紹介します。

　これらの内容は、第 4 章以降の各種データマイニングと機械学習のアルゴリズムを実現するために欠かせない事柄なので、1 つずつしっかり身につけていきましょう。

2.1　Pythonの基本事項

まずは、簡単な例題から始めます。

例題 2-1

下記仕様要求を実現するプログラムを作成してください。

仕様要求
画面に英語と日本語のメッセージを表示する。

</> 作成

VSCodeのエディタ画面でリスト2.1のプログラムを入力し、python3userフォルダ内のDMandMLフォルダにファイル名「ch2ex1.py」をつけて保存します。

リスト2.1　ch2ex1.py

```python
# メッセージを表示

# 英語のメッセージを表示
print("Hello, Python world")
# 日本語のメッセージを表示
print("Pythonを勉強しましょう")
```

💬 解説

1: コメントです。「#」は、コメントを表す記号です。「#」をつけると、そこから行末までの文字列はコメントとみなされます。コメントはプログラムの実行結果にはまったく影響しません。ただし、自分が書いたプログラムを理解しやすくするために、できるだけコメントを入れてください。
2: 空白行です。ソースコードが見やすいように必要に応じて入れます。
3: コメントです。
4: **print()関数**を用いて、画面に英語メッセージ「Hello, Python world」を表示します。
5: コメントです。
6: print()関数を用いて、画面に日本語メッセージ「Pythonを勉強しましょう」を表示します。

📍 ポイント 2.1　print()関数

print()関数は、画面にメッセージを表示します。書き方は以下のとおりです。

```
print("表示したいメッセージ")
```

丸かっこ ( ) の中に、画面に表示したいメッセージを一重引用符「'」または二重引用符「"」で囲んで入れます。

2.1 Python の基本事項

▶ 実行

VSCode のターミナル画面から以下のようにコマンドを入力して、実行します。

```
> python ch2ex1.py
```

すなわち、ターミナル画面の最終行で、文字列の最後にある「>」の右側に「python ch2ex1.py」とキーボードから入力し、Enter キーを押してください。

これにより、プログラム ch2ex1.py が実行され、ターミナル画面に以下のように、「Hello, Python world」と「Python を勉強しましょう」が表示されます。

```
Hello, Python world
Pythonを勉強しましょう
```

例題 2-2

下記仕様要求を実現するプログラムを作成してください。

仕様要求

2 つの変数にそれぞれ値を与えて、その足し算を計算し、その結果を画面に表示する。

</> 作成

VSCode のエディタ画面でリスト 2.2 のソースコードを入力して、python3user フォルダ内の DMandML フォルダにファイル名「ch2ex2.py」をつけて保存します。

リスト 2.2　ch2ex2.py

```python
# 足し算

print("足し算")
a = 10
b = 20
c = a + b
print("a=", a)
print("b=", b)
print("c=a+b=", c)
```

解説

4〜5: 「a = 10」は、定数 10 を変数 a に代入することを意味します。ここで、「a」は変数名、「=」は**代入演算子**と呼ばれます。同様に「b = 20」は、定数 20 を変数 b に代入することを意味します。このような文を**代入文**といいます。

すなわち、1 つの定数または変数を代入する場合は、以下のように書きます。

> 変数名 = 定数、または変数

6: 「c = a + b」は、変数 a と変数 b を足して、変数 c に代入することを意味します。これも代入文です。

すなわち、定数または変数の演算を行って、その結果を代入する場合は、以下のように書きます。

> 変数名 = 変数、または定数からなる演算式

7〜9: 画面に変数の値を表示する print() 関数です。変数の値を表示したいときは print() 関数の ( ) の中に、引用符なしで変数名を直接書きます。

実行

VSCode のターミナル画面から以下のように実行します。

```
> python ch2ex2.py
足し算
a= 10
b= 20
c=a+b= 30
```

このほか Python では、表 2.1 のような算術演算子を使用できます。

表 2.1 Python 言語の算術演算子

演算記号	意味	演算式の例
+	加算	c = a + b
−	減算	c = a − b
*	乗算	c = a * b
/	除算	c = a / b
%	剰余	c = a % b

2.2 Pythonの制御文（分岐）

制御文とは、プログラムの流れを制御する文のことです。具体的には、分岐制御のif文、繰り返し制御のfor文やwhile文といったものがあります。

2.2.1 条件式とif文

if文は、条件にもとづき、プログラムの流れを2方向に分岐する文です。書き方は以下のとおりです。

```
if 条件式:
    文の並び1
else:
    文の並び2
```

これによって、「もし条件式が成り立つならば、文の並び1を実行します。そうでなければ、文の並び2を実行します」という意味になります。ここで、文の並び1と文の並び2の前の字下げ（インデント）が必要であることに注意してください。

例題 2-3

下記仕様要求を実現するプログラムを作成してください。

仕様要求

与えられた整数が奇数か、または偶数かを判別する。

</> 作成

VSCodeのエディタ画面でリスト2.3のプログラムを入力し、python3userフォルダ内のDMandMLフォルダにファイル名ch2ex3.pyをつけて保存します。

リスト 2.3　ch2ex3.py

```python
# if文

a = input("キーボードから入力してください。a=")
a = int(a)
if a % 2 == 0:
    print("a=", a, "は偶数です。")
```

```
7:  else:
8:      print("a=", a, "は奇数です。")
```

解説

- **3:** キーボードから値を入力して、変数 a に代入します。その際、引用符で囲んだメッセージが表示されます。
- **4:** 変数 a の値を整数に変換してから変数 a に代入するという意味です。標準入力から受け取った値は、そのままでは文字列なので、演算に使うことができないので、このように (int) をつけて、型変換を行う必要があります。
- **5〜8:** if 文で条件判断して、分岐させます。条件式「a % 2 == 0」は、「変数 a を 2 で割り算して、その余りがゼロと等しい場合」という意味です。これは、「変数 a の値が 2 で割り切れる、つまり偶数である」と同じ意味になります。

  したがって、変数 a が偶数ならば、「a=○○は偶数です。」と表示します。そうでなければ、「a=○○は奇数です。」と表示します。

実行

VSCode のターミナル画面から以下のように実行します。

```
> python ch2ex3.py
キーボードから入力してください。a=3
a= 3 は奇数です。
> python ch2ex3.py
キーボードから入力してください。a=4
```

ここで、条件式で使用される演算子は**関係演算子**と呼びます。Python 言語で使用できる条件演算子は表 2.2 のとおりです。

表 2.2 Python 言語の関係演算子

演算記号	意味	条件式の例
==	等しい	a == b
!=	等しくない	a != b
>	大なり	a > b
>=	大なりまたは等しい	a >= b
<	小なり	a < b
<=	小なりまたは等しい	a <= b

変数の値を代入して、条件式が成り立つとき、その演算結果は True となります。

条件式が成り立たないとき、その演算結果は False となります。条件式の演算結果は、True か False かの 2 値しかありません。

2.2.2 論理演算と複合条件式

前述の if 文のみでも変数間の簡単な関係なら表すことができますが、複数の条件を複合したような複雑な関係の場合には、加えて論理演算を使います。Python 言語で使用できる**論理演算子**を表 2.3 にまとめます。

表 2.3 Python 言語の論理演算子

演算記号	意味	演算式の例
and	論理積	条件式 1 and 条件式 2
or	論理和	条件式 1 or 条件式 2
not	論理否定	not 条件式

例題を通して、これらの論理演算子の使い方を確認しましょう。

例題 2-4

以下の仕様要求を実現するプログラムを作成してください。

仕様要求

キーボードから西暦年号を入力して、その年はうるう年かどうかを判別する。なお、うるう年とは以下の条件 1 または条件 2 を満たす年である。

1. 西暦年号が 4 で割り切れ、かつ 100 で割り切れない。
2. 西暦年号が 400 で割り切れる。

作成

VSCode のエディタ画面でリスト 2.4 のプログラムを入力し、python3user フォルダ内の DMandML フォルダにファイル名 ch2ex4.py をつけて保存します。

リスト 2.4 ch2ex4.py

```
1: # 条件式の複合、論理演算
2: # うるう年
3:
```

```
4:   y = input("西暦年号を入力してください。　y=")
5:   y = int(y)
6:   if y % 4 == 0 and y % 100 != 0 or y % 400 == 0:
7:       print(y, "年はうるう年です。")
8:   else:
9:       print(y, "年はうるう年ではありません。")
```

> 解説

4: キーボードから値を入力して、変数 y に代入します。
5: 変数 y の値を整数に変換してから変数 a に代入します。
6: 個別条件：「y % 4 == 0」は「4 で割り切れる」を表します。
「y % 100 != 0」は「100 で割り切れない」を表します。
「y % 400 == 0」は「400 で割り切れる」を表します。

うるう年の全体条件は、「4 で割り切れる」and（かつ）「100 で割り切れない」or（または）「400 で割り切れる」という、3 つの条件の論理演算式によって表せるので、それぞれの個別条件を表す条件式を代入すると、6 行目の複合条件式のようになります。

> 実行

VSCode のターミナル画面から以下のように実行します。

```
> python ch2ex4.py
西暦年号を入力してください。　y=2018
2018 年はうるう年ではありません。
> python ch2ex4.py
西暦年号を入力してください。　y=2020
2020 年はうるう年です。
```

2.3　Python の制御文（繰り返し）

Python の繰り返し文には、for 文と while 文があります。for 文は、集合値の全要素に対して、順番に処理を行います。対して、while 文は、一定の条件が満たされている間、処理を継続します。この違いによって、プログラム内での使い方がだいぶ異なります。

2.3.1　for 文

for 文の書き方は次のとおりです。

```
for 作業変数 in 集合変数:
    文の並び
```

　このように for 文では、集合変数の要素を 1 つずつ取り出して、作業変数にわたします。そして、その作業変数に対して、文の並びの処理を行います。ここで、文の並びの前の字下げ（インデント）が必要であることに注意してください。

　では、以下の例題を通して、理解を深めましょう。

例題 2-5

以下の仕様要求を実現するプログラムを作成してください。

仕様要求
for 文を用いて、0～20 の整数を画面に表示する。

作成

　VSCode のエディタ画面でリスト 2.5 のソースコードを入力し、python3user フォルダ内の DMandML フォルダにファイル名 ch2ex5.py をつけて保存します。

リスト 2.5　ch2ex5.py

```
1:  # for文
2:  # 整数を表示する
3:
4:  for m in range(21):
5:      print(m)
```

解説

4:　for 文の先頭行です。ここで **range() 関数**と呼ばれるものを使います。これを使うと、例えば、range(21) によって、0, 1, 2, ..., 20 の 21 個の値をもつ集合が生成されます。for m in range(21):は range(21) で生成された値を 1 つずつ取り出し、作業変数 m に代入します。

5:　for 文の繰り返し本体です。print(m) が繰り返されますが、この m の値が毎回変わることで、0～20 の整数が画面に表示されます。

ポイント 2.2　range() 関数

range() 関数は、一定範囲の数値のリストを生成する関数です。range() 関数の最も簡単な書き方は以下のとおりです。

```
range(終了値)
```

これで、0 から終了値 −1 までの整数が生成されます。
例えば range(10) では [0, 1, 2, 3, 4, 5, 6, 7, 8, 9] が生成されます。ただし、リストの最後の要素は、終了値 −1 となっているので注意してください。
また、一般的な書き方は以下のとおりです。

```
range(開始値, 終了値, 増減値)
```

これで、0 から終了値 −1 までの整数が生成されます。例えば range(1, 11, 2) では [2, 4, 6, 8, 10] のリストが生成されます。

▶ 実行

VSCode のターミナル画面から以下のように実行します。

```
> python ch2ex5.py
0
1
2
3
4
5
6
7
8
9
10
11
12
13
14
```

```
15
16
17
18
19
20
```

この実行結果をみると、整数 0, 1, 2, ..., 20 が表示されたことを確認できます。また、行ごとに改行されていることもわかります。

例題 2-6

以下の仕様要求を実現するプログラムを作成してください。

仕様要求
for 文を用いて、1〜n の整数の合計を求め、毎回の途中結果を画面に表示する。

</> 作成

VSCode のエディタ画面でリスト 2.6 のソースコードを入力し、python3user フォルダ内の DMandML フォルダにファイル名 ch2ex6.py をつけて保存します。

リスト 2.6　ch2ex6.py

```python
1:  # for文
2:  # nまでの整数の総和を求める
3:
4:  n = 20
5:  s = 0
6:  for m in range(1, n + 1):
7:      s = s + m
8:      print("m=", m, "\t s=", s)
```

💬 解説

4: 　変数 n の値を 20 に設定します。
5: 　変数 s の初期値を 0 に設定します。
6: 　for 文の先頭行です。range(1, n + 1) は 1 から 20 までの整数集合を生成します。for m in range(1, n + 1) によって、それらの整数を順番に作業用変数 m に代入します。

7~8: for 文の繰り返し部分です。

7: s = s + m は、「現在の s の値に、現在の m の値を足して、再度 s に返す」処理を実現しています。このような手法は再帰と呼ばれます。

8: 各回の変数 m の値と変数 s の値を画面に表示します。ここで、\t[*1]は出力制御文字で、これによってタブを画面に出力します。

▶ 実行

VSCode のターミナル画面から以下のように実行します。

```
> python ch2ex6.py
m= 1     s= 1
m= 2     s= 3
m= 3     s= 6
m= 4     s= 10
m= 5     s= 15
m= 6     s= 21
m= 7     s= 28
m= 8     s= 36
m= 9     s= 45
m= 10    s= 55
m= 11    s= 66
m= 12    s= 78
m= 13    s= 91
m= 14    s= 105
m= 15    s= 120
m= 16    s= 136
m= 17    s= 153
m= 18    s= 171
m= 19    s= 190
m= 20    s= 210
```

この実行結果から、繰り返しの回数を表す整数 m が 1, 2, ..., 20 となったことが確認できます。また、各回において、前回の s の値に今回の m の値を足したものが今回の s の値になったこともわかります。最後の 20 回目では、s の値は 1+2+3+...+20 の演算結果となるはずです。

次に、**二重 for 文**について説明します。二重 for 文とは、for 文の中にもう 1 つ for 文があるような構成のことです。書き方は次ページのとおりです。

[*1] \t の \（バックスラッシュ）は、キーボードの ¥ を押して入力します。

2.3 Pythonの制御文（繰り返し）

```
for 作業変数1 in 集合変数1:
    for 作業変数2 in 集合変数2:
        繰り返し本体
```

この二重繰り返しの構成についても、例題を通して理解を深めていきましょう。

例題 2-7

以下の仕様要求を実現するプログラムを作成してください。

仕様要求
二重 for 文を用いて、九九の表を画面に表示する。

</> 作成

VSCode のエディタ画面でリスト 2.7 のソースコードを入力し、python3user フォルダ内の DMandML フォルダにファイル名 ch2ex7.py をつけて保存します。

リスト 2.7　ch2ex7.py

```
1:  # 二重for文
2:  # 九九の表
3:
4:  for m in range(1, 10):
5:      for n in range(1, 10):
6:          print("%1dx%1d=%2d " % (m, n, m * n), end="")
7:      print()
```

💬 解説

まず、range(1, 10) によって 1 から 9 まで整数の集合を生成します。

4: 外側の for 文の先頭行で、作業変数は m です。また、この for 文の繰り返し本体は、5〜7 行目からなります。

5: 内側の for 文の先頭行で、作業変数は n です。また、この for 文の繰り返し本体は、6 行目からなります。

6: 画面表示の print() 関数です。外側の for 文の作業変数 m の値、内側の for 文の作業変数 n の値と、その両方のかけ算の結果を画面に表示します。この print()

関数では、書式を指定して、変数の値を表示します。「%2d」は 2 桁の整数で表示するという意味です。また、書式指定と変数グループの間は「%」を用いて区切ります。さらに、「end=""」は、print() 関数の最後に改行しないための指示です。

7: 画面に改行のみ送る print() 関数です。これによって作業変数 m の値が変わるたびに改行されます。つまり、内側の for 文の print() 関数では、画面表示の後に改行しないので、この時点で、1 行分の表示の完了となります。

▶ 実行

VSCode のターミナル画面から以下のように実行します。

```
> python ch2ex7.py
1x1= 1  1x2= 2  1x3= 3  1x4= 4  1x5= 5  1x6= 6  1x7= 7  1x8= 8  1x9= 9
2x1= 2  2x2= 4  2x3= 6  2x4= 8  2x5=10  2x6=12  2x7=14  2x8=16  2x9=18
3x1= 3  3x2= 6  3x3= 9  3x4=12  3x5=15  3x6=18  3x7=21  3x8=24  3x9=27
4x1= 4  4x2= 8  4x3=12  4x4=16  4x5=20  4x6=24  4x7=28  4x8=32  4x9=36
5x1= 5  5x2=10  5x3=15  5x4=20  5x5=25  5x6=30  5x7=35  5x8=40  5x9=45
```

2.3.2 while 文

while 文は、条件式の演算結果によって、繰り返しを続けるか、あるいは終了するかを決定できます。書き方は以下のとおりです。

```
while 条件式:
    文の並び
```

条件式の内容が成り立つなら、繰り返しを継続します。条件式が成り立たなくなると、繰り返しが終了します。つまり、この条件式が、繰り返しを継続するための条件です。なお、前節の if 文と同じく、単純条件も複合条件も使用できます。ここで、for 文同様、文の並びの前の字下げ（インデント）が必要であることに注意してください。

では、簡単な例を使って、その動きを確認しましょう。

例題 2-8

以下の仕様要求を実現するプログラムを作成してください。

仕様要求
while 文を用いて、1〜20 の整数を画面に表示する。

2.3 Python の制御文（繰り返し）

作成

VSCode のエディタ画面でリスト 2.8 のソースコードを入力し、python3user フォルダ内の DMandML フォルダにファイル名 ch2ex8.py をつけて保存します。

リスト 2.8 ch2ex8.py

```
1:  # while文
2:
3:  m = 0
4:  while m < 20:
5:      m += 1
6:      print("m=", m)
```

解説

- **3:** 変数 m の初期値を 0 に設定します。
- **4:** while 文の先頭行です。m < 20 ならば、繰り返しを継続します。
- **5～6:** while 文の繰り返し部分です。m += 1 は、m = m + 1 の簡略形です。この繰り返し部分で毎回、m に 1 を足してからその値を表示する処理を行います。

実行

VSCode のターミナル画面から以下のように実行します。

```
> python ch2ex8.py
m= 1
m= 2
m= 3
m= 4
m= 5
m= 6
m= 7
m= 8
m= 9
m= 10
m= 11
m= 12
m= 13
m= 14
m= 15
m= 16
m= 17
```

```
m= 18
m= 19
m= 20
```

2.4 リスト

ここまで説明した変数では、1つの変数に1つの値しか代入できません。これに対して、1つの変数名に複数個の値をまとめて代入できる変数を、**集合変数**と呼びます。

次に紹介する**リスト**は集合変数の一種で、順番のある値の集まりを表します。これを使うと、順番を表す番号を使って要素を呼び出すことができます。リストでは以下のようにブラケットの中に要素をカンマ区切りで並べて記します。

```
[要素0, 要素1, …]
```

これを変数名に代入するときは、以下のように書きます。

```
変数名 = [要素0, 要素1, …]
```

また、変数名 [要素の番号] とすることで、個別に要素を呼び出すことができます。では、簡単な例を使って、その操作と動きを具体的に確認しましょう。

例題 2-9

以下の仕様要求を実現するプログラムを作成してください。

仕様要求
あるクラスの生徒の、全員の成績は以下のように与えられるとする。

```
45, 67, 34, 87, 56, 78, 91, 45, 64, 86, 90, 73
```

1. この成績をリスト変数に代入して、リストの要素をまとめて表示する。
2. 次に要素の番号を指定して、リストのその要素を表示する。
3. 最後に for 文を使って、リストの要素を順番に1つずつ表示する。

2.4 リスト

</> 作成

VSCode のエディタ画面でリスト 2.9 のソースコードを入力し、python3user フォルダ内の DMandML フォルダにファイル名 ch2ex9.py をつけて保存します。

リスト 2.9　ch2ex9.py

```
1:   # 要素番号を使って、リストの要素を表示
2:   # 繰り返しfor文＋リスト
3:
4:   pp=[45, 67, 38, 87, 56, 78, 91, 45, 64, 86, 90, 73]
5:
6:   print("全要素をまとめて表示：")
7:   print("pp=", pp)
8:   print("要素を個別に表示：")
9:   print("最初の要素 点数=", pp[0])
10:  print("2番目の要素 点数=", pp[2])
11:  print("最後の要素 点数=", pp[-1])
12:  print("全要素の数=", len(pp))
13:  print("for文を使って、全要素を表示：")
14:  for i in range(len(pp)):
15:      print("点数=", pp[i])
```

💬 解説

- **4:** リストを変数 pp に代入します。
- **7:** print() 関数で変数 pp を使って、リストの全要素をまとめて表示します。
- **9:** print() 関数で、pp[0] のように、リスト pp の 0 番目の要素を指定して表示します。
- **10:** print() 関数で、pp[2] のように、リスト pp の 2 番目の要素を指定して表示します。
- **11:** print() 関数で、pp[-1] のように、リスト pp の後ろから 1 番目要素を指定して表示します。
- **12:** **len() 関数**を使って、リスト pp の要素の数を求めます。
- **14～15:** for 文と print() 関数を組み合わせて、リスト pp の要素を順番に表示します。
- **14:** for 文の先頭行です。len(pp) を使って、range() 関数の引数の値を指定します。そして、range(len(pp)) によって、生成された番号のリストの要素を 1 つずつ作業変数 i に代入します。
- **15:** for 文の繰り返し本体部分です。作業変数 i によって指定されたリスト pp の i 番目の要素を表示します。ここで、i は 14 行目の for 文によって 0 から 11 まで順番に変わるので、この文により、リスト pp の全要素が順番に表示されます。

ポイント 2.3　len() 関数

len() 関数は、集合変数の要素の総数を求める関数です。len は length（長さ）のことなので、「集合変数の長さを求める」ともいいます。書き方は以下のとおりです。

```
len(集合変数名)
```

例えばリスト pp の要素の数を求めるには、len(pp) と書きます。

▶ 実行

VSCode のターミナル画面から以下のように実行します。

```
> python ch2ex9.py
全要素をまとめて表示：
pp= [45, 67, 38, 87, 56, 78, 91, 45, 64, 86, 90, 73]
要素を個別に表示：
最初の要素  点数= 45
2番目の要素  点数= 38
最後の要素  点数= 73
全要素の数= 12
for文を使って、全要素を表示：
点数= 45
点数= 67
点数= 38
点数= 87
点数= 56
点数= 78
点数= 91
点数= 45
点数= 64
点数= 86
点数= 90
点数= 73
```

この例題の for 文では、要素の番号として作業変数を用いました。しかし、Python の for 文の、本来の書き方では、番号を指定しなくてもリストのすべての要素に対して、繰り返し処理を行うことができます。これについては次の例題で詳しく解説します。

2.4 リスト

例題 2-10

以下の仕様要求を実現するプログラムを作成してください。

仕様要求

あるクラスの生徒の、全員の成績が以下のように与えられるとする。

```
45, 67, 38, 87, 56, 78, 91, 45, 64, 86, 90, 45
```

このクラスの平均点を求めて、画面に表示する。

作成

VSCode のエディタ画面でリスト 2.10 のソースコードを入力し、python3user フォルダ内の DMandML フォルダにファイル名 ch2ex10.py をつけて保存します。

リスト 2.10　ch2ex10.py

```python
# 繰り返しfor文＋リスト
# 平均値を求める

pp=[45, 67, 38, 87, 56, 78, 91, 45, 64, 86, 90, 45]
s = 0
for p in pp:
    s += p
    print("点数=", p, "合計=", s)
l = len(pp)
print("人数=", l)
ave = s / l
print("平均値=", ave)
```

解説

4: 変数 pp に成績点数のリストを代入します。

5: 合計点の変数 s に 0 を入れます。

6〜8: for 文の繰り返しです。合計点 s を求めます。

6: for 文の先頭行です。リスト pp の要素を取り出して、作業変数 p に代入します。

7: s += p は s = s + p の簡略形です。これを繰り返すことにより、点数 p を変数 s に足し合わせて、合計点を求めます。

8: print() 関数を使って、毎回の点数 p と合計 s を表示します。
9: len() 関数はリストの要素数を求める関数です。ここでは、生徒の人数を求めて変数 l に代入します。
10: 人数を表示します。
11: 平均値 = 合計点 / 人数 を行います。
12: 平均値を表示します。

▶ 実行

VSCode のターミナル画面から以下のように実行します。

```
> python ch2ex10.py
点数= 45 合計= 45
点数= 67 合計= 112
点数= 38 合計= 150
点数= 87 合計= 237
点数= 56 合計= 293
点数= 78 合計= 371
点数= 91 合計= 462
点数= 45 合計= 507
点数= 64 合計= 571
点数= 86 合計= 657
点数= 90 合計= 747
点数= 45 合計= 792
人数= 12
平均値= 66.0
```

2.5 ディクショナリ

Python には、リストのほかに**ディクショナリ**[2]という集合変数もあります。リストが要素の順番を表す番号を用いてその要素の値を特定するのに対して、ディクショナリはキーを用いて要素の値を特定します。つまり、要素は「キー:値」(key:value) のペアとなります。ディクショナリの書き方は、以下のように、ブレスの中に要素をカンマ区切りで並べます。

```
{キー1:値1, キー2:値2, …}
```

---

[2] ディクショナリのもとの英語は、dictionary（辞書）なので、**辞書**と呼ばれることもあります。本書では形態素解析の辞書と区別するために、カタカナ表記のディクショナリを用います。

2.5 ディクショナリ

これを変数に代入するときは、以下のように書きます。

```
変数名 = {キー1:値1, キー2:値2, …}
```

また、変数名[キー]を使えば、個別要素を指定して、呼び出しや書き込みを行うこともできます。では、簡単な例を使って、その操作と動きを具体的に確認しましょう。

例題 2-11

以下の仕様要求を実現するプログラムを作成してください。

仕様要求

あるクラスの生徒の、全員の成績が以下のように与えられるとする。

> 山田、45。佐藤、67。田中、38。木村、87。鈴木、56。村田、78。山下、91。小島、45

1. この成績をディクショナリ変数に代入する。
2. ディクショナリの全要素をまとめて表示する。
3. 生徒の名前を指定して、その生徒の成績を表示する。
4. 既存のキーを指定して成績を修正したり、新たなキーを指定して成績を追加したりしてから、ディクショナリの全要素を表示する。

</> 作成

VSCode のエディタ画面でリスト 2.11 のソースコードを入力し、python3user フォルダ内の DMandML フォルダにファイル名 ch2ex11.py をつけて保存します。

リスト 2.11　ch2ex11.py

```
1:  # キーを使って、ディクショナリの要素wを特定
2:  # 繰り返しfor文＋ディクショナリ
3:
4:  pp = {"山田":45, "佐藤":67, "田中":38, "木村":87, "鈴木":56, "村田":78, "山下":91, "小島":45}
5:
6:  print("1回目>>>全要素をまとめて表示：")
7:  print("pp=", pp)
```

```
 8:     print("要素を個別に表示：")
 9:     print("山田の点数=", pp["山田"])
10:     print("田中の点数=", pp.get("田中"))
11:     print("全要素の数=", len(pp))
12:     print("要素の作成と修正：")
13:     pp["木村"] = 88
14:     pp["池田"] = 80
15:     print("2回目>>>全要素をまとめて表示：")
16:     print("pp=", pp)
```

💬 解説

- **4:** 変数 pp に成績（名前と点数）のディクショナリを代入します。
- **7:** print() 関数で変数 pp を使って、1 回目のディクショナリの全要素をまとめて表示します。
- **9:** pp["山田"] のように、キーを指定して対応する値を取り出します。そして print() 関数でその値を表示します。
- **10:** get() 関数を使って、pp.get("田中") のように、キー「田中」に対応する値を取り出します。print() 関数でその値を表示します。
- **11:** len() 関数を使って、ディクショナリ pp の要素の数を求めて表示します。
- **13:** 既存のキーを指定して、その値を修正します。
- **14:** 新しいキーを指定して、そのキーに値を与えます。
- **16:** print() 関数で 2 回目のディクショナリの全要素を表示します。

▶ 実行

VSCode のターミナル画面から以下のように実行します。

```
> python ch2ex11.py
1回目>>>全要素をまとめて表示：
pp= {'山田': 45, '佐藤': 67, '田中': 38, '木村': 87, '鈴木': 56, '村田': 78, '山下': 91, '小島': 45}
要素を個別に表示：
山田の点数= 45
田中の点数= 38
全要素の数= 8
要素の作成と修正：
2回目>>>全要素をまとめて表示：
pp= {'山田': 45, '佐藤': 67, '田中': 38, '木村': 88, '鈴木': 56, '村田': 78, '山下': 91, '小島': 45, '池田': 80}
```

この実行結果の1回目と2回目の全要素の表示を比較すると、木村の成績が修正されて、池田の成績は新たに追加されていることがわかります。次に、ディクショナリを操作するときによく使われるメソッドを紹介します。

- items()：ディクショナリ名.items() のように書きます。ディクショナリのすべての要素（キーとバリューのペア）を求める関数です。
- keys()：ディクショナリ名.keys() のように書きます。ディクショナリのすべてのキーを求める関数です。
- values()：ディクショナリ名.values() のように書きます。ディクショナリのすべての値を求める関数です。

では、簡単な例を使って、これらのメソッドの動きを確認しましょう。

例題 2-12

以下の仕様要求を実現するプログラムを作成してください。

仕様要求
あるクラスの生徒の、全員の成績が以下のように与えられるとする。

> 山田、45。佐藤、67。田中、38。木村、87。鈴木、56。村田、78。山下、91。小島、45

1. この成績をディクショナリ変数に代入する。
2. for 文を使って、ディクショナリの要素を1つずつ表示する。
3. for 文を使って、ディクショナリのキーを1つずつ表示する。
4. for 文を使って、ディクショナリの値を1つずつ表示する。

作成

VSCodeのエディタ画面でリスト2.12のソースコードを入力し、python3userフォルダ内のDMandMLフォルダにファイル名 ch2ex12.py をつけて保存します。

リスト 2.12 ch2ex12.py

```
1:   # ディクショナリ操作のメソッド
2:   # 繰り返しfor文＋ディクショナリ
3:
```

```
4:   pp = {"山田":45, "佐藤":67, "田中":38, "木村":87, "鈴木":56, "村田":78, "山
     下":91, "小島":45}
5:
6:   print("for文を使って、全要素を表示：")
7:   for key, value in pp.items():
8:       print("名前=", key, "点数=", value)
9:
10:  print("for文を使って、すべての名前を表示：")
11:  for name in pp.keys():
12:      print("名前=", name)
13:
14:  print("for文を使って、すべての点数を表示：")
15:  for score in pp.values():
16:      print("点数=", score)
```

解説

- **4:** 変数 pp に成績（名前と点数）のディクショナリを代入します。
- **7～8:** for 文と print() 関数を組み合わせて、ディクショナリ pp の成績と名前をすべて表示します。
- **7:** for 文の先頭行です。items() 関数を使って、名前と成績をペアで取り出し、作業変数 key と value に 1 つずつ代入します。
- **8:** 繰り返しの本体です。print() 関数を使って、作業変数 key と value の値を表示します。
- **11～12:** for 文と print() 関数を組み合わせて、ディクショナリ pp のキーをすべて表示します。
- **11:** for 文の先頭行です。keys() 関数を使って、名前だけ取り出し、作業変数 name に 1 つずつ代入します。
- **12:** 繰り返しの本体です。print() 関数を使って、作業変数 name の値を表示します。
- **15～16:** for 文と print() 関数を組み合わせて、ディクショナリ pp の値をすべて表示します。
- **15:** for 文の先頭行です。values() 関数を使って、成績だけ取り出し、作業変数 score に 1 つずつ代入します。
- **16:** 繰り返しの本体です。print() 関数を使って、作業変数 score の値を表示します。

実行

VSCode のターミナル画面から次のように実行します。

```
> python ch2ex12.py
for文を使って、全要素を表示：
名前= 山田 点数= 45
名前= 佐藤 点数= 67
名前= 田中 点数= 38
名前= 木村 点数= 87
名前= 鈴木 点数= 56
名前= 村田 点数= 78
名前= 山下 点数= 91
名前= 小島 点数= 45
for文を使って、すべての名前を表示：
名前= 山田
名前= 佐藤
名前= 田中
名前= 木村
名前= 鈴木
名前= 村田
名前= 山下
名前= 小島
for文を使って、すべての点数を表示：
点数= 45
点数= 67
点数= 38
点数= 87
点数= 56
点数= 78
点数= 91
点数= 45
```

この実行結果から、クラスの生徒8名全員の成績（名前、点数）、名前のみ、点数のみが表示されたことを確認できます。

2.6 ファイル入出力

ここまでの例題では、変数に値を与えるために、キーボードの入力から受け取るか、プログラムの中で直接代入するかのいずれかでした。しかし、これらの手法では、大量のデータをまとめてプログラムにわたしたいときには大変な作業になります。

そのような問題を解決するために、ファイルからデータを読み込む**ファイル入力**のしくみが用意されています。

また、プログラムの処理結果についても、print()関数で画面に表示するだけでは、表示画面を閉じると、せっかく求めた結果がなくなってしまいます。そこで、プロ

グラムの処理結果をファイルに書き出して保存できる**ファイル出力**のしくみがあります。

これらのファイル入力またはファイル出力を利用するときには、以下の手順にしたがいます。

1. ファイルを開く
2. ファイルから読み込む、またはファイルへ書き出す
3. ファイルを閉じる

2.6.1 ファイル入力

1. ファイルを開く
   テキストファイルを開くには、open() 文を使います。書き方は以下のとおりです。

   ```
   ファイルオブジェクト = open("ファイル名", "r", encoding="文字コード")
   ```

2. ファイルからテキストを読み込む
   ファイル中のある 1 行だけを読み込むには、readline() 関数を用います。書き方は以下のとおりです。

   ```
   変数名 = ファイルオブジェクト.readline()
   ```

   対して、ファイルの中身をすべて読み込むには、s のついた readlines() 関数を用います。書き方は以下のとおりです。

   ```
   変数名 = ファイルオブジェクト.readlines()
   ```

3. ファイルを閉じる
   ファイルを閉じるには、close() 関数を用います。書き方は以下のとおりです。

   ```
   ファイルオブジェクト.close()
   ```

では、簡単な例題を通して、テキストファイルからの入力について理解を深めましょう。

例題 2-13

以下の仕様要求を実現するプログラムを作成してください。

仕様要求
与えられたファイル名を使ってファイルを開き、まとめて読み込んでからその中身を表示する。

作成

VSCode のエディタ画面でリスト 2.13 のソースコードを入力し、python3user フォルダ内の DMandML フォルダにファイル名 ch2ex13.py をつけて保存します。

リスト 2.13　ch2ex13.py

```python
# ファイルから入力
# まとめて読んでから1行ずつ表示する

f = open("textfile.txt", "r", encoding="utf-8")
lines = f.readlines()
print("まとめて表示する")
print(lines)
print("1行ずつ表示する")
for line in lines:
    line = line.strip()
    print(line)
f.close()
```

また、この例題では、リスト 2.14 のような内容のテキストファイル textfile.txt を使います。VSCode のエディタ画面でリスト 2.14 の文を入力し、python3user フォルダ内の DMandML フォルダにファイル名 textfile.txt をつけて保存します。

リスト 2.14　テキストファイル textfile.txt

```
こんにちは。
Pythonの勉強をしています。
今日は、ファイル入出力の例題をやります。
```

💬 解説

- **4:** ファイル名 textfile.txt を指定して、ファイルを読み込みモードで開きます。その際、文字コードを utf-8 に指定します。
- **5:** readlines() 関数を用いて、ファイルの中身をすべて読み込んで、変数 lines に代入します。
- **7:** ファイルから読み込んだテキストをまとめて表示します。
- **9~11:** lines に代入されたテキストを 1 行ずつ表示します。
- **9:** for 文の先頭行です。lines の要素を 1 つずつ取り出して、作業変数 line に代入します。
- **10~11:** 繰り返しの本体です。
- **10:** **strip() 関数**を使って、作業変数 line の中にある改行文字「\n」を除去します。
- **11:** line を表示します。
- **12:** ファイルを閉じます。

▷ 実行

VSCode のターミナル画面から以下のように実行します。

```
> python ch2ex13.py
まとめて表示する
['こんにちは。\n', 'Pythonの勉強をしています。\n', '今日は、ファイル入出力の例題をやります。']
1行ずつ表示する
こんにちは。
Pythonの勉強をしています。
今日は、ファイル入出力の例題をやります。
```

　この実行結果からわかるように、lines の中身はリストで、ファイルの各行はその要素となります。もともとのテキストファイルにある改行文字「\n」も各要素に含まれています。また、for 文を用いて要素を 1 行ずつ表示するとき、各要素から「\n」が取り除かれていることが確認できます。

ポイント 2.4　strip() 関数

strip() 関数を用いると、文字列にある特定の文字を除去することができます。書き方は以下のとおりです。

```
文字列.strip(引数)
```

引数に除去したい文字を指定します。次のように引数を空欄にすると、文字列にある空白や出力制御文字を除去できます。

```
文字列.strip()
```

例題 2-14

例題 2-10 の成績データをテキストファイル scoredata.txt に保存し、以下の仕様要求を実現するプログラムを作成してください。

仕様要求
データファイル scoredata.txt から成績データをまとめて読み込んで変数に保存する。そして、その中の成績データを使って、成績の平均点を計算して画面に表示する。

作成

VSCode のエディタ画面でリスト 2.15 のように成績データを入力し、python3user フォルダ内の DMandML フォルダにファイル名 scoredata.txt をつけて保存します。

リスト 2.15　テキストファイル scoredata.txt

```
45
67
38
87
56
78
```

```
91
45
64
86
90
45
```

次に、VSCode のエディタ画面でリスト 2.16 のソースコードを入力し、python3user フォルダ内の DMandML フォルダにファイル名 ch2ex14.py をつけて保存します。

リスト 2.16　ch2ex14.py

```
1:   # ファイルから入力
2:   # テキストを数値に変換してから、合計を求める
3:
4:   f = open("scoredata.txt", "r", encoding="utf-8")
5:   lines = f.readlines()
6:   s = 0
7:   for line in lines:
8:       p = int(line.strip())
9:       s += p
10:      print("点数=", p, "合計=", s)
11:  l = len(lines)
12:  print("人数=", l)
13:  ave = s / l
14:  print("平均値=", ave)
15:  f.close()
```

💬 解説

- **4:** ファイル名 scoredata.txt を指定して、ファイルを読み込みモードで開きます。その際、文字コードを utf-8 に指定します。
- **5:** readlines() 関数を用いて、ファイルの中身をすべて読み込んで、変数 lines に代入します。
- **6:** 合計を表す変数 s に初期値 0 を代入します。
- **7〜10:** lines に代入されたテキストを 1 行ずつデータに変換して、その合計を求めて表示します。
- **7:** for 文の先頭行です。lines の要素を 1 つずつ取り出して、作業変数 line に代入します。
- **8〜10:** 繰り返しの本体です。

8: strip() 関数を使って、作業変数 line の中にある改行文字「\n」を削除します。
9: 変数 p の値を変数 s に足し合わせます。
10: print() 関数を使って、毎回の点数 p と合計 s を表示します。
11: lines の要素の数 (人数) を求めて変数 l に代入します。
12: 人数を表示します。
13: 平均値 = 合計点 / 人数 を行っています。
14: 平均値を表示します。
15: ファイルを閉じます。

▶ 実行

VSCode のターミナル画面から以下のように実行します。

```
> python ch2ex14.py
点数= 45 合計= 45
点数= 67 合計= 112
点数= 38 合計= 150
点数= 87 合計= 237
点数= 56 合計= 293
点数= 78 合計= 371
点数= 91 合計= 462
点数= 45 合計= 507
点数= 64 合計= 571
点数= 86 合計= 657
点数= 90 合計= 747
点数= 45 合計= 792
人数= 12
平均値= 66.0
```

この実行結果からわかるように、ファイルの中身を点数として表示するとともに、前の行の数値との合計値も表示しています。最後に平均値の計算結果を表示しています。これは例題 2-10 と同じ結果です。

2.6.2 ファイル出力

1. ファイルを開く

    前項と同じく open() 文を使います。ただし、今度は書き込みモードで開きます。書き方は以下のとおりです。

    ```
    ファイルオブジェクト = open("ファイル名", "w", encoding="文字コード")
    ```

2. ファイルへテキストを書き出す
   文字列を書き出すには、writeline() 関数を用います。書き方は以下のとおりです。

   ```
   ファイルオブジェクト.writeline(変数名)
   ```

   また、リストなど集合変数をまとめてすべて書き出すには、writelines() 関数を用います。書き方は以下のとおりです。

   ```
   ファイルオブジェクト.writelines(変数名)
   ```

3. ファイルを閉じる
   ファイルを閉じるには、前項と同じく close() 関数を用います。

では、簡単な例題を通して、テキストファイルへの出力について理解を深めましょう。

例題 2-15

以下の仕様要求を実現するプログラムを作成してください。

仕様要求
例題 2-10 の成績データをファイル newdata.txt に書き出して保存する。

</> 作成

VSCode のエディタ画面でリスト 2.17 のソースコードを入力し、python3user フォルダ内の DMandML フォルダにファイル名 ch2ex15.py をつけて保存します。

リスト 2.17　ch2ex15.py

```
1:  # ファイルへ出力
2:  # 数値を文字列に変換してから、ファイルへ書き出す
3:
4:  f = open("newdata.txt", "w", encoding="utf-8")
5:  pp = [45, 67, 38, 87, 56, 78, 91, 45, 64, 86, 90, 45]
6:  for p in pp:
7:      print("点数=", p)
```

```
8:        f.write(str(p) + "\n")
9:    f.close()
```

解説

- **4:** ファイル名 newdata.txt を指定して、ファイルを書き込みモードで開きます。その際、文字コードを utf-8 に指定します。
- **5:** 変数 pp に成績データのリストを代入します。
- **6～8:** for 文で、リスト pp の中身をファイルに書き出します。
- **6:** for 文の先頭行です。リスト pp の要素を 1 つずつ取り出して、作業変数 p に代入します。
- **7:** 点数 p を表示します。
- **7～8:** 繰り返しの本体です。
- **8:** **str() 関数**で作業変数 p を文字列に変換します。さらに、**文字列の結合演算子「+」**を用いて、改行制御文字「\n」をつけます。そして、得られた文字列をファイルへ書き出します。
- **9:** ファイルを閉じます。

ポイント 2.5　　str() 関数

str() 関数は、数値を文字列に変換する関数です。書き方は以下のとおりです。

```
str(変数名)
```

ポイント 2.6　　文字列の結合演算子「+」

「+」は、数値変数に対しては足し算を行う演算子ですが、文字列に対しては結合演算子となります。書き方は以下のとおりです。

```
文字列1 + 文字列2
```

▶ 実行

VSCode のターミナル画面から以下のように実行します。

```
> python ch2ex15.py
点数= 45
点数= 67
点数= 38
点数= 87
点数= 56
点数= 78
点数= 91
点数= 45
点数= 64
点数= 86
点数= 90
点数= 45
```

また、このプログラムの実行によって、newdata.txt というテキストファイルがつくられます。リスト 2.18 にその内容を示します。

リスト 2.18　テキストファイル newdata.txt

```
45
67
38
87
56
78
91
45
64
86
90
45
```

この実行結果から、ファイル newdata.txt に成績リストの点数が書き込まれていることがわかります。

演習問題

問題 2.1 例題 2-2 をもとに、以下の変更要求を実現するプログラムを作成してください。

1. 加算、減算、乗算、除算、剰余に変更する。
2. print() 関数のメッセージを日本語に変更する。例えば、「a と b との足し算の結果＝」のように変更する。
3. 1. と 2. のすべての処理を 1 つのプログラムにまとめる。

問題 2.2 試験の点数 p をキーボードから受け取り、その点数 p に相当する評価 S, A, B, C, D を表示するプログラムを作成してください。ただし、各評価に対応する点数の範囲は、以下のようにします。また、点数は正しく入力されるものとします。

評価	点数 p の範囲
S	$90 \leq p \leq 100$
A	$80 \leq p < 90$
B	$70 \leq p < 80$
C	$60 \leq p < 70$
D	$0 \leq p < 60$

問題 2.3 例題 2-7 をもとに、以下の変更要求を実現するプログラムを作成してください。
次のような下三角の形で九九の表を画面に表示する。

```
1x1= 1
2x1= 2  2x2= 4
3x1= 3  3x2= 6  3x3= 9
4x1= 4  4x2= 8  4x3=12  4x4=16
5x1= 5  5x2=10  5x3=15  5x4=20  5x5=25
6x1= 6  6x2=12  6x3=18  6x4=24  6x5=30  6x6=36
7x1= 7  7x2=14  7x3=21  7x4=28  7x5=35  7x6=42  7x7=49
8x1= 8  8x2=16  8x3=24  8x4=32  8x5=40  8x6=48  8x7=56  8x8=64
9x1= 9  9x2=18  9x3=27  9x4=36  9x5=45  9x6=54  9x7=63  9x8=72  9x9=81
```

問題 2.4　以下の仕様要求を実現するプログラムを作成してください。

1. ファイル mathscore.txt（リスト 2.19）から成績データを読み込む。
2. それぞれの成績から評価（S, A, B, C, D）をつける。
3. 名前、成績と評価を、リスト 2.20 のようにファイル mathgrade.txt に保存する。

リスト 2.19　ファイル mathscore.txt

```
山田 45
佐藤 67
田中 38
木村 87
鈴木 56
村田 78
山下 91
小島 45
```

リスト 2.20　ファイル mathgrade.txt

```
山田 45 D
佐藤 67 C
田中 38 D
木村 87 A
鈴木 56 D
村田 78 B
山下 91 A
小島 45 C
```

第3章
Python速習（応用編）

　第2章で学んだ範囲では短いプログラムをつくるだけなら十分ですが、アプリケーションをつくるレベルとなると、厳しくなります。アプリケーションをつくるとなると、まず部品から全体を組み立てるという考え方をする必要があります。つまり、一度にアプリケーション全体を完成させるのではなく、いくつかの部分に分けて、それぞれを部品としてつくっておき、それらの部品を用いて全体を組み立てるという考え方です。

　次に、開発済みの部品を再利用することを考えます。一度つくったプログラムを部品としてまとめて保持しておいて、次回、別のアプリケーションをつくるときに、その部品を再利用してより短時間で新しいアプリケーションを開発することを考えます。

　さらに、他者との協同作業ということも考えます。他の人がつくったプログラムを利用することで、いろいろな機能を自分でプログラムをつくらなくても実現できるようになり、アプリケーションの開発効率を大幅に上げることができます。

　これらの考え方を踏まえて、本章では、まずプログラムを部品としてまとめるしくみである「関数」と「クラス」について説明します。

　そのうえで、第4章以降で利用するPythonのライブラリNumPy、SciPy、matplotlib、scikit-learn、pandasについて紹介し、これらの基本的な使い方について説明します。第2章のPythonプログラミングの「基本編」に対して、本章は、特定目的のアプリケーションの作成につなげていきますので、「応用編」という位置づけです。

3.1　関　数

　関数とは、プログラミング言語においてはプログラムの処理機能をまとめたものといえます。いいかえると、関数とは、プログラムの部品をつくるしくみです。

　この関数を利用するためには、まず定義しなければなりません。つまり、関数の利用は以下の手順で行います。

1. 関数の定義
2. 関数の呼び出し

最初に、関数の定義について説明します。関数の定義の書き方は以下のとおりです。

```
def 関数名(仮引数1, 仮引数2, …):
    文1
    文2
    …
    return 戻り値1, 戻り値2, …
```

このように、仮引数を使っていろいろな計算や処理を行い、その結果を戻り値の変数にまとめておきます。最後に return 文を使って、呼び出し側に戻り値を返します。なお、仮引数や戻り値が必要ない場合は、その部分を省略できます。

次に関数の呼び出しについて解説します。関数の呼び出しの書き方は以下のとおりです。

```
変数1, 変数2, … = 関数名(実引数1, 実引数2, …)
```

このように実引数を関数にわたして、関数の return 文で返された戻り値を変数で受け取ります。ここで関数定義の戻り値の数と関数呼び出しの変数の数は一致していなければなりません。関数定義において仮引数がない場合は、その実引数を省略できます。また、関数定義において戻り値がない場合は、それを受け取る変数も省略できます。

では、これらの書き方について簡単な例題を用いて具体的に確かめてみましょう。

例題 3-1

下記の仕様要求を実現するプログラムを作成してください。

仕様要求

1 から整数 n までの総和を計算する関数を作成する。それを利用して、整数 10 と整数 20 までの総和を求めて画面に表示する。

</> 作成

VSCode のエディタ画面でリスト 3.1 のソースコードを入力して、python3user フォルダ内の DMandML フォルダにファイル名 ch3ex1.py をつけて保存します。

リスト 3.1　ch3ex1.py

```
1:   # 関数の定義と呼び出し
2:
3:   # 関数の定義
4:   def nsum(n):
5:       s = 0
6:       for k in range(1, n + 1):
7:           s += k
8:       return s
9:
10:  # 関数の呼び出し
11:  m = 10
12:  ms = nsum(m)
13:  print(m, "までの総和=", ms)
14:  m = 20
15:  ms = nsum(m)
16:  print(m, "までの総和=", ms)
```

解説

4〜8: nsum() 関数の定義です。

4: 関数定義の先頭行です。この場合、nsum が関数名、かっこの中の n が仮引数になります。

5: 総和を表す変数 s に初期値 0 を代入します。

6〜7: 総和を求める繰り返しです。繰り返し終了後、変数 s の値は整数 n までの総和となります。

6: for 文の先頭行です。range(1, n + 1) によってリスト [1, 2, …, n] がつくられます。このリストの要素は順に作業変数 k に代入されます。

7: 繰り返しの本体です。変数 s に作業変数 k を足します。

8: 変数 s の値を戻り値として、呼び出しもとに返します。

11〜16: 関数の呼び出しです。

11: 変数 m に 10 を代入します。

12: nsum() 関数を呼び出します。その際、変数 m を実引数として、nsum() 関数にわたします。また、変数 ms で nsum() 関数からの戻り値を受け取ります。

13: 総和の計算結果 ms を画面に表示します。

14: 変数 m に 20 を代入します。

15: nsum() 関数を再度呼び出します。その際、変数 m を実引数として、nsum() 関数にわたします。また、変数 ms で nsum() 関数からの戻り値を受け取ります。

16: 総和の計算結果 ms を画面に表示します。

▶ 実行

VSCode のターミナル画面から以下のように実行します。

```
> python ch3ex1.py
10 までの総和= 55
20 までの総和= 210
```

この実行結果から、実引数 m=10 と m=20 の 2 回分の呼び出しを行い、関数からはそれぞれ異なった計算結果を受け取ったことがわかります。つまり、総和を計算するプログラムコードは 1 回分しかありませんが、その部分を関数として定義しておくと、必要なときに引数をわたしてその関数を呼び出すことで、何度でも計算結果を受け取れるわけです。

3.2 クラス

クラス（class）を英和辞書で引くとさまざまな意味が掲載されていますが、広くいえば、（人・物の）部類、類、種類の意味で使われているということがわかります。まず、プログラミングにおけるクラスの概念について、いくつかの角度から考えてみましょう。

第 2 章では、集合変数として、リストとディクショナリについて学びました。リストは単一値の要素の並びからなりますが、ディクショナリはペア値の要素の並びからなります。実際の問題では、複数個のデータのセットを使ってその特徴を表さないといけないものが多くあります。そして、表したいものが変われば、使うデータの形（数と種類）も変わります。この角度から考えると、プログラムの中で、ものの特徴を表す複数個のデータをまとめて定義できるようにすると、実用的に意義が大きいということがわかるでしょう。

対して、前節では、関数とは一連の処理をまとめたものであると説明しました。そして、関数においては、引数を入力として用いて内部で処理を行って、その結果を戻り値にわたすようなしくみができています。この関数のしくみと先ほどのものの特徴を表すデータのしくみを合わせると、クラスの概念が生まれます。

ここまでの話をまとめると、**クラス**とは、ものの特徴を表すデータと、そのデータを処理する関数をまとめたものといえます。ただし、クラスでは特有の用語を用いており、ものの特徴を表す変数のことを**属性**、属性を処理する関数のことを**メソッド**といいます。

具体的な例によって、もう少しクラスの概念について理解を深めていきましょう。

第 2 章ではある学校の 1 クラスの、生徒の成績のデータを例として使いました。そして、リストの例では成績のみ、ディクショナリの例では名前と成績のペアを用いま

した。より生徒というものを表すには、どんなデータが必要か、それらのデータに対してどんな処理を行えば生徒 1 人ひとりの特徴を表すことができるかについて考えてみましょう。

ここではまず、生徒の特徴を表すには、固有属性である名前、および複数教科（例えば、国語、算数、理科、社会）の成績を用いることとします。つまり、次のようになります。

　　　生徒クラス（属性＝名前、国語、算数、理科、社会）

続いて、これらの属性データを画面に表示する処理、およびこの 4 教科の平均点を計算して表示する処理を用意します。さらに、これらの処理を実現する方法（メソッド）を導入すると、以下のように「生徒」というクラスができ上がります。

　　　生徒クラス（属性＝名前、国語、算数、理科、社会。メソッド＝表示、平均）

さて、Python でのクラスの定義の書き方は以下のとおりです。

```
class クラス名:
    def メソッド名(self, 仮引数1, 仮引数2, …):
        self.変数 = …
        ローカル変数 = …
          …
        return 戻り値
```

ここで、self はクラス自身を表します。そして、「self.変数」はクラスの属性を表す変数で、**インスタンス変数**と呼ばれています。そのほかの変数として、外部からデータを受け取るための仮引数、およびメソッド内で使われる**ローカル変数**があります。

先ほど説明したように、クラスはものの属性とそれに付随するメソッドからなります。しかし、クラスの定義だけでは、クラスの設計図をつくったに過ぎません。設計図から実際にものをつくるには、さらなるステップが必要となります。

クラスの設計図にしたがってつくられたものを、**インスタンス**と呼びます。インスタンス（instance）もさまざまな意味がありますが、ここでは、事実・実例の意味です。また、クラスの設計図にしたがってインスタンスをつくることを**インスタンスの生成**といいます。

Python でのインスタンスの生成は次のように行います。

```
インスタンス名 = クラス名(初期化用値または実引数)
```

インスタンスが生成されると、クラスの定義の中で定義したメソッドも同時に生成されます。それを呼び出すためには、以下のように書きます。

```
変数名 = インスタンス名.メソッド名(実引数1, 実引数2, …)
```

徐々に難しく感じてきたところではないでしょうか。例題を通してクラスの概念や使い方について、理解を深めていきましょう。

例題 3-2

以下の仕様要求を実現するプログラムを作成してください。

仕様要求
1. 生徒を表すクラスを定義する。ただし、生徒の特徴を表すデータとして、名前、国語の成績、算数の成績、理科の成績、社会の成績を用いる。
2. 1. で定義したクラスを利用して、各生徒の成績を与えて、それぞれの生徒ごとの平均点を計算して表示する。

</> 作成

VSCode のエディタ画面でリスト 3.2 のソースコードを入力し、python3user フォルダ内の DMandML フォルダにファイル名 ch3ex2.py をつけて保存します。

リスト 3.2 ch3ex2.py

```python
1:  # クラスの定義と利用
2:
3:  # クラスの定義
4:  class seito():
5:      # 初期値の設定
6:      def __init__(self, namae, kokugo, sansu, rika, syakai):
7:          self.namae = namae
8:          self.kokugo = kokugo
9:          self.sansu = sansu
10:         self.rika = rika
```

```
11:            self.syakai = syakai
12:        # データを表示
13:        def showdata(self):
14:            print(self.namae, self.kokugo, self.sansu, self.rika, self.syakai)
15:            return
16:        # 平均値を計算、表示
17:        def showave(self):
18:            ave=(self.kokugo + self.sansu + self.rika + self.syakai) / 4.0
19:            print(self.namae, "ave=", ave)
20:            return
21:
22:    # インスタンスの生成
23:    seito1 = seito("yamada", 34, 56, 87, 45)
24:    seito1.showdata()
25:    seito1.showave()
26:    seito2 = seito("sato", 90, 86, 77, 65)
27:    seito2.showdata()
28:    seito2.showave()
```

解説

4〜20: クラス seito の定義です。

4: クラス定義の先頭行です。この場合、seito はクラス名になります。

6〜11: インスタンス変数の初期設定を行うメソッドの定義です。

6: メソッド定義の先頭行です。メソッド名の__init__はあらかじめ予約された名称なので、変更することはできません。かっこの中にある self は、このクラス自身を意味します。また、namae, kokugo, sansu, rika, syakai は外部からデータを受け取るための仮引数です。それぞれ名前、国語成績、算数成績、理科成績、社会成績を表します。

7〜11: クラス内部のインスタンス変数に対応する仮引数を代入します。

13〜15: メソッド showdata() の定義です。

13: メソッド showdata() の定義の先頭行です。self はこのクラス自身を意味します。なお、このメソッドには外部からデータを受け取るための仮引数がありません。

14: print() 関数で各インスタンス変数の値を表示します。

15: return 文です。今回は戻り値がありません。

17〜20: メソッド showave() の定義です。

17: メソッド showave() の定義の先頭行です。self はこのクラス自身を意味します。なお、このメソッドには外部からデータを受け取るための仮引数がありません。

18: 国語の成績、算数の成績、理科の成績、社会の成績のインスタンス変数から平均

値を計算します。
- **19:** print() 関数で名前と平均の値を表示します。
- **20:** return 文です。今回は戻り値がありません。
- **23〜28:** 定義済みのクラスを用いてインスタンスを生成する部分です。
- **23:** 実引数として、名前"yamada"とその 4 教科の点数を与えて、インスタンス seito1 を生成します。
- **24:** seito1 のメソッド showdata() を呼び出して、seito1 のデータを表示します。
- **25:** seito1 のメソッド showave() を呼び出して seito1 の平均点を計算して表示します。
- **26:** 実引数として、名前"sato"とその 4 教科の点数を与えて、インスタンス seito2 を生成します。
- **27:** seito2 のメソッド showdata() を呼び出して、seito2 のデータを表示します。
- **28:** seito2 のメソッド showave() を呼び出して seito2 の平均点を計算して表示します。

▶ 実行

VSCode のターミナル画面から以下のように実行します。

```
> python ch3ex2.py
yamada 34 56 87 45
yamada ave= 55.5
sato 90 86 77 65
sato ave= 79.5
```

いまの例題では、seito クラスを利用して、"yamada"と"sato"の 2 名の生徒のインスタンスを生成し、そのデータの表示と平均値の計算を実現しました。ここで、クラスを定義するプログラムコードは 1 回分しかありませんが、ものの属性とそれを処理するメソッドをクラスとして定義したので、そのメソッドを呼び出すことで、何度もインスタンスのデータ処理を行うことができました。

3.3 モジュールとライブラリ

前述したとおり、関数やクラスは、自分や他者が作成したプログラムを再利用して、アプリケーションの開発効率を向上させるために導入されたものです。そして、3.1 節では関数の基本事項について説明し、3.2 節ではクラスの基本事項について説明しました。

しかし、ここまでは、関数の定義と関数の呼び出しの両方とも自分でつくっており、クラスの定義もインスタンスの生成もやはり自分でつくりました。いまのところ、関数やクラスを利用しても、そこまでメリットを感じていないのではないでしょうか。むしろ、関数やクラスの形式を整える必要がある分、第 2 章よりもプログラムのコー

ド量が少し増えて面倒に感じているかもしれません。

そこで、プログラムを部品化して、再利用することについて、もう一度考えてみましょう。まず先に部品をつくって保管しておきます。そして、いよいよアプリケーションをつくるときに、保管済みの部品をもってきて組み合わせ、全体を完成させます。この部品をつくる作業もすべて自分で行うのであれば、トータルの作業量はあまり変わらないでしょう。しかし、ほかの人がつくった部品を利用できるなら、状況は大きく変わります。

このような考え方を実現しているのが、モジュールとライブラリのしくみです。具体的な手順は以下のとおりです。

1. 関数やクラスを定義するプログラムを作成して、「モジュール名.py」のようなファイル名で保管します（リスト 3.3 参照）。

   リスト 3.3　関数やクラスを定義するプログラム（ファイル名：mymodule.py）

   ```
   myfunc()関数やmyclassクラスの定義
   ```

2. アプリケーションをつくるとき、import 文でモジュールを読み込むことで、モジュール内で定義された関数やクラスを利用します（リスト 3.4 参照）。

   リスト 3.4　モジュールの読み込み（ファイル名：myapplication.py）

   ```
   import mymodule
     ...
   変数名 = mymodule.myfunc()
     ...
   変数名 = mymodule.myclass()
     ...
   ```

なお、以下のように、import でモジュールを読み込むとき、そのモジュールに別の名前をつけることもできます。

```
import mymodule as mm
  ...
変数名 = mm.myfunc()
  ...
変数名 = mm.myclass()
  ...
```

前ページでは、mymodule モジュールに mm という名前をつけ、プログラムの中では mm という名前で使っています。

以下の例題を用いて、より具体的に確認していきましょう。

例題 3-3

以下の仕様要求を実現するプログラムを作成してください。

仕様要求
1. 生徒を表すクラスを定義して、そのクラスを利用し、各生徒の成績を与えて、それぞれの教科について「合格」か「不合格」かを判別する。ただし、生徒の特徴を表すデータとして、名前、国語の成績、算数の成績、理科の成績、社会の成績を用いる。
2. 1. で作成したプログラムにある関数とクラスの定義部分をモジュールとして保存する。そして、別ファイルでプログラムを作成する。すなわち、モジュールの関数やクラスを読み込んで、1. と同じ機能を実現する。

作成

仕様要求の 1. を実現するため、まずは、モジュールに分ける前のプログラムをみてみましょう。VSCode のエディタ画面でリスト 3.5 のソースコードを入力し、python3user フォルダ内の DMandML フォルダにファイル名 ch3ex3org.py をつけて保存します。

リスト 3.5 ch3ex3org.py

```
 1:  # 関数の定義
 2:
 3:  # 合否判断
 4:  def gouhi(namae, kokugo, sansu, rika, syakai):
 5:      print(namae, ":", end="")
 6:      if kokugo >= 60:
 7:          print("国語合格,", end="")
 8:      else:
 9:          print("国語不合格,", end="")
10:      if sansu >= 60:
11:          print("算数合格,", end="")
12:      else:
```

```
13:            print("算数不合格,", end="")
14:        if rika >= 60:
15:            print("理科合格,", end="")
16:        else:
17:            print("理科不合格,", end="")
18:        if syakai >= 60:
19:            print("社会合格")
20:        else:
21:            print("社会不合格")
22:        return
23:
24:    # クラスの定義
25:    class seito():
26:        # 初期値の設定
27:        def __init__(self, namae, kokugo, sansu, rika, syakai):
28:            self.namae = namae
29:            self.kokugo = kokugo
30:            self.sansu = sansu
31:            self.rika = rika
32:            self.syakai = syakai
33:        # データを表示
34:        def showdata(self):
35:            print(self.namae, ":国語=", self.kokugo, "算数=", self.sansu, "理科=", self.rika, "社会=", self.syakai)
36:            return
37:        # 平均値を計算、表示
38:        def getdata(self):
39:            return self.namae, self.kokugo, self.sansu, self.rika, self.syakai
40:
41:    # インスタンスの生成
42:    seito1=seito("山田", 34, 56, 87, 45)
43:    seito1.showdata()
44:    n, k1, k2, k3, k4 = seito1.getdata()
45:    gouhi(n, k1, k2, k3, k4)
46:    seito2 = seito("佐藤", 90, 86, 77, 65)
47:    seito2.showdata()
48:    n, k1, k2, k3, k4 = seito2.getdata()
49:    gouhi(n, k1, k2, k3, k4)
```

💬 解説

- **4〜22:** gouhi() 関数の定義です。
- **4:** 関数定義の先頭行です。gouhi は関数名で、name は生徒の名前を表す仮引数です。kokugo、sansu、rika と syakai はそれぞれ国語、算数、理科、社会の成績を表す仮引数です。
- **6〜9:** 国語について合否を判別します。kokugo≦60 の場合は、「国語合格」と判別します。そうでなければ、「国語不合格」と判別します。
- **10〜13:** 算数について合否を判別します。
- **14〜17:** 理科について合否を判別します。
- **18〜21:** 社会について合否を判別します。
- **22:** 戻り値なしの return 文です。
- **25〜39:** クラス seito の定義です。メソッド getdata() は新しく定義したものですが、それ以外のものは ch3ex2.py にあるので、そちらを参照してください。
- **38〜39:** メソッド getdata() の定義です。
- **38:** getdata() 定義の先頭行です。メソッド名は getdata です。仮引数はありません。
- **39:** return 文です。インスタンス変数 self.namae, self.kokugo, self.sansu, self.rika, self.syakai を返します。
- **42〜49:** 定義済みのクラスを用いてインスタンスを生成する部分です。
- **42:** 実引数として、名前"山田"とその 4 教科の点数を与えて、インスタンス seito1 を生成します。
- **43:** seito1 のメソッド showdata() を呼び出して、seito1 のデータを表示します。
- **44:** seito1 のメソッド getdata() を呼び出して、seito1 の各データを取得します。
- **45:** seito1 の各教科について、gouhi() 関数を呼び出して、合否判定を行います。
- **46:** 実引数として、名前"佐藤"とその 4 教科の点数を与えて、インスタンス seito2 を生成します。
- **47:** seito2 のメソッド showdata() を呼び出して、seito2 のデータを表示します。
- **48:** seito2 のメソッド getdata() を呼び出して、seito2 の各データを取得します。
- **49:** seito2 の各教科について、gouhi() 関数を呼び出して、合否判定を行います。

▶ 実行

VSCode のターミナル画面から次ページのように実行します。

```
> python ch3ex3org.py
山田　：国語= 34 算数= 56 理科= 87 社会= 45
山田　：国語不合格,算数不合格,理科合格,社会不合格
佐藤　：国語= 90 算数= 86 理科= 77 社会= 65
佐藤　：国語合格,算数合格,理科合格,社会合格
```

この実行結果から確認できるように、生徒「山田」について、データの表示と合否判定の結果が表示されました。また、生徒「佐藤」についても、データの表示と合否判定の結果が表示されました。

</> 作成

次に、仕様要求の 2. を実現します。1. でできたプログラム ch3ex3org.py を、モジュール部分 ch3ex3module.py とアプリケーション部分 ch3ex3.py に分割します。また、ch3ex3.py では import 文を用いてモジュールを導入します。作業としては、まず VSCode のエディタ画面で ch3ex3org.py の中身をコピーして、新規ファイルを作成し、その中に貼りつけます。その後、che3ex3org.py のほうの内容をリスト 3.6 のように変更して、python3user フォルダ内の DMandML フォルダにファイル名 ch3ex3module.py をつけて保存します。

リスト 3.6　ch3ex3module.py

```python
 1: # 関数の定義
 2:
 3: # 合否判断
 4: def gouhi(namae, kokugo, sansu, rika, syakai):
 5:     print(namae, ":", end="")
 6:     if kokugo >= 60:
 7:         print("国語合格,", end="")
 8:     else:
 9:         print("国語不合格,", end="")
10:     if sansu >= 60:
11:         print("算数合格,", end="")
12:     else:
13:         print("算数不合格,", end="")
14:     if rika >= 60:
15:         print("理科合格,", end="")
16:     else:
17:         print("理科不合格,", end="")
18:     if syakai >= 60:
19:         print("社会合格")
```

```
20:         else:
21:             print("社会不合格")
22:         return
23: # クラスの定義
24: class seito():
25:     # 初期値の設定
26:     def __init__(self, namae, kokugo, sansu, rika, syakai):
27:         self.namae = namae
28:         self.kokugo = kokugo
29:         self.sansu = sansu
30:         self.rika = rika
31:         self.syakai = syakai
32:     # データを表示
33:     def showdata(self):
34:         print(self.namae, ":国語=", self.kokugo, "算数=", self.sansu, "理科=", self.rika, "社会=", self.syakai)
35:         return
36:     # 平均値を計算、表示
37:     def getdata(self):
38:         return self.namae, self.kokugo, self.sansu, self.rika, self.syakai
```

解説

これは ch3ex3org の関数の定義、クラスの定義部分とまったく同じなので、解説を省略します。

作成

続いて、新規ファイルのほうの内容をリスト 3.7 のように変更して、python3user フォルダ内の DMandML フォルダにファイル名 ch3ex3.py をつけて保存します。

リスト 3.7　ch3ex3.py

```
1:  # モジュールの利用
2:  import ch3ex3module
3:
4:  # インスタンスの生成
5:  seito1 = ch3ex3module.seito("山田", 34, 56, 87, 45)
6:  seito1.showdata()
7:  n, k1, k2, k3, k4 = seito1.getdata()
8:  ch3ex3module.gouhi(n, k1, k2, k3, k4)
9:  seito2 = ch3ex3module.seito("佐藤", 90, 86, 77, 65)
10: seito2.showdata()
```

```
11:    n, k1, k2, k3, k4 = seito2.getdata()
12:    ch3ex3module.gouhi(n, k1, k2, k3, k4)
```

💬 解説

2: import 文を用いて、保存済みのモジュール ch3ex3module を読み込みます。
5: もとのクラス名 seito の前にモジュール名を追加します。
8: もとの関数名 gouhi の前にモジュール名を追加します。
9: もとのクラス名 seito の前にモジュール名を追加します。
12: もとの関数名 gouhi の前にモジュール名を追加します。

▶ 実行

VSCode のターミナル画面から以下のように実行します。

```
> python ch3ex3.py
山田  :国語= 34 算数= 56 理科= 87 社会= 45
山田  :国語不合格,算数不合格,理科合格,社会不合格
佐藤  :国語= 90 算数= 86 理科= 77 社会= 65
佐藤  :国語合格,算数合格,理科合格,社会合格
```

この実行結果は、先ほどの ch3ex3org.py とまったく同じになっています。このように、アプリケーションプログラム ch3ex3.py から、あらかじめ作成したモジュール ch3ex3module を読み込んで、その中にあるクラスやメソッドを利用することができます。

3.4 数値計算ライブラリ NumPy と科学計算ライブラリ SciPy

前節で説明したように、関数やクラスをまとめたものをモジュールにしておくと、後で部品として使用できます。そして、共通によく使われる複数のモジュール、あるいは特定分野における特別な機能を実現した複数のモジュールをまとめて配布しているものを、**ライブラリ**と呼びます。Python に最初から付いているライブラリは**標準ライブラリ**といいます。この標準ライブラリのほか、世界中のいろいろな企業や個人が作成して、オープンソースで配布されているライブラリがあります。

ここでは、本書のテーマであるデータマイニングや機械学習に関連するライブラリを紹介します。Python の標準ライブラリにもいくつかの数学の関数などが含まれていますが、より高度な数値計算や科学計算をするときには、外部ライブラリのNumPy と SciPy を利用します。以下では、NumPy と SciPy について簡単に説明し、例題を通して使い方を確認していきます。

3.4.1 NumPy

NumPy[*1]は、Python の数値計算ライブラリです。NumPy にはベクトル・行列に係る演算や操作、線形代数、確率統計などで使われる多くの機能が含まれています。他の標準的な Python 仕様のプログラムに比べて、プログラムコードが短い、計算精度が高い、計算速度が速いといった特長があります。

例題 3-4

以下の仕様要求を実現するプログラムを作成してください。

仕様要求

NumPy を用いて、行列 a の転置行列[*2]と行列 b のかけ算を計算し、その結果を行列 c に代入して表示する。合わせて各行列の次元数、行数と列数を求めて表示する。

$$a = \begin{bmatrix} 0 & 1 \\ 2 & 3 \\ 4 & 5 \end{bmatrix}, \quad b = \begin{bmatrix} 6 & 5 \\ 4 & 3 \\ 2 & 1 \end{bmatrix}, \quad c = a^{\mathrm{T}} b$$

</> 作成

VSCode のエディタ画面でリスト 3.8 のソースコードを入力し、python3user フォルダ内の DMandML フォルダにファイル名 ch3ex4.py をつけて保存します。

リスト 3.8　ch3ex4.py

```
1:  # numpyの使い方
2:  import numpy as np
3:
4:  a=np.array([[0, 1], [2, 3], [4, 5]])
5:  print("行列a=")
6:  print(a)
7:  print("次元:", a.ndim)
8:  print("行数、列数:", a.shape)
9:  b = np.array([[6, 5], [4, 3], [2, 1]])
```

[*1] [nʌm pai] と読みます。入手先の Web サイトは http://www.numpy.org です。
[*2] 転置とは、行列の行と列を入れ替える演算です。行列 a の転置行列は a^{T} と表します。

```
10:  print("行列b=")
11:  print(b)
12:  print("次元:", b.ndim)
13:  print("行数、列数:", b.shape)
14:  c = a.T.dot(b)
15:  print("行列c=")
16:  print(c)
17:  print("次元:", c.ndim)
18:  print("行数、列数:", c.shape)
```

解説

2: numpy を読み込んで、np とします。
4: np の array() 関数を使って、行列 a をつくります。
5〜6: 行列 a を表示します。
7: 行列 a の次元を表示します。
8: 行列 a の形（行数と列数）を表示します。
14: a.T は行列 a の転置を計算します。c = a.T.dot(b) は、行列 a の転置と行列 b とのかけ算を行って、行列 c に代入しています。NumPy ライブラリを使用すると、この計算はたった 1 行の記述で実行できるようになります。

これ以外は行列の値や次元、行数列数を表示するものなので、5〜8 行目の説明を参考にしてください。

実行

VSCode のターミナル画面から以下のように実行します。

```
> python ch3ex4.py
行列a=
[[0 1]
 [2 3]
 [4 5]]
次元: 2
行数、列数: (3, 2)
行列b=
[[6 5]
 [4 3]
 [2 1]]
次元: 2
行数、列数: (3, 2)
```

```
行列c=
[[16 10]
 [28 19]]
次元: 2
行数, 列数: (2, 2)
```

この実行結果から、行列 c の演算結果は

$$c = \begin{bmatrix} 16 & 10 \\ 28 & 19 \end{bmatrix}$$

となったことがわかります。

3.4.2　SciPy

SciPy[*3]は Python の科学計算ライブラリです。SciPy では、NumPy のデータ構造や基本的な計算機能をベースとして、線形代数、微積分、高速フーリエ変換や特殊関数などの高度な科学計算のアルゴリズムを実現しています。

また、これらのアルゴリズムを用いて、機械学習、信号処理、画像処理、最適化、統計学といった特定分野のツールをつくることができます。

例題 3-5

SciPy を用いて、以下の仕様要求を実現するプログラムを作成してください。

仕様要求

以下に示す定積分公式を用いて、円周率の値を計算せよ。

$$\int_0^1 \frac{1}{1-x^2} \, dx = \frac{\pi}{4}$$

</> 作成

まずは、明示的に円周率を表すように、上記の積分公式を少し変形します。

$$\pi = 4 \int_0^1 \frac{1}{1-x^2} \, dx = \int_0^1 \frac{4}{1-x^2} \, dx$$

次に、この公式にしたがって、SciPy を用いて、次ページのようにプログラムを作成します。

[*3]　[sai pai] と読みます。入手先の公式 Web サイトは https://www.scipy.org です。

VSCode のエディタ画面でリスト 3.9 のソースコードを入力し、python3user フォルダ内の DMandML フォルダにファイル名 ch3ex5.py をつけて保存します。

リスト 3.9　ch3ex5.py

```
 1: # SciPyの使い方
 2: from scipy import integrate
 3:
 4: # 数学関数 4 * 1 / (1 * x^2)
 5: def func(x):
 6:     y = 4.0 / (1 + x * x)
 7:     return y
 8:
 9: # 積分範囲 [0, 1]
10: result, err = integrate.quad(func, 0, 1)
11: print("積分結果=", result)
12: print("誤差=", err)
```

解説

2:　ライブラリ scipy からモジュール integrate を読み込みます。

5〜7:　被積分関数の func() を定義します。

10:　integrate の quad メソッドを呼び出して、定積分を計算します。その際、被積分関数は func()、積分下限は 0、積分上限は 1 を実引数としてわたします。そして、円周率の演算結果を result、誤差を err で受け取ります。

11:　積分の結果 result を表示します。

12:　積分の誤差 err を表示します。

実行

VSCode のターミナル画面から以下のように実行します。

```
> python ch3ex5.py
積分結果=3.1415926535897936
誤差=3.4878684980086326e-14
```

この実行結果から、円周率 π の計算結果を確認できます。また、演算の誤差も表示されています。

3.5　グラフ作成ライブラリ matplotlib

NumPy や SciPy を使って計算した結果は、通常は数値行列として出力されます。

これらの結果を、より視覚的にわかりやすくみるためには、グラフを作成する必要があります。**matplotlib** は Python のプログラミングでよく使われるグラフ作成ライブラリで、ただ単に棒グラフ、折れ線グラフ、散布図、ヒストグラムなどの各種グラフが作成できるだけでなく、グラフの各要素を設定・調整したり、複数のグラフを1枚にまとめたりすることもできるなど、豊富な機能を備えています。そのため、本書で matplotlib の各種機能をすべて説明しきれないので、簡単な例題を通して、基本的な使い方を紹介します。

例題 3-6

以下の仕様要求を実現するプログラムを作成してください。

仕様要求

正弦関数と余弦関数のデータを作成し、matplotlib を用いてそれらの折れ線グラフを作成する。ただし、タイトル、ラベルと凡例をつける。

</> 作成

VSCode のエディタ画面でリスト 3.10 のソースコードを入力し、python3user フォルダ内の DMandML フォルダにファイル名 ch3ex6.py をつけて保存します。

リスト 3.10　ch3ex6.py

```
1:   # sin()関数とcos()関数のグラフ
2:   import numpy as np
3:   import matplotlib.pyplot as plt
4:
5:   x = np.arange(0, 2, 0.01)
6:   xpi =x * np.pi
7:   sinx = np.sin(xpi)
8:   cosx = np.cos(xpi)
9:
10:  plt.title("sin function and cos function")
11:  plt.xlabel("rad(×$\pi$)")
12:  plt.grid(True)
13:  plt.plot(x, sinx, label="sin(x)")
14:  plt.plot(x, cosx, label="cos(x)")
15:  plt.legend()
16:  plt.show()
```

解説

- **2:** numpy を読み込んで、np とします。
- **3:** matplotlib の pyplot クラスを読み込んで、plt とします。
- **5:** np の arange() 関数を使って、0 から 2 まで、0.01 間隔の数値の配列 x をつくります。
- **6:** 配列 x に円周率 π をかけて、配列 xpi をつくります。この 1 行のプログラムで、配列の全要素のかけ算が計算できます。
- **7:** 配列 xpi の sin を求めて、その結果を sinx に代入します。
- **8:** 配列 xpi の cos を求めて、その結果を cosx に代入します。
- **10:** グラフタイトルを設定します。
- **11:** グラフの x ラベルを設定します。
- **12:** グラフにグリッドを表示するように設定します。
- **13:** 配列 x と配列 sinx を使って、折れ線グラフを作成します。そのラベルに、sin(x) を指定します。
- **14:** 配列 x と配列 cosx を使って、折れ線グラフを作成します。そのラベルに、cos(x) を指定します。
- **15:** グラフに凡例を表示するように設定します。
- **16:** ここまでに構成したグラフを、画面に表示します。

実行

VSCode のターミナル画面から以下のように実行します。

```
> python ch3ex6.py
```

すると、新しいウィンドウが開かれて、図 3.1 のグラフ画面が表示されます。

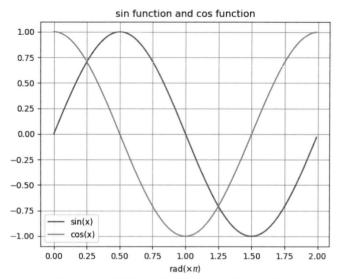

図 3.1　正弦関数と余弦関数のグラフ（例題 3-6）

3.6　機械学習ライブラリ scikit-learn

scikit-learn[*4]は、Python の機械学習用のライブラリです。これは表 3.1 に示すような機械学習の各種アルゴリズムを提供しています。

表 3.1　scikit-learn ライブラリの主な機能と主なアルゴリズム

主な機能	主なアルゴリズム
回帰	線形回帰、ロジスティック回帰、リッジ回帰
分類	SVM（サポートベクトルマシン）、k-近傍法、単純ベイズ法
クラスタリング	k-平均法、GMM（混合ガウス分布）
次元削減	PCA（主成分分析）、NMF（非負値行列因子分析）

また、アルゴリズムだけでなく、サンプルデータや学習の結果を検証・評価する機能も提供されています。本書の第 4 章以降では、機械学習の各機能の基本原理、および Python によるプログラム実現について詳しく説明しますが、ここでは、まず簡単な例題を通して、scikit-learn の基本的な使い方について説明します。

[*4]　入手先の公式 Web サイトは http://scikit-learn.org です。

例題 3-7

scikit-learn と matplotlib を用いて、以下の仕様要求を実現するプログラムを作成してください。

仕様要求

日経平均株価を目的変数、日付の番号を説明変数として用い、単回帰分析を行う。そして、もとデータと分析結果をグラフで表示する。

作成

VSCode のエディタ画面でリスト 3.11 のソースコードを入力し、python3user フォルダ内の DMandML フォルダにファイル名 ch3ex7.py をつけて保存します。

リスト 3.11 ch3ex7.py

```
1:  # scikit-learnの使い方、回帰問題
2:  import numpy as np
3:  import matplotlib.pyplot as plt
4:  from sklearn import linear_model
5:
6:  # モデルを設定
7:  clf = linear_model.LinearRegression()
8:  # 日経平均株価データ
9:  nikkei = [21857.43,
10: 22199.00,
11: 22298.08,
12: 22356.08,
13: 22204.22,
14: 22192.04,
15: 22270.38,
16: 22507.32,
17: 22662.74,
18: 22644.31,
19: 22598.39,
20: 22512.53,
21: 22746.70,
22: 22525.18]
23: L = len(nikkei)
24:
25: # 説明変数に取引日の番号を利用
```

```
26: xx = np.arange(1, L + 1)
27: xx = xx.reshape(L, 1)
28: print("xx=", xx)
29: # 目的変数に日経平均株価を利用
30: yy = np.array(nikkei)
31: yy = yy.reshape(L, 1)
32: print("yy=", yy)
33: # 予測モデルを作成
34: clf.fit(xx, yy)
35: # 回帰係数
36: print("回帰係数=", clf.coef_)
37: # 切片
38: print("切片=", clf.intercept_)
39: # 決定係数
40: print("決定係数=", clf.score(xx, yy))
41:
42: # グラフ作成
43: plt.title("Average price of Nikkei stock market")
44: plt.xlabel("Date Number")
45: plt.ylabel("Price(Yen)")
46: plt.grid(True)
47: # 散布図
48: plt.scatter(xx, yy)
49: # 回帰直線
50: plt.plot(xx, clf.predict(xx))
51: plt.show()
```

解説

- **2:** numpy を読み込んで、np とします。
- **3:** matplotlib.pyplot を読み込んで、plt とします。
- **4:** パッケージ sklearn から直接 linear_model を読み込みます。
- **7:** モデルを線形回帰モデルに指定します。
- **9〜22:** 日経平均株価のデータをリストに代入します。
- **23:** リストの要素数を求めて、L に代入します。
- **26:** [1, 2, …, L] の配列を生成して、xx に代入します。
- **27:** xx の形を L 行 1 列に変更します。
- **30:** 日経平均株価のリストを配列に変換して、yy に代入します。
- **31:** yy の形を L 行 1 列に変更します。
- **34:** データ xx と yy からモデルの学習を行います。
- **36:** 回帰係数を表示します（この用語の詳しい意味については、第 4 章（99 ページ）

38: 切片を表示します。
40: 決定係数を計算して、表示します。
42～50: 日経平均株価の散布図と予測モデルの予測結果の折れ線グラフを作成します。
43: タイトルを描画します。
44: x軸のラベルを描画します。
45: y軸のラベルを描画します。
46: 目盛りの格子表示を指定します。
48: 配列 xx と yy の散布図を描画します。
50: xx と予測モデルによる予測値の clf.predict(xx) の折れ線グラフを作成します。
51: ここまでに構成したグラフを表示します。

▶ 実行

VSCode のターミナル画面から以下のように実行します。

```
> python ch3ex7.py
xx= [[ 1]
 [ 2]
 [ 3]
 [ 4]
 [ 5]
 [ 6]
 [ 7]
 [ 8]
 [ 9]
 [10]
 [11]
 [12]
 [13]
 [14]]
yy= [[21857.43]
 [22199.  ]
 [22298.08]
 [22356.08]
 [22204.22]
 [22192.04]
 [22270.38]
 [22507.32]
 [22662.74]
```

```
 [22644.31]
 [22598.39]
 [22512.53]
 [22746.7 ]
 [22525.18]]
回帰係数= [[48.7498022]]
切片= [22032.54791209]
決定係数= 0.6989278700784464
```

　この実行結果から、説明変数 xx の値と目的変数 yy の値を確認できます。また、線形回帰の結果（回帰係数、切片、決定係数）の値も表示されています。これらの結果の表示と同時に、新しいウィンドウが開かれて、図 3.2 のグラフ画面が表示されます。

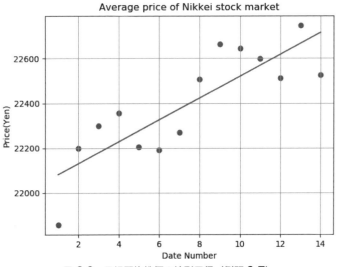

図 3.2　日経平均株価の線形回帰（例題 3-7）

　詳しい解説は第 4 章でしていますが、このグラフでは回帰直線が明確に確認できるので、株価の上昇傾向がより視覚的に印象づけられます。

3.7　データ分析ライブラリ pandas

　pandas はデータ処理・分析の各種機能をまとめたライブラリです。これは、**データフレーム**（data frame）のデータ構造を導入しており、各種データ処理・分析の各機能に対して、統一したデータ形式を提供できます。

3.7 データ分析ライブラリ pandas

データフレームとは、SQL のテーブルのようなデータ構造のことで、**インデックス**と呼ばれるデータラベルの配列が含まれています。また、このインデックスは、自動的に割り当てられますが、ユーザが割り付けることもできます。さらに、SQL のテーブルのように、列には列名を用いることができます。

pandas は、データ構造の整形・分割・統合機能、データの算術・集約演算機能、時系列処理機能、グラフ可視化機能やデータベース連結機能など、データ処理・分析に係る豊富な機能を提供します。以下では、まず簡単な例題を通して、その基本的な使い方について解説します。

例題 3-8

以下の仕様要求を実現するプログラムを作成してください。

仕様要求
1. TokyoTemperature.csv を読み込んで、データフレーム mydf を作成する。
2. mydf の統計情報、先頭データとインデックスを表示する。
3. 年間平均で mydf をダウンサンプリングして、新しいデータフレーム mydf_down を作成する。
4. mydf と mydf_down の折れ線グラフを作成する。

</>作成

VSCode のエディタ画面でリスト 3.12 のソースコードを入力し、python3user フォルダ内の DMandML フォルダにファイル名 ch3ex8.py をつけて保存します。

リスト 3.12　ch3ex8.py

```python
# 時系列データのデータフレーム、ダウンサンプリングとグラフ表示
import pandas as pd
import matplotlib.pyplot as plt

# CSVファイルの読み込み
mydf = pd.read_csv('TokyoTemp20082017.csv',
        index_col=0, parse_dates=[0], dtype='float')

print(mydf.describe())
print(mydf.head())
print(mydf.index)
```

```
12:
13:    mydf_down = mydf.resample('Y').mean()
14:    mydf_down = mydf_down.rename(columns={'Temp(C)': 'Temp_YearMean(C)'})
15:    print(mydf_down)
16:
17:    # グラフ表示
18:    fig = mydf.plot(title='Tokyo Temperature Data Set', figsize=(8, 5))
19:    mydf_down.plot(ax=fig)
20:    plt.show()
```

解説

- **2:** pandas を読み込んで、pd とします。
- **3:** matplotlib から pyplot を読み込んで、plt とします。
- **6:** TokyoTemperature.csv からデータを読み込み、データフレーム mydf に保存します。ただし、0 列目をインデックスとします。
- **9:** mydf の統計情報を表示します。
- **10:** mydf の先頭 5 行を表示します。
- **11:** mydf のインデックスを表示します。
- **12:** mydf を年間平均でリサンプリングして、mydf_down を作成します。
- **13:** mydf_down の列名を「Temp_YearMean(C)」に変更します。
- **14:** mydf_down を表示します。
- **18:** mydf の折れ線グラフを作成します。
- **19:** mydf のグラフに、mydf_down の折れ線グラフを作成します。
- **20:** 18〜19 行目で作成したグラフを表示します。

実行

VSCode のターミナル画面から以下のように実行します。

```
> python ch3ex8.py
```

結果は以下のとおりです（説明のために行番号をつけています）。

```
1:              Temp(C)
2:    count  3653.000000
3:    mean     16.557186
4:    std       8.002259
5:    min       0.300000
6:    25%       9.000000
7:    50%      17.100000
```

```
 8:    75%      23.100000
 9:    max      33.200000
10:
11:             Temp(C)
12:   Date
13:   2008-01-01   6.0
14:   2008-01-02   6.2
15:   2008-01-03   5.9
16:   2008-01-04   7.0
17:   2008-01-05   6.0
18:   DatetimeIndex(['2008-01-01', '2008-01-02', '2008-01-03', '2008-01-04',
19:                  '2008-01-05', '2008-01-06', '2008-01-07', '2008-01-08',
20:                  '2008-01-09', '2008-01-10',
21:                  ...
22:                  '2017-12-22', '2017-12-23', '2017-12-24', '2017-12-25',
23:                  '2017-12-26', '2017-12-27', '2017-12-28', '2017-12-29',
24:                  '2017-12-30', '2017-12-31'],
25:                 dtype='datetime64[ns]', name='Date', length=3653, freq=None)
26:             Temp_YearMean(C)
27:   Date
28:   2008-12-31   16.451913
29:   2009-12-31   16.736164
30:   2010-12-31   16.952329
31:   2011-12-31   16.520274
32:   2012-12-31   16.326503
33:   2013-12-31   17.141918
34:   2014-12-31   16.642740
35:   2015-12-31   16.454795
36:   2016-12-31   16.470219
37:   2017-12-31   15.876164
```

　2〜10行目はデータフレーム mydf の統計情報であり、11〜17行目は mydf の列名と先頭5行分のデータです。また、18〜25行目は mydf のインデックスで、26〜37行目はリサンプリングでできた mydf_down の内容です。

　ターミナル画面の表示のほか、別ウィンドウに図3.3のように過去10年間の東京における日別気温と年間平均気温の折れ線グラフが表示されます。

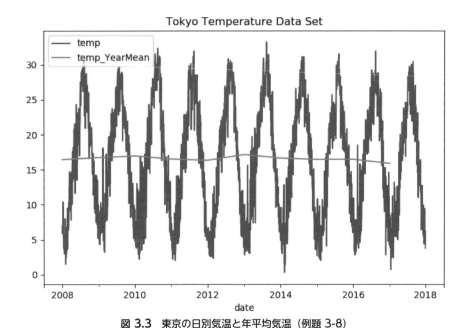

図 3.3 東京の日別気温と年平均気温（例題 3-8）

演 習 問 題

問題 3.1 第 2 章の演習問題 2 をもとに、以下の変更要求を実現するプログラムを作成してください。

1. 評価処理を関数として定義する。関数名は check_grade、引数は科目の成績 point、戻り値は評価 grade とする。
2. キーボードより点数 p を受け取って、その点数 p を引数として、check_grade() 関数を呼び出して評価処理を行う。そして、その戻り値を受け取り、画面に表示する。

問題 3.2 例題 3-2 をもとに、以下の変更要求を実現するプログラムを作成してください。

1. 生徒クラス seito に評価メソッド check_grade を追加する。
2. 各生徒について、4 教科の平均値を評価して、その結果を画面に表示する。

第4章 回帰分析

　第 2 章と第 3 章で、Python 言語の基本文法、基本構成、数値計算、科学計算と機械学習などの拡張ライブラリについて説明しました。ここからは、本書の本題であるデータマイニングと機械学習の解説に入ります。本章では、回帰分析を取り上げ、その基本手法について説明したうえ、Python によるプログラム実現について示していきます。

　回帰分析は以前から有力な統計手法でしたが、近年はデータマイニングや機械学習への有力な応用手法として再認識されています。回帰分析を行う方法としては、線形回帰、ラッソ回帰、リッジ回帰、ロジスティック回帰などさまざまなものが開発されていますが、本章の前半部分ではこのうち線形回帰、後半部分ではロジスティック回帰を取り上げます。

　それぞれ、基本的な考え方や数学的な導出について簡単に説明したうえで、scikit-learn ライブラリにある関連クラスや関数による実現手法を説明します。さらに、これらの関数やクラスについて理解を深めるための応用問題と、それを解決するプログラム例を示します。

4.1　モデル、学習と予測

　現在、さまざまな観測データが収集され、保存されています。一般に観測データとは、裏にある別のデータに影響されて、表に現れたものと考えられます。より正確にいうと、観測結果データ Y には、原因と思われるデータ X があり、そこには $Y = f(X)$ となるような従属関係が存在すると考えられます。

　そして、データマイニングでは、手もちのデータ Y とデータ X のペアのデータ集合から、このような従属関係を見つけようとします。そうすることで、観測されたデータの意味をより深く理解できたり、裏にある法則性を捉えて未知のデータを予測したりすることができるようになります。

　科学的なデータ処理において、この従属関係 f を見つける作業は、一般に以下の手順にもとづいて行います。

1. **モデルを選定する**：　まず $Y = f(X)$ の関数を表す数式 f を仮定します。もし対象

とする専門分野の科学理論ですでに Y と X の関係式が導出されていれば、それを用いることになりますが、なければデータをグラフで可視化してその形から関係式を推測します。たまたま思いついたある関係式があてはまるかを確かめるというアプローチもあります。

2. **パラメータを推定する：** 1. で選定したモデルを表す数式の中には一般には1つではなく、複数のパラメータがかかわっていると考えられます。そこで、いくつかの X と Y のペアのデータ集合にあてはめてみることによって、数式の中にあるパラメータの値を推定します。このパラメータの推定過程が、一般にいう学習です。つまり、**学習**とは、観測済みの過去データから、モデルのパラメータの値を推定することです。

3. **未知データを予測する：** 2. で推定したパラメータを 1. のモデルを表す数式に代入すれば、仮のモデルの完成です。続いて、このモデルを予測モデルとして用います。つまり、X の新しいデータ x をモデルの数式に代入して、$y = f(x)$ により、データを算出します。この計算過程が、一般にいう予測です。つまり、**予測**とは、新しい説明データを予測モデルに入れて、未知の目的変数の値を算出することです。

4. **モデルを検証する：** 3. で求めた予測結果と実際に観測した Y のデータと比べて、誤差が許容できる範囲内かどうかを検証します。誤差が大きい場合、1. で設定したモデルが不適切ではないか、あるいは 2. で行ったパラメータの学習が不十分ではないかなどを確認します。必要ならば、また 1. からやり直します。

4.2　線形回帰

観測結果データ Y を結果とし、それを生じる原因と思われる観測データ X に関して、$Y = f(X)$ となるような従属関係が存在すると仮定します。

一般には、観測されたデータを表す変数 Y を**目的変数**と呼びます。また、この目的変数 Y の発生原因を説明するデータを表す変数 X を**説明変数**と呼びます。この場合、回帰解析（regression analysis）とは、データ Y とデータ X のペアの集合により、その従属関係 f を求めることです。

しかし、簡単に $Y = f(X)$ 関係を求めるといっても、具体的にどうすればよいのかがわかりません。前節で述べたとおり、まずはモデルを決めないといけないのです。線形回帰の「線形」とは、直線の形のことを指します。

つまり、線形回帰とは、モデルとして直線を用いる回帰のことです。ここで目的変数は説明変数の1次関数によって表せると仮定します。また、線形回帰については、よく単回帰解析と重回帰解析に分けられます。以下でそれ

4.2.1 単回帰解析

単回帰解析は、1つの目的変数 y に対して、説明変数 x が1つしかないときの線形回帰です。この場合は、目的変数 y と説明変数の関係 f を以下の1次関数で表せると仮定します（つまり、線形回帰のモデルとしてこの1次関数を用います）。

$$y = ax + b \tag{4.1}$$

この係数 a と b を**回帰係数**といいます。いま仮に目的変数 y と説明変数 x の観測データ $\{x_n, y_n\}(n = 1, 2, \ldots N)$ が与えられたとします。そのとき、任意の説明変数の観測値 x_n に対して、式 (4.1) の線形モデルを適用すると、目的変数の推測値 $\widehat{y_n}$ は次のように表せることになります。

$$\widehat{y_n} = ax_n + b \quad (n = 1, 2, \ldots N)$$

しかし、この式の中にある回帰係数 a と b がまだわかりません。そこで観測データ $\{x_n, y_n\}(n = 1, 2, \ldots N)$ を用いて、これらの回帰係数を決定していきます。

まずは、以下のような目的変数の観測値 y_n と推測値 $\widehat{y_n}$ の誤差の2乗の総和を**損失関数**とします。

$$Q = \sum_{n=1}^{N}(y_n - \widehat{y_n})^2 = \sum_{n=1}^{N}(y_n - ax_n - b)^2 \tag{4.2}$$

そして、この損失関数が最小となるように、回帰係数 a と b を推定します。この予測誤差の総和を最小にしていく方法を、**最小二乗法**（**LMS 法**：Least Mean Square method）といいます。式 (4.2) から微積分で学んだ極値の求め方にしたがって計算していけば、回帰係数 a と b を求めることができます。

それでは、$\dfrac{\partial Q}{\partial a} = 0$ から計算します。

ポイント 4.1　損失関数

損失関数は、損失を数値的に表す評価指標です。これには、よく誤差の 2 乗の総和を用いますが、誤差の絶対値の総和を用いることもあります。そのほかに、これら 2 つを合わせた Huber 損失関数もあります。

損失という呼び方からもわかるとおり、よい結果を求めるためには、できるだけその値を小さく抑えます。つまり、損失関数が最小となるように、モデルのパラメータを決定します。

$$\begin{aligned}\frac{\partial Q}{\partial a} &= \sum_{n=1}^{N} 2(y_n - ax_n - b)(-x_n) \\ &= \sum_{n=1}^{N} -2(y_n x_n - ax_n x_n - bx_n) \\ &= 0\end{aligned}$$

これを整理すると、次式のようになります。

$$\sum_{n=1}^{N}(y_n x_n - ax_n x_n - bx_n) = 0$$

つまり、

$$\begin{aligned}\sum_{n=1}^{N} y_n x_n &= \sum_{n=1}^{N} ax_n x_n + \sum_{n=1}^{N} bx_n \\ &= a\sum_{n=1}^{N} x_n x_n + b\sum_{n=1}^{N} x_n\end{aligned} \quad (4.3)$$

が得られます。次に、$\frac{\partial Q}{\partial b} = 0$ を計算します。

$$\begin{aligned}\frac{\partial Q}{\partial b} &= \sum_{n=1}^{N} 2(y_n - ax_n - b)(-1) \\ &= \sum_{n=1}^{N} -2(y_n - ax_n - b) \\ &= 0\end{aligned}$$

これを整理すると、次式になります。

$$\sum_{n=1}^{N}(y_n - ax_n - b) = 0$$

つまり、

$$\sum_{n=1}^{N} y_n = a\sum_{n=1}^{N} x_n + b\sum_{n=1}^{N} 1$$
$$= a\sum_{n=1}^{N} x_n + bN$$

が得られます。この式の両側を N で割ると、以下のようになります。

$$\frac{1}{N}\sum_{n=1}^{N} y_n = a\frac{1}{N}\sum_{n=1}^{N} x_n + b$$

この式により、パラメータ b を以下のように算出できます。

$$\begin{aligned}b &= \frac{1}{N}\sum_{n=1}^{N} y_n - a\frac{1}{N}\sum_{n=1}^{N} x_n \\ &= \overline{y} - a\overline{x}\end{aligned} \tag{4.4}$$

ただし、

$$\begin{cases} \overline{x} = \frac{1}{N}\sum_{n=1}^{N} x_n & (4.5) \\ \overline{y} = \frac{1}{N}\sum_{n=1}^{N} y_n & (4.6) \end{cases}$$

で、それぞれ目的変数のデータの平均値と、説明変数のデータの平均値です。そして、式 (4.4) を式 (4.3) に代入すれば、次式が得られます。

$$\sum_{n=1}^{N} y_n x_n = a\sum_{n=1}^{N} x_n x_n + (\overline{y} - a\overline{x})\sum_{n=1}^{N} x_n$$

さらに、この式を変形していくと、

$$\sum_{n=1}^{N} y_n x_n - \overline{y}\sum_{n=1}^{N} x_n = a\sum_{n=1}^{N} x_n x_n - a\overline{x}\sum_{n=1}^{N} x_n$$

のようになります。これをもう少し整理すると、

$$\sum_{n=1}^{N}(y_n - \overline{y})x_n = a\left(\sum_{n=1}^{N}(x_n - \overline{x})x_n\right)$$

のようになり、回帰係数 a を求めることができます。

$$a = \frac{\displaystyle\sum_{n=1}^{N}(y_n - \overline{y})x_n}{\displaystyle\sum_{n=1}^{N}(x_n - \overline{x})x_n} \tag{4.7}$$

これで、回帰係数 a の推定ができました。

すなわち、回帰係数 a は式 (4.7)、回帰係数 b は式 (4.4) から算出できます。各式にある説明変数 x の平均値 $\overline{x}$ は式 (4.5)、目的変数 y の平均値 $\overline{y}$ は式 (4.6) から算出できます。

4.2.2 重回帰解析

重回帰解析は、1つの目的変数に対して、説明変数が複数個ある線形回帰のことです。ここでは、説明変数が M 個あり、それぞれを $x_1, x_2, \ldots, x_M$ とします。

この場合、線形回帰のモデルとして、次式のような1次関数を用います。

$$y = a_0 + a_1 x_1 + a_2 x_2 + \cdots + a_M x_M \tag{4.8}$$

さて、仮に目的変数と説明変数の観測データ $\{\mathbf{x}_n, y_n\}(n = 1, 2, \ldots N)$ が与えられたとします。このとき任意の説明変数 $x_{1n}, x_{2n}, \ldots, x_{Mn}$ の観測データに対して、式 (4.8) の線形モデルを用いると、目的変数の推測値 $\widehat{y}_n$ は式 (4.9) のように表せます。

$$\begin{aligned}\widehat{y}_n &= a_0 + a_1 x_{1n} + a_2 x_{2n} + \cdots + a_M x_{Mn} \\ &(n = 1, 2, \ldots, N)\end{aligned} \tag{4.9}$$

この式にすべての $n\ (= 1, 2, \ldots, N)$ を代入して展開すると、次ページのようになります。

$$\begin{cases} \widehat{y}_1 &= a_0 + a_1 x_{11} + a_2 x_{21} + \cdots + a_M x_{M1} \\ \widehat{y}_2 &= a_0 + a_1 x_{12} + a_2 x_{22} + \cdots + a_M x_{M2} \\ &\vdots \\ \widehat{y}_N &= a_0 + a_1 x_{1N} + a_2 x_{2N} + \cdots + a_M x_{MN} \end{cases} \quad (4.10)$$

そして、この式を行列表記に直します。まずは、目的変数を以下のようにベクトルで表します。

$$\widehat{\mathbf{y}} = \begin{bmatrix} \widehat{y}_1 \\ \widehat{y}_2 \\ \vdots \\ \widehat{y}_N \end{bmatrix}$$

そして、回帰係数を以下のようにベクトルで表します。

$$\mathbf{a} = \begin{bmatrix} a_0 \\ a_1 \\ \vdots \\ a_M \end{bmatrix}$$

さらに、説明変数を以下のように行列で表します。

$$\mathbf{X} = \begin{bmatrix} 1 & x_{11} & \cdots & x_{M1} \\ 1 & x_{12} & \cdots & x_{M2} \\ \vdots & \vdots & \ddots & \vdots \\ 1 & x_{1N} & \cdots & x_{MN} \end{bmatrix}$$

こうすることによって、式 (4.10) は次式のように書き直すことができます。

$$\widehat{\mathbf{y}} = \mathbf{X}\mathbf{a}$$

これにより、前述の損失関数は次式のような行列式で表すことができます。

$$\begin{aligned} Q &= \sum_{n=1}^{N} (\mathbf{y}_n - \widehat{\mathbf{y}}_n)^2 = (\mathbf{y} - \widehat{\mathbf{y}})^{\mathrm{T}} (\mathbf{y} - \widehat{\mathbf{y}}) \\ &= (\mathbf{y} - \mathbf{X}\mathbf{a})^{\mathrm{T}} (\mathbf{y} - \mathbf{X}\mathbf{a}) \\ &= \mathbf{y}^{\mathrm{T}} \mathbf{y} - \mathbf{a}^{\mathrm{T}} \mathbf{X}^{\mathrm{T}} \mathbf{y} - \mathbf{y}^{\mathrm{T}} \mathbf{X}\mathbf{a} + \mathbf{a}^{\mathrm{T}} \mathbf{X}^{\mathrm{T}} \mathbf{X}\mathbf{a} \\ &= \mathbf{y}^{\mathrm{T}} \mathbf{y} - 2\mathbf{y}^{\mathrm{T}} \mathbf{X}\mathbf{a} + \mathbf{a}^{\mathrm{T}} \mathbf{X}^{\mathrm{T}} \mathbf{X}\mathbf{a} \end{aligned} \quad (4.11)$$

ここで、単回帰のパラメータ推定のときと同じやり方で、$\frac{\partial Q}{\partial \mathbf{a}} = 0$ から、回帰係数ベクトル $\mathbf{a}$ の推定値の計算式を導出できます。

$$\frac{\partial Q}{\partial \mathbf{a}} = -2\mathbf{X}^{\mathrm{T}}\mathbf{y} + 2\mathbf{X}^{\mathrm{T}}\mathbf{X}\mathbf{a} = 0$$

この式を整理すると、次のようになります。

$$\mathbf{X}^{\mathrm{T}}\mathbf{X}\mathbf{a} = \mathbf{X}^{\mathrm{T}}\mathbf{y}$$

この式を**正規方程式**といいます。行列 $\mathbf{X}^{\mathrm{T}}\mathbf{X}$ の逆行列が存在するならば、この式から回帰係数ベクトル $\mathbf{a}$ を求めることができます。その結果は以下のようになります。

$$\mathbf{a} = (\mathbf{X}^{\mathrm{T}}\mathbf{X})^{-1}\mathbf{X}^{\mathrm{T}}\mathbf{y}$$

この式は、回帰係数ベクトル $\mathbf{a}$ を求める計算式になっています。つまり、式 (4.8) にある $M+1$ 個の回帰係数は、この式により算出できます。

4.3 評価指標

4.3.1 決定係数

線形回帰の計算結果が適切かどうか、あるいはよりよい結果を出すにはどうすればよいかを考えるためには、与えられた目的変数と説明変数のペアデータに対して、決定されたモデルのあてはまり具合いを数値的に示さなければなりません。ここで、線形回帰のモデルのデータに対する当てはまり度を示す指標**決定係数**[*1]といいます。その定義を式 (4.12) に示します。

$$R^2 = 1 - \frac{\sum_{n=1}^{N}(e_n - \bar{e})^2}{\sum_{n=1}^{N}(y_n - \bar{y})^2} \approx 1 - \frac{\sum_{n=1}^{N}(y_n - \widehat{y}_n)^2}{\sum_{n=1}^{N}(y_n - \bar{y})^2} \quad (4.12)$$

ここで、$e_n = y_n - \widehat{y}_n$ は予測誤差で、その平均値は $\bar{e} \ (\approx 0)$ となります。

この式の右側第 2 項の分子は予測誤差の分散で、分母は実測値の分散です。つまり、予測誤差の分散が、実測値の分散に対して非常に小さいとき、

[*1] 決定係数の定義式については、このほかにもいくつかあります。したがって、特に区別が必要なときは、式 (4.12) を R^2 **決定係数**と呼ぶことがあります。

モデルのデータに対するあてはまり度がよくなります。この定義式からわかるように、目的変数の予測値がすべて対応の観測値と等しいならば、右側の第 2 項の分子が 0 となり、決定係数の値が 1 となります。つまり、この決定係数の値が 1 に近づけば近づくほど、モデルのデータに対するあてはまり度がよいのです。

一方、非常に悪い予測モデルができてしまう場合は、右側の第 2 項の分子が非常に大きな値になるため、決定係数が負の値になることがあります。

4.3.2 平均二乗誤差

平均二乗誤差（MSE: Mean Square Error）とは、目的変数の観測値と予測値の誤差の 2 乗値の、平均のことです。その定義式は以下のとおりです。

$$\begin{aligned} \mathrm{MSE} &= \frac{1}{N}\sum_{n=1}^{N} e_n{}^2 \\ &= \frac{1}{N}\sum_{n=1}^{N} (y_n - \widehat{y_n})^2 \end{aligned}$$

この定義式からわかるように、MSE は 1 回の観測あたりの、予測誤差の 2 乗となります。したがって、目的変数の予測値がすべて対応の観測値と等しければ、MSE の値は 0 となります。つまり、MSE の値が 0 に近づけば近づくほど、モデルの予測の正確さがよいことになります。一方、悪い予測モデルの場合は、誤差がいくらでも大きくなりますので、MSE の値に上限はありません。

4.4 scikit-learn による線形回帰の実現

4.4.1 線形回帰モデル

scikit-learn ライブラリにある線形モデル（linear_model）モジュール（リスト 4.1）にある線形回帰モデル（LinearRegression）クラス（リスト 4.2）を用いて線形回数を具体的に実現します。

リスト 4.1　モジュールの読み込み

```
from sklearn import linear_model
```

リスト 4.2　モデル選定（インスタンスを作成）

```
clf = linear_model.LinearRegression(引数)
```

ここで、引数と属性は以下のとおりです。

- 引数：
  - fit_intercept：ブール型[*2]、選択可、デフォルト値=True
    機能：True の場合は、切片を計算する。
  - normalize：ブール型、選択可、デフォルト値=False
    機能：True の場合は、データを正規化する。
  - copy_X：ブール型、選択可、デフォルト値=True
    機能：True の場合、X データをコピーしてから計算を行う。
  - n_jobs：整数型、選択可、デフォルト値=1
    機能：ジョブ数を指定する。−1 を指定した場合は、すべての CPU を使用する。
- 属性：
  - coef_：回帰係数の計算結果を保管する行列。
  - intercept：切片の計算結果を保管する行列。

また、このクラスのメソッドは以下のとおりです。

- clf.fit(引数)
  機能：モデルを訓練データにあてはめる。
  引数：
  - X：訓練データの説明変数のデータ行列（numpy array[n_samples, n_features]）。
  - y：訓練データの目的変数のデータ行列（numpy array[n_samples, n_targets]）。
  - sample_weight：各データの個別重み（numpy array[n_samples]）、選択可。
- clf.predict(引数)
  引数：
  - X：テストデータの説明変数のデータ行列。
  戻り値：
  - c：予測結果の行列。

[*2]　ブール型変数とは、その値が True と False の 2 値しかとらない変数です。

- clf.score(引数)

  機能：R^2 決定係数を計算する。

  引数：
  - X：説明変数のデータの行列。
  - y：X に対応する目的変数のデータの行列。
  - sample_weight：各データの個別重み（numpy array[n_samples]）、選択可。

4.4.2　平均二乗誤差の計算

4.3 節で説明した平均二乗誤差（MSE）を求める mean_squared_error() 関数は、scikit-learn ライブラリの metrics モジュール（リスト 4.3）にあります。

リスト 4.3　モジュールの読み込み

```
from sklearn import metrics
```

```
変数名 = metrics.mean_squared_error(引数)
```

ここで、引数は以下のとおりです。

- 引数：
  - y_true：目的変数 y の実測値。
  - y_pred：目的変数の予測値。
  - sample_weight：各データの個別重み（numpy array[n_samples]）、選択可。
- 戻り値：平均二乗誤差（実数または実数の numpy array 行列）。

4.5　重回帰のプログラム例

例題 4-1

以下の仕様要求を実現するプログラムを作成してください。

仕様要求

scikit-learn ライブラリにあるボストン市の住宅価格のデータ boston を用いて、線形回帰モデルにより、住宅価格を予測する。

</> 作成

VSCode のエディタ画面でリスト 4.4 のソースコードを入力し、python3user フォルダ内の DMandML フォルダにファイル名 ch4ex1.py をつけて保存します。

リスト 4.4　ch4ex1.py

```
 1: # 線形回帰モデル
 2: import numpy as np
 3: import pandas as pd
 4: from sklearn.datasets import load_boston
 5: from sklearn import linear_model
 6: from sklearn import model_selection
 7: from sklearn import metrics
 8:
 9: # データを準備
10: boston = load_boston()
11: # print(boston['DESCR'])
12: # print(boston['data'])
13: # print(boston['feature_names'])
14: X = pd.DataFrame(boston['data'], columns=boston['feature_names'])
15: Y = pd.DataFrame(boston['target'])
16: # print("X_info=", X.info)
17: print("Y_info=", Y.info)
18:
19: # モデルを指定
20: clf = linear_model.LinearRegression()
21:
22: # データを訓練セットとテストセットに分割
23: X_train, X_test, Y_train, Y_test=model_selection.train_test_split(X, Y, test_size=0.3)
24: print("訓練データサイズ：(説明変数)(目的変数)")
25: print(X_train.shape, Y_train.shape)
26: print("テストデータサイズ：(説明変数)(目的変数)")
27: print(X_test.shape, Y_test.shape)
28:
29: # モデルの学習
30: clf.fit(X_train, Y_train)
31: print("回帰係数=", clf.coef_)
32: print("切片=", clf.intercept_)
33: print("決定係数=", clf.score(X_train, Y_train))
34:
35: # モデルによるYの予測値を計算
```

```
36:    print("テストセットによる決定係数=", clf.score(X_test, Y_test))
37:    Yp = clf.predict(X_test)
38:    mse = metrics.mean_squared_error(Y_test, Yp)
39:    print("テストセットによるMSE=", mse)
```

解説

- **4:** データセットを読み込むための準備です。
- **5:** sklearn から linear_model モジュールを読み込みます。
- **6:** sklearn から model_selection モジュールを読み込みます。
- **7:** sklearn から metrics モジュールを読み込みます。
- **10:** データセットから boston をロードします。
- **11〜13:** boston の情報を確認します(必要に応じてコメントを解除してください)。
- **14:** boston のデータをデータフレームに変換して、説明変数 X に代入します。同時に変数 X の列名に boston の属性名を代入します。
- **15:** boston の target のデータをデータフレームに変換して、目的変数 Y に代入します。
- **16:** データフレーム X の情報を表示します。
- **17:** データフレーム Y の情報を表示します。
- **20:** 線形回帰のモデルを指定します。ここでは、引数なし、つまりすべてデフォルト値を用います。
- **23:** model_selection の train_test_split() 関数を用いて、データセット (X, Y) を訓練データとテストデータに分割します。ただし、テストデータの比率を 30% とします。
- **24:** 訓練データの X, Y 行列のサイズを確認します(必要に応じてコメントを解除してください)。
- **26:** テストデータの X, Y 行列のサイズを確認します(必要に応じてコメントを解除してください)。
- **30:** 訓練データを用いて、モデル学習を行います。
- **31:** モデル学習の結果により、回帰係数を表示します。
- **32:** モデル学習の結果により、切片を表示します。
- **33:** モデル学習の結果により、決定係数を表示します。
- **36:** テストデータによる決定係数を求め、表示します。
- **37:** テストデータを用いて、説明変数 X に対応する目的変数の値を予測し、Yp に代入します。
- **38:** 目的変数の予測結果について、その平均二乗誤差 MSE を算出します。
- **39:** MSE の結果を表示します。

> **実行**

VSCode のターミナル画面から以下のように実行します。

```
> python ch4ex1.py
訓練データサイズ：(説明変数)（目的変数)
(354, 13) (354, 1)
テストデータサイズ：(説明変数)（目的変数)
(152, 13) (152, 1)
回帰係数= [[-1.10349992e-01  6.29444423e-02  3.62719493e-02  3.07185433e+00
  -2.04972928e+01  3.11116165e+00  1.69262694e-02 -1.69523507e+00
   3.67310039e-01 -1.17681112e-02 -1.12722388e+00  1.04909922e-02
  -5.96299042e-01]]
切片= [44.89800861]
決定係数= 0.7319381923608657
テストセットによる決定係数= 0.7251457035503175
テストセットによるMSE= 18.214136333499614
```

このとき、実行結果の画面の上部には、訓練データとテストデータのサイズが表示されます。また、その下に、学習結果の回帰係数と切片が表示されています。さらに訓練データによる決定係数が表示されています。最後に、テストデータによる決定係数と平均二乗誤差が表示されています。

なお、訓練セットとテストセットに分割するときにデータのシャッフルが行われるので、実行結果は毎回変わります。

4.6　リッジ回帰

重回帰解析では回帰係数の数について特に制約がないので、最小二乗法を用いて求めようとすると、必要以上に多くなるかもしれません。ここで、各回帰係数の間の相対的な大小関係は、それぞれの説明変数が目的変数に対してどの程度の影響を与えるものかを示すものです。もし相対的な大小関係が求められるなら、できるだけ回帰係数全体の大きさがあまり大きくならないように抑えたほうがよいでしょう。そのため、式 (4.11) の損失関数に、新たに回帰係数全体の大きさを表す罰則項[3]を追加します。

$$Q = \sum_{n=1}^{N} (\mathbf{y}_n - \widehat{\mathbf{y}}_n)^2 + (罰則項)$$

---

[3] 損失関数に罰則項を与えることを、**正則化**（regularization）といいます。

この罰則項に回帰係数の 2 乗和 $\sum_{m=0}^{M} a_m{}^2$ を用いたものを**リッジ**（Ridge）**回帰**と呼ばれます。

$$Q = \sum_{n=1}^{N}(y_n - \widehat{y_n})^2 + \lambda \sum_{m=0}^{M} a_m{}^2$$
$$= (\mathbf{y} - \widehat{\mathbf{y}})^{\mathrm{T}}(\mathbf{y} - \widehat{\mathbf{y}}) + \lambda \mathbf{a}^{\mathrm{T}}\mathbf{a}$$
$$= (\mathbf{y} - \mathbf{Xa})^{\mathrm{T}}(\mathbf{y} - \mathbf{Xa}) + \lambda \mathbf{a}^{\mathrm{T}}\mathbf{a}$$
$$= \mathbf{y}^{\mathrm{T}}\mathbf{y} - \mathbf{a}^{\mathrm{T}}\mathbf{X}^{\mathrm{T}}\mathbf{y} - \mathbf{y}^{\mathrm{T}}\mathbf{Xa} + \mathbf{a}^{\mathrm{T}}\mathbf{X}^{\mathrm{T}}\mathbf{Xa} + \lambda \mathbf{a}^{\mathrm{T}}\mathbf{a}$$
$$= \mathbf{y}^{\mathrm{T}}\mathbf{y} - 2\mathbf{y}^{\mathrm{T}}\mathbf{Xa} + \mathbf{a}^{\mathrm{T}}\mathbf{X}^{\mathrm{T}}\mathbf{Xa} + \lambda \mathbf{a}^{\mathrm{T}}\mathbf{a}$$

そして、重回帰のパラメータ推定のときと同じやり方で、$\frac{\partial Q}{\partial \mathbf{a}} = 0$ からパラメータ **a** の推定値の計算式を導出できます。

$$\frac{\partial Q}{\partial \mathbf{a}} = -2\mathbf{X}^{\mathrm{T}}\mathbf{y} + 2\mathbf{X}^{\mathrm{T}}\mathbf{Xa} + 2\lambda \mathbf{a} = 0$$

上式を整理すると、次のようになります。

$$(\mathbf{X}^{\mathrm{T}}\mathbf{X} + \lambda \mathbf{I})\mathbf{a} = \mathbf{X}^{\mathrm{T}}\mathbf{y}$$

上式はリッジ回帰の場合の正規方程式となります。**I** は単位行列を表します。そして、上式から回帰係数ベクトル **a** を求めることができます。その結果は以下のようになります。

$$\mathbf{a} = (\mathbf{X}^{\mathrm{T}}\mathbf{X} + \lambda \mathbf{I})^{-1}\mathbf{X}^{\mathrm{T}}\mathbf{y}$$

4.7　scikit-learn によるリッジ回帰の実現

次に、scikit-learn ライブラリにある線形モデル（linear_model）モジュール（リスト 4.5）にあるリッジ回帰モデル（Ridge）クラス（リスト 4.6）を用いて、リッジ回帰を具体的に実現します。

リスト 4.5　モジュールの読み込み

```
from sklearn import linear_model
```

リスト 4.6　モデル選定（インスタンスを作成）

```
clf = linear_model.Ridge(引数)
```

ここで、引数と属性は以下のとおりです。

- 引数：
  - alpha：罰則の強さを与えるパラメータ。正の実数。デフォルト値=1.0
  - fit_intercept：ブール型、選択可、デフォルト値=True
    機能：True の場合は、切片を計算する。
  - normalize：ブール型、選択可、デフォルト値=False
    機能：True の場合は、データを正規化する。
  - copy_X：ブール型、選択可、デフォルト値=True
    機能：True の場合、X データをコピーしてから計算を行う。
  - tol：解の精度、実数
  - solver：計算時に用いる解法の指定、デフォルト値='auto'（データの種類にもとづき、各手法から自動的に選ぶ）
    各手法としては、'svd', 'cholesky', 'lsqr', 'sparse_cg', 'sag', 'saga' がある。
- 属性：
  - coef_ ：回帰係数の計算結果を保管する行列。
  - intercept：切片の計算結果を保管する行列。

また、このクラスのメソッドは以下のとおりです。

- clf.fit(引数)
  機能：モデルを訓練データにあてはめる。
  引数：
  - X：訓練データの説明変数のデータ行列（numpy array[n_samples, n_features]）
  - y：訓練データの目的変数のデータ行列（numpy array[n_samples, n_targets]）
  - sample_weight：各データの個別重み（numpy array[n_samples]）、選択可
- clf.predict(引数)
  引数：
  - X：テストデータの説明変数のデータ行列
  戻り値：
  - c：予測結果の行列
- clf.score(引数)
  機能：決定係数を計算する。

引数：
- X：説明変数のデータの行列
- y：X に対応する目的変数のデータの行列
- sample_weight：各データの個別重み（numpy array[n_samples]）、選択可

4.8 リッジ回帰のプログラム例

例題 4-2

以下の仕様要求を実現するプログラムを作成してください。

仕様要求
scikit-learn ライブラリにあるボストン市の住宅価格のデータ boston を用いて、リッジ回帰モデルにより、住宅価格を予測する。

</>　作成

VSCode のエディタ画面でリスト 4.7 のソースコードを入力し、python3user フォルダ内の DMandML フォルダにファイル名 ch4ex2.py をつけて保存します。

リスト 4.7　ch4ex2.py

```
 1:  # リッジ回帰モデル
 2:  import numpy as np
 3:  import pandas as pd
 4:  from sklearn.datasets import load_boston
 5:  from sklearn import linear_model
 6:  from sklearn import model_selection
 7:  from sklearn import metrics
 8:
 9:  # データを準備
10:  boston = load_boston()
11:  # print(boston['DESCR'])
12:  # print(boston['data'])
13:  # print(boston['feature_names'])
14:  X = pd.DataFrame(boston['data'], columns=boston['feature_names'])
15:  Y = pd.DataFrame(boston['target'])
16:  # print("X_info=", X.info)
17:  # print("Y_info=", Y.info)
18:
```

```
19:    # モデルを指定
20:    clf = linear_model.Ridge(alpha=0.5)
21:
22:    # データを訓練セットとテストセットに分割
23:    X_train, X_test, Y_train, Y_test=model_selection.train_test_split(X, Y,
       test_size=0.3)
24:    print("訓練データサイズ：(説明変数)(目的変数)")
25:    print(X_train.shape, Y_train.shape)
26:    print("テストデータサイズ：(説明変数)(目的変数)")
27:    print(X_test.shape, Y_test.shape)
28:
29:    # モデルの学習
30:    clf.fit(X_train, Y_train)
31:    print("回帰係数=", clf.coef_)
32:    print("切片=", clf.intercept_)
33:    print("決定係数=", clf.score(X_train, Y_train))
34:
35:    # モデルによるYの予測値を計算
36:    print("テストセットによる決定係数=", clf.score(X_test, Y_test))
37:    Yp = clf.predict(X_test)
38:    mse = metrics.mean_squared_error(Y_test, Yp)
39:    print("テストセットによる MSE=", mse)
```

解説

リッジ回帰モデルの指定は、20 行目の 1 行のみです。それ以外の部分については、例題 4-1 と同じなので、そちらを参照してください。

20: リッジ回帰モデルを指定します。罰則強度パラメータは alpha=0.5 です。

実行

VSCode のターミナル画面から以下のように実行します。

```
> python ch4ex2.py
訓練データサイズ：(説明変数)(目的変数)
(354, 13) (354, 1)
テストデータサイズ：(説明変数)(目的変数)
(152, 13) (152, 1)
回帰係数= [[-7.60722621e-02  2.72306086e-02 -2.96736748e-03  3.06570331e+00
  -1.27939996e+01  5.52522873e+00 -1.89325552e-02 -1.19708935e+00
   2.01882299e-01 -9.63194016e-03 -9.46406985e-01  1.04012846e-02
```

```
 -3.70043021e-01]]
切片= [20.93700623]
決定係数= 0.7734985573911026
テストセットによる決定係数= 0.5988185576229804
テストセットによるMSE= 29.46344788675187
```

例題 4-1 のときと同じように、実行結果の画面の上部には、訓練データとテストデータのサイズが表示されます。また、その下に、学習結果の回帰係数と切片が表示されています。さらに訓練データによる決定係数が表示されています。最後に、テストデータによる決定係数と平均二乗誤差が表示されています。

なお、訓練セットとテストセットに分割するときに、データのシャッフルが行われるので、実行結果は毎回変わります。

演 習 問 題

問題 4.1 例題 4-1 のプログラムについて、以下の要求にしたがって、作業を行ってください。
プログラムを 10 回実行して、決定係数と MSE の実行結果を確認して、その平均値を求める。

問題 4.2 例題 4-1 のプログラムについて、以下の要求にしたがって、作業を行ってください。
train_size を 0.1, 0.2, ..., 0.9 のように変えて、プログラムを実行する。決定係数と MSE の実行結果を確認して、それぞれの値の変化と train_size との関係について考察する。

問題 4.3 例題 4-1 をもとにして、以下の変更要求を実現するプログラムを作成してください。
データセット boston の属性の全部を説明変数として使わず、その一部（3、4個ぐらい、組み合わせは自由）を使用して、線形回帰を行い、決定係数と MSE を表示する。

問題 4.4 例題 4-2 のプログラムについて、以下の要求にしたがって、作業を行ってください。
罰則係数 alpha を 0.1, 0.5, 0.9 のように変更して、回帰係数の値の大きさを確認し、両者の間の関係について考察する。

MEMO

第5章
階層型クラスタリング

　これから2章にわたって、機械学習とデータマイニングの重要な手法の1つである「クラスタリング」を取り上げます。

　本章では階層型クラスタリングを扱い、第6章では非階層型クラスタリングを扱います。本章では、まず簡単で直感的な例題を通して、クラスタリングの意味、そして階層型クラスタリングの意味について確認します。

　そのうえで、クラスタリングに用いる各種の距離指標の定義を示し、各種クラスタリングのアルゴリズムについて解説します。

　さらに、科学計算ライブラリSciPyにあるclusterクラスによってプログラムの実現方法を示し、具体的なプログラム例を示しながらそれらの使い方を説明します。

5.1　クラスタリング

　クラスタリング（clustering）は簡単にいうと、似たものどうしをまとめて、いくつかのグループに分けることです。数多くのものが置かれている部屋を整理整頓するときに、全体を見わたして、なんとなく似たものを1か所に集めることと同じです。このとき、例えば紙ものと洋服に分けるとか、あるいは大きいものと小さいものに分けるとか、あらかじめ決まったルールがなければ、その場で置かれているものの状況に即して判断して作業していくでしょう。

　つまり、クラスタリングの問題は、このような事前に既知のグループの名称や数がわからない状況で、個々のデータの性質に含まれる何らかの類似性、あるいは共通性を認知し、それにしたがってグループ分けを行う問題です。

　もう少し正確にいうと、クラスタリングとは、属性数Nのデータを要素とするデータ集合が与えられたら、一定の基準にしたがって、全要素を複数のグループに振り分けることです。統計解析や多変量解析の分野では**クラスタ分析**（cluster analysis）とも呼ばれています。

　クラスタリングは機械学習とデータマイニング分野において頻繁に用いられるデータ解析手法の1つです。大まかにいうと、与えられたデータの要素間の類似度指標を

算出し、その値を基準にグループ分けしていきます。

クラスタリングの基本的な考え方を理解するために、簡単な例を用いて、手計算でクラスタリングを行ってみましょう。まず、散布図をつくって、視覚的に考えてみます。以下では Python のプログラムを用いて、散布図を作成します。

例題 5-1

以下の仕様要求を実現するプログラムを作成してください。

仕様要求
表 5.1 の 2 次元データ集合について、座標平面に散布図を描く。

表 5.1　例題 5-1 用のデータ集合

要素番号	属性 x	属性 y
0	1	2
1	3	1
2	2	3
3	3	6
4	4	6
5	7	2
6	7	4

作成

VSCode のエディタ画面でリスト 5.1 のソースコードを入力し、python3user フォルダ内の DMandML フォルダにファイル名 ch5ex1.py をつけて保存します。

リスト 5.1　ch5ex1.py

```
1:   # 散布図を描く
2:   import numpy as np
3:   from matplotlib import pyplot as plt
4:
5:   data = [
6:   [1, 2],
7:   [3, 1],
8:   [2, 3],
9:   [3, 6],
```

```
10:     [4, 6],
11:     [7, 2],
12:     [7, 4],
13:     ]
14:
15:     pdata = np.array(data)
16:     plt.title("Scatter Graph of Data")
17:     plt.xlabel("x")
18:     plt.ylabel("y")
19:     plt.grid()
20:     plt.scatter(pdata[:, 0], pdata[:, 1])
21:     plt.show()
```

解説

5〜13: 与えられたデータ集合を二重リストとして data に代入します。
15: 二重リスト data を numpy の行列に変換します。
16: グラフのタイトルを設定します。
17: グラフの横軸ラベルを設定します。
18: グラフの縦軸ラベルを設定します。
19: グラフにグリッドを表示するように設定します。
20: データの散布図を作成します。ここで引数の pdata[:, 0] と pdata[:, 1] にある「:」は、その添え字のすべての要素を意味します。
21: 用意したグラフを表示します。

実行

VSCode のターミナル画面から以下のように実行します。

```
> python ch5ex1.py
```

このプログラムの場合、ターミナル画面には特に何も表示されず、作成した散布図は、別途開いたウインドウに表示されます（図 5.1）。

正確なアルゴリズムを説明する前に、とりあえず直感で、このグラフをみながら各データ要素をグループ分けしてみましょう。おそらくすぐに全データ要素を 3 つのグループに分けることを思いつくでしょう。

すなわち、このグラフから、点 0 と点 1 と点 2 は比較的近いところにあるように見えるので、1 つのグループとします。点 3 と点 4 はやはり比較的近いところにあるように見えるので、これも 1 つのグループとします。さらに、点 5 と点 6 も比較的近い

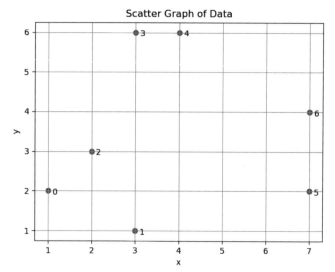

図 5.1 2 次元属性データの散布図（例題 5-1）
（説明のため、データ点に番号を付けています）

ところにあるように見えるので、1 つのグループとします。つまり、今回のようにわかりやすければ視覚的にみて、このデータ集合の 7 つの要素を 3 つのグループに分けることができます。では、一般的に何を基準とするか、どのような手順でクラスタリングの作業を行うかについて、考えていきます。

先の例では直感的、視覚的基準によって、クラスタリングすることができましたが、その際に「近い」という表現を使いました。つまり、「近い」か「近くない」かを基準にしていたわけです。しかし、この問題をコンピュータで処理するためには、「近い」という言葉を数値で表す必要があります。

すなわち、このような問題では、距離が類似性の指標になります。つまり、距離が小さいなら、属性 x と属性 y の値がだいたい等しいと考えます。属性値がだいたい等しいならば、それによって表されたものもだいたい似ていると考えられます。

距離について、もう少しきちんと考えてみましょう。一般に 2 次元平面にある点 $P_i = (x_i, y_i)$ と点 $P_j = (x_j, y_j)$ の間の距離は以下のように計算できます。

$$d(P_i, P_j) = \sqrt{(x_i - x_j)^2 + (y_i - y_j)^2}$$

さらに一般的には、N 次元空間の点 $\mathbf{x} = (x_1, x_2, \ldots, x_N)$ と点 $\mathbf{y} = (y_1, y_2, \ldots, y_N)$ の距離は次ページのように計算できます。

$$d(\mathbf{x}, \mathbf{y}) = \sqrt{\sum_{n=1}^{N}(x_n - y_n)^2}$$

この式によって定義される 2 点間の距離を**ユークリッド**（Euclidean）**距離**といいます。これにより、N 個の属性をもつデータ間の類似性指標を求めることができるようになります。では、次の問題で、例題 5-1 のデータ集合に適用してみましょう。

例題 5-2

以下の仕様要求を実現するプログラムを作成してください。

仕様要求
例題 5-1 で与えられたデータ集合について、各 2 点間の距離を求める。

作成

VSCode のエディタ画面でリスト 5.2 のソースコードを入力し、python3user フォルダ内の DMandML フォルダにファイル名 ch5ex2.py をつけて保存します。

リスト 5.2　ch5ex2.py

```
1:  # 要素の間の距離を求める
2:  import numpy as np
3:
4:  data = [
5:  [1, 2],
6:  [3, 1],
7:  [2, 3],
8:  [3, 6],
9:  [4, 6],
10: [7, 2],
11: [7, 4],
12: ]
13:
14: pdata = np.array(data)
15: N, L = np.shape(pdata)
16: for n in range(N):
17:     for m in range(N):
18:         distance = np.sqrt(np.square(pdata[n, 0] - pdata[m, 0]) + np.square(pdata[n, 1]-pdata[m, 1]))
```

```
19:        print("%8.4f" % distance, end="")
20:    print()
```

解説

4〜12: 与えられたデータ集合を二重リストとして data に代入します。

14: 二重リスト data を numpy の配列に変換します。

15: 配列のサイズを取得します。この場合、行数を N に代入し、列数を L に代入します。

16: 外側の繰り返し。変数 n：要素番号。

17: 内側の繰り返し。変数 m：要素番号。

18: 要素 n と要素 m の間のユークリッド距離を計算します。

19: 出力書式付き print 文です。「%8.4f」は全体で 8 桁、小数点以下 4 桁の実数を意味します。「end=""」は、行末で改行しないことを表します。

20: 17〜19 行目の内側の繰り返しの終了後に、改行します。

実行

VSCode のターミナル画面から以下のように実行します。

```
> python ch5ex2.py
  0.0000  2.2361  1.4142  4.4721  5.0000  6.0000  6.3246
  2.2361  0.0000  2.2361  5.0000  5.0990  4.1231  5.0000
  1.4142  2.2361  0.0000  3.1623  3.6056  5.0990  5.0990
  4.4721  5.0000  3.1623  0.0000  1.0000  5.6569  4.4721
  5.0000  5.0990  3.6056  1.0000  0.0000  5.0000  3.6056
  6.0000  4.1231  5.0990  5.6569  5.0000  0.0000  2.0000
  6.3246  5.0000  5.0990  4.4721  3.6056  2.0000  0.0000
```

この結果からわかるとおり、対角線上の値は各要素の自分自身との距離なので、0 になります。また、要素 n から要素 m までの距離は、要素 m から要素 n までの距離と同じなので、計算結果は対角線を中心に対称です。以下では、ここで算出した距離の値を用いて、クラスタリングのアルゴリズムを解説します。

5.2　階層型クラスタリングと非階層型クラスタリング

クラスタリングは、**階層型クラスタリング**（hierarchical clustering）と**非階層型クラスタリング**（partitional clustering または flat clustering）の 2 種類に大きく分けられます。hierarchical は、英和辞書に「（形）階層制の」と書かれているとおり、従来は聖職者の位階関係を表す言葉でした。つまり、階層型クラスタリングとは、各

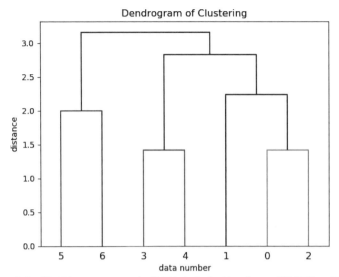

図 5.2 階層型クラスタリングの結果を表すデンドログラム（樹形図）の例

クラスタに位を与えて、下位のクラスタを上位のクラスタに属するようにしたものです。このとき、上位クラスタは個別データ要素、または下位クラスタから構成されます。

このやり方からわかるとおり、最下位のクラスタには、1つないし複数の個別データ要素のみが含まれて、最上位のクラスタには、下位のクラスタを経由してすべてのデータ要素が含まれます。したがって、図 5.2 のような木構造のグラフを用いて、各クラスタ間の上下関係の全体を表すことができます。この木構造のグラフは、**デンドログラム**（dendrogram）または**樹形図**と呼ばれています。階層型クラスタリングのアルゴリズムと Python によるプログラム実現については、これからの各節で解説していきます。

図 5.2 のグラフは、後に説明する「最短距離法」によるクラスタリングの結果を表したものです。

このような階層型クラスタリングに対して、非階層型クラスタリングがあります。「非階層型」は、partitional（分割の）、flat（平らな）のもとの意味から訳されたものではなく、階層型と対比して階層型ではないために「非階層型」とされたものと思われます。非階層型クラスタリングでは、クラスタを上位や下位に分けることがないので、クラスタの中に別のクラスタが属させるようなことはできません。つまり、非階層型クラスタリングのクラスタは図 5.3 のように、すべて個別データ要素から構成さ

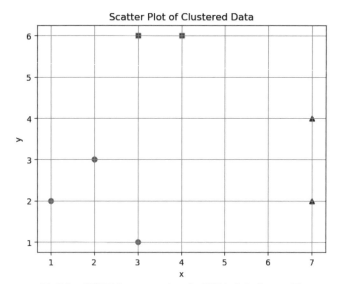

図 5.3 非階層型クラスタリングの結果を表すグラフの例

れます。

図 5.3 のような結果は、階層型クラスタリングのデンドログラムからも取り出すことができます。例えば、図 5.2 のデンドログラムの例では、distance=2.5 で水平線を引くと、それに交差する垂直線が 3 つあります。そして、それぞれの垂直線の一番下までたどっていくと、{5, 6}、{3, 4}、{0, 1, 2} の 3 つの非階層的クラスタを取り出せます。

階層型クラスタリングでは、全体的な、包括的な結果が得られるので、クラスタ数を決めて、非階層的なクラスタを取り出すことができます。ただし、デンドログラムをつくるには一般に膨大な計算が必要となります。したがって、クラスタ数が大きい場合には階層型クラスタリングは不向きです。一方、非階層型クラスタリングの場合は必要となるクラスタ数のみの計算結果を出力するので、計算量が少なく、比較的大きなクラスタ数の場合でも対応できます。非階層型クラスタリングについては、次の第 6 章で詳しく解説します。

5.3　階層型クラスタリングのアルゴリズム

5.3.1　凝集型アルゴリズム

凝集型アルゴリズムでは、クラスタにある要素（点）が少ない状態から始まり、一

定の基準にしたがって、順にほかの点を集めてクラスタをまとめあげるように作業していきます。一般的には、初期状態では、データ集合にあるすべての要素（点）を、それぞれ1つのクラスタとします。それから、クラスタ間の非類似度を計算して、最も類似するクラスタを統合していきます。最終的に、データ集合にあるすべての要素（点）が1つのクラスタになるまで、統合作業を繰り返します。以下に凝集型クラスタリングのアルゴリズムを示します。

5.3.2　最短距離法

最短距離法（minimum distance method）は、**最近隣法**（nearest neighbor method）、あるいは**単一連結法**（single linkage method）とも呼ばれます。最短距離法では、非類似度の指標として、距離を用います。5.1節で説明した距離は、2つの要素（点）の間の距離でした。これとは別に、これらのデータ要素をクラスタにまとめるときは、クラスタ間の距離を新たに定義する必要があります。このクラスタ間距離の定義のしかたによって、複数のクラスタリングアルゴリズムを導出できます。

最短距離法では、クラスタとクラスタの間の距離を、クラスタ $P = \{p_1, p_2, \ldots, p_L\}$ の要素とクラスタ $Q = \{q_1, q_2, \ldots, q_M\}$ の要素間の最短距離と定義します。つまり、以下の式のように定義します。

$$d(P, Q) = \min_{l=1..L, m=1,M}(p_i, q_m)$$

ポイント 5.1　凝集型クラスタリングのアルゴリズム

凝集型クラスタリングのアルゴリズムは以下のとおりです。

初期値：

　　データ集合 $S = \{p_1, p_2, \ldots, p_N\}$ の全要素を個別にクラスタとして、以下のようにする。

　　　$P_1 = \{p_1\}, P_2 = \{p_2\}, \ldots, P_N = \{p_N\}$

処理手順：

1. 任意の2つのクラスタの間の非類似度を計算する。
2. 最も類似する（非類似度が最小となる）近いクラスタを統合する。
3. クラスタ数 =1 まで、手順 1.、2. を繰り返す。

ポイント 5.2　最短距離法のアルゴリズム

最短距離法のアルゴリズムは以下のとおりです。

初期値：

データ集合 $S = \{p_1, p_2, \ldots, p_N\}$ の全要素を個別にクラスタとして、以下のようにする。

$$P_1 = \{p_1\}, P_2 = \{p_2\}, \ldots, P_N = \{p_N\}$$

処理手順：

1. クラスタ間の距離の最も近いクラスタを統合する。
2. クラスタ数 =1 まで、手順 1. を繰り返す。

以下では、例題 5-1 のデータ集合に対して、ポイント 5.2 で述べた最短距離法の手順にしたがってクラスタリングの処理を行っていきます。

初期値：

初期値として、各点それぞれをクラスタとする。

繰り返し 1：

- 現時点のクラスタ：{0}、{1}、{2}、{3}、{4}、{5}、{6}

ここでは、各要素点はそれぞれクラスタになっていますので、クラスタ間の距離は、例題 5-2 で算出した任意の 2 要素（点）間の距離をそのまま利用できます。これを表 5.2 に示します。ただし、対角線上の要素は自分自身との距離（値= 0）なので、省略しています。また、対角線の下となる三角領域の値は、対角線の上となる三角領域の値と対称なので、省略しています。

表 5.2　クラスタ間の距離（繰り返し 1）

クラスタ	{0}	{1}	{2}	{3}	{4}	{5}	{6}
{0}		2.236068	1.414214	4.472136	5	6	6.324555
{1}			2.236068	5	5.09902	4.123106	5
{2}				3.162278	3.605551	5.09902	5.09902
{3}					1	5.656854	4.472136
{4}						5	3.605551
{5}							2
{6}							

クラスタ{3}とクラスタ{4}の間の距離が一番小さいので、その2つのクラスタを統合して、新しいクラスタ{3, 4}をつくります。

繰り返し 2：

- 現時点のクラスタ：{0}、{1}、{2}、{3, 4}、{5}、{6}

クラスタ間の距離を再計算して、表 5.3 に示します。

表 5.3 クラスタ間の距離（繰り返し 2）

クラスタ	{0}	{1}	{2}	{3, 4}	{5}	{6}
{0}		2.236068	1.414214	4.472136	6	6.324555
{1}			2.236068	5	4.123106	5
{2}				3.162278	5.09902	5.09902
{3, 4}					5.656854	4.472136
{5}						3.605551
{6}						2

ここでは、クラスタ{0}とクラスタ{2}の間の距離が一番小さいので、その2つのクラスタを統合して、新しいクラスタ{0, 2}をつくります。

繰り返し 3：

- 現時点のクラスタ：{1}、{0, 2}、{3, 4}、{5}、{6}

クラスタ間の距離を再計算して、表 5.4 に示します。

表 5.4 クラスタ間の距離（繰り返し 3）

クラスタ	{1}	{0, 2}	{3, 4}	{5}	{6}
{0}		2.236068	5	4.123106	5
{0, 2}			3.162278	5.09902	5.09902
{3, 4}				5	3.605551
{5}					2
{6}					

ここでは、クラスタ{5}とクラスタ{6}の間の距離が一番小さいので、その2つのクラスタを統合して、新しいクラスタ{5, 6}をつくります。

繰り返し 4：

- 現時点のクラスタ：{1}、{0, 2}、{3, 4}、{5, 6}

クラスタ間の距離を再計算して、表 5.5 に示します。

表 5.5 クラスタ間の距離（繰り返し 4）

クラスタ	{1}	{0, 2}	{3, 4}	{5, 6}
{1}		2.236068	5	4.123106
{0, 2}			3.162278	5.09902
{3, 4}				3.605551
{5, 6}				

ここでは、クラスタ{1}とクラスタ{0, 2}の間の距離が一番小さいので、その 2 つのクラスタを統合して、新しいクラスタ{0, 1, 2}をつくります。

繰り返し 5：

- 現時点のクラスタ：{0, 1, 2}、{3, 4}、{5, 6}

クラスタ間の距離を再計算して、表 5.6 に示します。

表 5.6 クラスタ間の距離（繰り返し 5）

クラスタ	{0, 1, 2}	{3, 4}	{5, 6}
{0, 1, 2}		3.162278	4.123106
{3, 4}			3.605551
{5, 6}			

ここでは、クラスタ{0, 1, 2}とクラスタ{3, 4}の間の距離が一番小さいので、その 2 つのクラスタを統合して、新しいクラスタ{0, 1, 2, 3, 4}をつくります。

繰り返し 6：

- 現時点のクラスタ：{0, 1, 2, 3, 4}、{5, 6}

クラスタ間の距離を再計算して、表 5.7 に示します。

表 5.7 クラスタ間の距離（繰り返し 6）

クラスタ	{0, 1, 2, 3, 4}	{5, 6}
{0, 1, 2, 3, 4}		3.605551
{5, 6}		

最後に、クラスタ{0, 1, 2, 3, 4}とクラスタ{5, 6}を統合して、新しいクラスタ{0, 1, 2, 3, 4, 5, 6}をつくります。

これでクラスタが 1 つになったので、繰り返しは終了です。

5.4　SciPyによる階層型クラスタリングの実現

SciPy ライブラリの cluster.hierarchy モジュールの linkage クラスを使うと、クラスタリングを実現できます。この節では、linkage クラスの呼び出し、およびパラメータの指定について解説します。

5.4.1　書き方

まず、以下のように import 文でモジュールを読み込んで、hclst と名づけます。

```
import scipy.cluster.hierarchy as hclst
```

これをもとにして、以下に各クラスの呼び出し方を示します。

(1) クラスタリングを行う linkage() クラス

linkage() クラスの呼び出し方は以下のとおりです。

```
Z = hclst.linkage(y, method='method_assign', metric='metric_assign')
```

- 機能：y で与えられたデータ集合について、クラスタリングを行います。ただし、y は numpy の 2 次元配列です。method パラメータでは、クラスタ間の距離の計算手法を指定します。metric パラメータでは、距離の評価基準量を指定します。処理の結果は Z に代入されます。

(2) デンドログラムを描くクラス

デンドログラムを描くクラスの呼び出し方は以下のとおりです。

```
hclst.dendrogram(Z, p=30, truncate_mode=None,
orientation='top')
```

- 機能：クラスタリングの結果 Z を dendrogram クラスにわたして、デンドログラムを表示できます。

5.4.2 クラスタ間における距離の定義の指定

linkage クラスの method_assign の部分では、クラスタ間の距離を計算する手法を指定します。ここで使用できる主な手法は、以下のとおりです。

(1) method='single'

最短距離法です。

$$d(u,v) = \min(dist(u[i], v[j]))$$

(2) method='complete'

最長距離法です。

$$d(u,v) = \max(dist(u[i], v[j]))$$

(3) method='average'

群平均法です。

$$d(u,v) = \sum_{i,j} \frac{dist(u[i], v[j])}{|u| \cdot |v|}$$

(4) method='centroid'

重心法またはセントロイド法です。これはクラスタ s の重心を c_s と、クラスタ t の重心を c_t として、その間の距離は以下のように表されます。

$$d(s,t) = ||c_s - c_t||_2$$

(5) method='ward'

ウォード（ward）法です。ウォード法では、クラスタ P とクラスタ Q 間の距離は以下のように定義されます。

$$d(P,Q) = E(P \cup Q) - E(P) - E(Q)$$

ただし、$E(A)$ は、クラスタ A のすべての点からクラスタ A の重心までの距離の2乗の総和です。

また、ウォード法では以下の ward 分散最小化アルゴリズムを用います。

$$d(u,v) = \sqrt{\frac{|v|+|s|}{T}d(v,s)^2 + \frac{|v|+|s|}{T}d(v,t)^2 + \frac{|v|}{T}d(s,t)^2}$$

ここで u は新しく結合された、クラスタ s を含むクラスタです。v は残りのデータ集合にある未使用クラスタです。ただし、$T = |v| + |s| + |t|$ です。

5.4.3　距離の評価基準量

linkage クラスの metric assign の部分では、距離の測定基準を指定します。使用できる主な手法は、以下のとおりです。なお、$d(u,v)$ は、N 次元空間の2点 u と v の間の距離を表しています。

(1) metric='euclidean'

ユークリッド測定基準（2–norm）です。

(2) metric='minkowski'

ミンコフスキー評価基準（p–norm）です。

$$d(u,v) = ||u-v||_p \qquad (p \geq 1)$$

(3) metric='cosine'

コサイン類似度です。これは、以下のように距離の評価基準を計算します。

$$d(u,v) = 1 - \frac{u \cdot v}{||u||_2 ||v||_2}$$

(4) metric='correlation'

自己相関関数です。これは、以下のように距離の評価基準を計算します。

$$d(u,v) = 1 - \frac{(u-\overline{u}) \cdot (v-\overline{v})}{||(u-\overline{u})||_2 ||(v-\overline{v})||_2}$$

(5) metric='jaccard'

Jaccard 係数です。これは、以下のように距離の評価基準を計算します。

$$d(u,v) = 1 - \frac{|u \cap v|}{|u \cup v|}$$

(6) metric='canberra'

canberra 距離です。これは、以下のように距離の評価基準を計算します。

$$d(u,v) = \sum_i \frac{|u_i - v_i|}{|u_i| + |v_i|}$$

なお、linkage() 関数は、上記の例のほかにも多数の距離の評価基準に対応しています。

5.5　階層型クラスタリングのプログラム例

例題 5-3

以下の仕様要求を実現するプログラムを作成してください。

仕様要求

例題 5-1 で与えられたデータ集合に対して、ユークリッド距離にしたがって、以下の手法で別々にクラスタリングし、デンドログラムを用いて計算結果を表示する。

- 手法 1：最短距離法
- 手法 2：最長距離法
- 手法 3：ウォード法

</> 作成

VSCode のエディタ画面でリスト 5.3 のソースコードを入力し、python3user フォルダ内の DMandML フォルダにファイル名 ch5ex3.py をつけて保存します。

リスト 5.3　ch5ex3.py

```
1:  # 階層型クラスタリング
2:  import scipy.cluster.hierarchy as hclst
3:  from matplotlib import pyplot as plt
4:
```

5.5 階層型クラスタリングのプログラム例

```
 5:    data = [[1, 2], [3, 1], [2, 3], [3, 6], [4, 6], [7, 2], [7, 4]]
 6:
 7:    for no, d in enumerate(data):
 8:        print("no=", no, "data=", d)
 9:
10:    # クラスタリングは以下の1行だけ
11:    # results = hclst.linkage(data, method='single', metric='euclidean')
12:    # results = hclst.linkage(data, method='complete', metric='euclidean')
13:    results = hclst.linkage(data, method='ward', metric='euclidean')
14:
15:    # デンドログラムで結果を表示
16:    hclst.dendrogram(results)
17:    plt.title("Dendrogram of Clustering")
18:    plt.xlabel("data number")
19:    plt.ylabel("distance")
20:    plt.show()
```

解説

- **2:** scipy.cluster.hierarchy モジュールを読み込んで、hclst と名づけます。
- **3:** matplotlib から pyplot を読み込んで、plt と名づけます。
- **5:** 処理対象のデータ集合を二重リストの形で data に与えます。
- **7〜8:** データ集合の要素を表示します。
- **11〜13:** linkage クラスを用いてクラスタリングを行います。ただし、この3行のうち、必要に応じて1行のみ使用し、それ以外の行をコメントアウトします。
- **11:** data に対してクラスタリングを行って、結果を results に代入します。ここでは、最短距離法を用います。
- **12:** data に対してクラスタリングを行って、結果を results に代入します。ここでは、最長距離法を用います。
- **13:** data に対してクラスタリングを行って、結果を results に代入します。ここでは、ウォード法を用います。
- **16:** results からデンドログラムを作成します。
- **17〜19:** グラフのタイトル、横軸ラベル、縦軸ラベルを作成します。
- **20:** グラフを表示します。

▶ 実行

VSCode のターミナル画面から以下のように実行します。

```
> python ch5ex3.py
no= 0 data= [1, 2]
no= 1 data= [3, 1]
no= 2 data= [2, 3]
no= 3 data= [3, 6]
no= 4 data= [4, 6]
no= 5 data= [7, 2]
no= 6 data= [7, 4]
```

ターミナル画面には、データ要素の番号と属性値が表示されます。また、作成したデンドログラムは、別途開いたウインドウに表示されます。

図 5.4、図 5.5、図 5.6 は、最短距離法、最長距離法、ウォード法を用いたときのデンドログラムをそれぞれ示します。デンドログラムの結果を比べてみると、距離の値（高さ）の違いはあるものの、この問題ではクラスタリングの結果に最短距離法、最長距離法、およびウォード法のいずれも違いはありません。

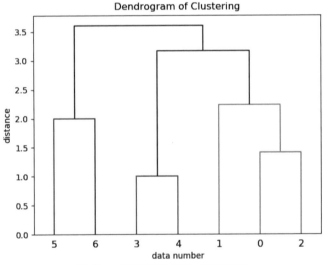

図 5.4 最短距離法のデンドログラム

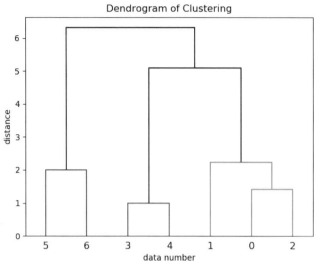

図 5.5 最長距離法のデンドログラム

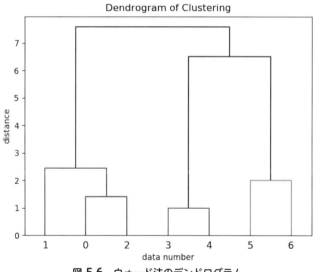

図 5.6 ウォード法のデンドログラム

例題 5-4

以下の仕様要求を実現するプログラムを作成してください。

仕様要求
例題 5-1 で与えられたデータ集合に対して、ユークリッド距離にしたがって、以下の手法で別々にクラスタリングを行い、その結果をデータ要素の番号を用いて、クラスタ別に表示する。

- 手法 1：最短距離法
- 手法 2：最長距離法
- 手法 3：ウォード法

</> 作成

VSCode のエディタ画面でリスト 5.4 のソースコードを入力し、python3user フォルダ内の DMandML フォルダにファイル名 ch5ex4.py をつけて保存します。

リスト 5.4　ch5ex4.py

```
 1: # 階層型クラスタリング、結果を整理
 2: import scipy.cluster.hierarchy as hclst
 3:
 4: data = [[1, 2], [3, 1], [2, 3], [3, 6], [4, 6], [7, 2], [7, 4]]
 5:
 6: print("Data:")
 7: for no, d in enumerate(data):
 8:     print("no=", no, "data=", d)
 9:
10: # クラスタリングは以下の1行だけ
11: results = hclst.linkage(data,method='single', metric='euclidean')
12: # results = hclst.linkage(data, method='complete', metric='euclidean')
13: # results = hclst.linkage(data, method='ward', metric='euclidean')
14:
15: # 結果の表示
16: print("Results:")
17: for res in results:
18:     print(res)
19:
20: # 結果の整理と表示
```

5.5 階層型クラスタリングのプログラム例

```
21:     cluster_tree=[x for x in range(len(data))]
22:     clusters=[x for x in range(len(data))]
23:     n = 0
24:     distance_max = 6
25:     print("Clusters:")
26:     for a, b, distance, represent in results:
27:         if distance <= distance_max:
28:             print("a=", int(a), "b=", int(b), distance, represent)
29:             if(int(a) >= len(data)):
30:                 c = cluster_tree[int(a)]
31:             else:
32:                 c = int(a)
33:             if(int(b) >= len(data)):
34:                 d = cluster_tree[int(b)]
35:             else:
36:                 d = int(b)
37:             cluster_tree.append((c, d))
38:             clusters.remove(c)
39:             clusters.remove(d)
40:             clusters.append((c, d))
41:             print(">>>> n=", n, "number of clusters=", len(clusters),
    "clusters=", clusters)
42:             n += 1
```

解説

- **2:** scipy.cluster.hierarchy モジュールを読み込んで、hclst と名づけます。
- **4:** 処理対象のデータ集合を二重リストの形で data に与えます。
- **6〜8:** データ集合の要素を表示します。
- **11〜13:** linkage クラスを用いてクラスタリングを行います。ただし、この3行のうち、必要に応じて1行のみ使用し、それ以外の行をコメントアウトします。
- **11:** data に対して、クラスタリングを行って、結果を results に代入します。ただし、最短距離法を用います。
- **12:** data に対して、クラスタリングを行って、結果を results に代入します。ただし、最長距離法を用います。
- **13:** data に対して、クラスタリングを行って、結果を results に代入します。ただし、ウォード法を用います。
- **16〜18:** results からの中身を表示します。
- **21:** クラスタの整理ツリーを保管するリスト cluster_tree です。
  初期値=[0, 1 , 2 , 3, 4, 5, 6]

22: クラスタの整理結果を保管するリスト clusters です。
初期値=[0, 1 , 2 , 3, 4, 5, 6]
24: 距離の上限を設定します。
26〜42: クラスタリング結果 results の要素を順番に処理します。
27: 28〜42 の処理は、distance が距離の上限より小さいまたは等しいときに行います。
29〜32: int(a) が、len(data) より大きい、または、等しいとき、c に cluster_tree[int(a)]（これまでに要素をまとめたクラスタ）を代入します。そうでなれば、c に int(a)（1つの要素のみ）を代入します。
33〜36: int(b) が、len(data) より大きい、または、等しいとき、d に cluster_tree[int(b)]（これまでに要素をまとめたクラスタ）を代入します。そうでなれば、d に int(b)（1つの要素のみ）を代入します。
37: cluster_tree に (c, d) を追加します。
38〜40: clusters から個別の c, d を削除し、かわりに (c,d) をまとめたものを追加します。
41: n 回目の繰り返し処理の結果を表示します。ここで、number of clusters=クラスタの数、clusters=各クラスタの中身です。
42: n に 1 を足して戻します。

▶ 実行

VSCode のターミナル画面から以下のように実行します。

```
> python ch5ex4.py
Data:
no= 0 data= [1, 2]
no= 1 data= [3, 1]
no= 2 data= [2, 3]
no= 3 data= [3, 6]
no= 4 data= [4, 6]
no= 5 data= [7, 2]
no= 6 data= [7, 4]
Results:
[3. 4. 1. 2.]
[0.        2.        1.41421356 2.        ]
[5. 6. 2. 2.]
[1.        8.        2.23606798 3.        ]
[ 7.       10.        3.16227766 5.        ]
[ 9.       11.        3.60555128 7.        ]
Clusters:
```

```
a= 3 b= 4 1.0 2.0
>>>> n= 0 number of clusters= 6
clusters= [0, 1, 2, 5, 6, (3, 4)]
a= 0 b= 2 1.4142135623730951 2.0
>>>> n= 1 number of clusters= 5
clusters= [1, 5, 6, (3, 4), (0, 2)]
a= 5 b= 6 2.0 2.0
>>>> n= 2 number of clusters= 4
clusters= [1, (3, 4), (0, 2), (5, 6)]
a= 1 b= 8 2.23606797749979 3.0
>>>> n= 3 number of clusters= 3
clusters= [(3, 4), (5, 6), (1, (0, 2))]
a= 7 b= 10 3.1622776601683795 5.0
>>>> n= 4 number of clusters= 2
clusters= [(5, 6), ((3, 4), (1, (0, 2)))]
a= 9 b= 11 3.605551275463989 7.0
>>>> n= 5 number of clusters= 1
clusters= [((5, 6), ((3, 4), (1, (0, 2))))]
```

では、画面表示の結果についてみてみましょう。

Data 部分は、クラスタリングの対象のデータ集合を表示しています。対して、Results の部分は、linkage クラスの最短距離法の処理結果を表示しています。

そして、この Results のデータを整理して、データの要素の番号でクラスタを表したものが、Clusters の部分に表示されています。また、この部分では、繰り返し処理の途中結果も表示されています。

一例として、以下の表示で具体的に説明します。

```
>>>> n= 3 number of clusters= 3
clusters= [(3, 4), (5, 6), (1, (0, 2))]
```

- n= 3：3 回目の繰り返しです。
- number of clusters= 3：クラスタの数です。
- clusters= [(3, 4), (5, 6), (1, (0, 2))]：(3, 4)、(5, 6)、(1, (0, 2)) という、3 つのクラスタです。ただし、(1, (0, 2)) は、(0,2) ができてから、さらに 1 と結合して、(0, 1, 2) で 1 つのクラスタになります。

演 習 問 題

問題 5.1 例題 5-3 のプログラムについて、データ（点）[5, 4] を追加して、実行結果を確認してください。

問題 5.2 例題 5-3 のプログラムについて、クラスタリングのアルゴリズムを最長距離法とウォード法に変更して、実行結果の違いを確認してください。

問題 5.3 例題 5-3 のプログラムについて、クラスタリングの距離の評価基準量をミンコフスキーと canberra に変更して、実行結果の違いを確認してください。

問題 5.4 例題 5-4 をもとに、以下の要求を実現するプログラムを作成してください。クラスタ間の距離を与える距離の上限 dmax より小さい、直近クラスタの番号を表示する。

問題 5.5 例題 5-4 をもとに、以下の要求を実現するプログラムを作成してください。与えられたデータ（点）のクラスタ番号と、そのクラスタにある、他のデータ（点）を見つけて表示する。

問題 5.6 例題 5-4 をもとに、以下の要求を実現するプログラムを作成してください。与えられたデータ（点）のクラスタ番号と、その上位のクラスタの番号を見つけて表示する。

第6章
非階層型クラスタリング

第5章では階層型クラスタリングを扱いました。本章では非階層型クラスタリングについて解説します。第5章と同じ順序で解説を展開します。

まずは簡単な例題を通して、非階層クリスタリングの基本手法の k-平均法について説明します。そのうえで、機械学習ライブラリ scikit-learn にある cluster クラスを用いたプログラム実現を導入し、プログラム例を通してその使い方を説明します。

6.1 k-平均法

非階層型クラスタリングの代表的なアルゴリズムとして、**k-平均法**（k-means）があげられます。ここでは、まずそのアルゴリズムを示します。

ポイント 6.1　k-平均法のアルゴリズム

k-平均法のアルゴリズムは以下のとおりです。
なお、あらかじめクラスタ数 K を決めておきます。

(A) クラスタ中心点の初期値

N 個の要素のデータ空間からランダムに点を K 個選び、それを $k(k=1,2,\ldots,K)$ 番目のクラスタ p_{ck} の中心とします。

(B) クラスタの構成が変わらなくなるまで、以下の処理を繰り返し行います。

1. p_{ck} とすべての要素 p_n の間の距離を計算する。
2. 要素 p_n を一番近い k 番目のクラスタに統合する。
3. 2. で決定した各クラスタからその中心点 p_{ck} を再計算する。

k-平均法によるクラスタリングの基本的な考え方を理解するために、例題 5-1 のデータ集合を再び例として用い、前ページのポイント 6.1 のアルゴリズムの手順にしたがって手計算でクラスタリングを行ってみましょう。読者の利便のため、例題 5-1 で示したデータ集合の表と例題 5-1 で得られたグラフを以下に再掲します（表 6.1、図 6.1）。

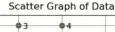

表 6.1　例題 5-1 用のデータ集合（再掲）

要素番号	属性 x	属性 y
0	1	2
1	3	1
2	2	3
3	3	6
4	4	6
5	7	2
6	7	4

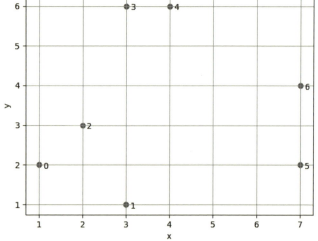

図 6.1　2 次元属性データの散布図（例題 5-1）（再掲）

以下では k-平均法についてより深く理解するために、アルゴリズムの繰り返し処理について、1 回分ずつに分けてプログラムを作成し、その結果を確認していきます。全部で 3 回分あるので、それぞれを例題 6-1(a)、例題 6-1(b)、例題 6-1(c) とします。

例題 6-1(a)

以下の仕様要求を実現するプログラムを作成してください。

仕様要求
例題 5-1 と同じデータ集合を用いる。与えられたデータ集合について、k–平均法のアルゴリズムによる初期値設定（A）と、繰り返し（B）の 1 回目のステップ 1 を行う。

作成

VSCode のエディタ画面でリスト 6.1 のソースコードを入力し、python3user フォルダ内の DMandML フォルダにファイル名 ch6ex1a.py をつけて保存します。

リスト 6.1　ch6ex1a.py

```python
# クラスタの中心と要素の間の距離を求める
import numpy as np

# データの要素
data = [
[1.0, 2.0],
[3.0, 1.0],
[2.0, 3.0],
[3.0, 6.0],
[4.0, 6.0],
[7.0, 2.0],
[7.0, 4.0],
]
# クラスタ中心の初期値
cdata = [
[2.0, 2.0],
[4.0, 4.0],
[6.0, 6.0],
]
# クラスタの数
K = 3
pdata = np.array(data)
cdata = np.array(cdata)
N, L = np.shape(pdata)
# 中心点
```

```
26:     print("中心点:")
27:     for k in range(K):
28:         print(cdata[k])
29:     # 中心点とデータ点の間の距離
30:     print("中心点とデータ点の間の距離:")
31:     for k in range(K):
32:         for n in range(N):
33:             distance = np.sqrt(np.square(cdata[k, 0] - pdata[n, 0]) + np.square(cdata[k, 1] - pdata[n, 1]))
34:             print("%8.4f" % distance, end="")
35:         print()
```

解説

各クラスタの中心となる座標値の初期値（任意選択）を以下のように設定します。

- クラスタ 0：[2, 2]
- クラスタ 1：[3, 3]
- クラスタ 2：[4, 4]

5~13: 与えられたデータ集合を二重リストとして data に代入します。
15~19: クラスタの中心座標の初期値を二重リストとして cdata に代入します。
22: クラスタ数 K=3 を設定します。
23: data を numpy の配列に変換します。
24: cdata を numpy の配列に変換します。
26~28: 各クラスタの中心座標を表示します。
30~35: 各データ点と各クラスタの中心との距離を計算して、表示します。
31: 外側の繰り返し。変数 k はクラスタ番号です。
32: 内側の繰り返し。変数 n はデータ番号です。
33: データ点と各クラスタの中心との距離を計算します。
34: 出力書式付き print 文です。「%10.6f」は全体で 10 桁、小数点以下 6 桁の実数を意味します。「end=""」は、行末で改行しないことを意味します。
35: 32~34 の内側 for 文の終了後に、改行します。

実行

VSCode のターミナル画面から次ページのように実行します。各クラスタの中心から各データ点までの距離が表示されます。

```
> python ch6ex1a.py
中心点:
[2. 2.]
[4. 4.]
[6. 6.]
中心点とデータ点の間の距離:
 1.0000  1.4142  1.0000  4.1231  4.4721  5.0000  5.3852
 3.6056  3.1623  2.2361  2.2361  2.0000  3.6056  3.0000
 6.4031  5.8310  5.0000  3.0000  2.0000  4.1231  2.2361
```

次に、繰り返し（B）の1回目のステップ2を手作業で行います。上記の計算結果を表6.2にまとめます。

表 6.2 クラスタの中心とデータ間の距離の計算結果（1回目）

距離	データ1	データ2	データ3	データ4	データ5	データ6	データ7
中心1	1.0000	1.4142	1.0000	4.1231	4.4721	5.0000	5.3852
中心2	3.6056	3.1623	2.2361	2.2361	2.0000	3.6056	3.0000
中心3	6.4031	5.8310	5.0000	3.0000	2.0000	4.1231	2.2361

ここで、各列の値を確認してください。列ごとの最小値（グレーのセル）に対応する中心の番号が、所属クラスタとなります。これにより、1回目のクラスタリングの結果は以下のようになります。

- クラスタ0：{0, 1, 2}
- クラスタ1：{3, 5}
- クラスタ2：{4, 6}

例題 6-1(b)

以下の仕様要求を実現するプログラムを作成してください。

仕様要求

例題6-1(a) の続きを計算する。与えられたデータ集合についてk–平均法のアルゴリズムによる繰り返し（B）の1回目のステップ3と、2回目のステップ1を行う。

作成

VSCode のエディタ画面でリスト 6.2 のソースコードを入力し、python3user フォルダ内の DMandML フォルダにファイル名 ch6ex1b.py をつけて保存します。

リスト 6.2　ch6ex1b.py

```
1:   # k-平均法アルゴリズムの理解
2:   import numpy as np
3:
4:   data = [
5:   [1, 2],
6:   [3, 1],
7:   [2, 3],
8:   [3, 6],
9:   [4, 6],
10:  [7, 2],
11:  [7, 4],
12:  ]
13:  # クラスタ数
14:  K = 3
15:  pdata = np.array(data)
16:  N, L = np.shape(pdata)
17:  cdata = np.empty([K, L])
18:  # クラスタ中心を計算
19:  cdata[0] = [(pdata[0, 0] + pdata[1, 0] + pdata[2, 0]) / 3.0, (pdata[0, 1] + pdata[1, 1] + pdata[2, 1]) / 3.0]
20:  cdata[1] = [(pdata[3, 0] + pdata[5, 0]) / 2.0, (pdata[3, 1] + pdata[5, 1]) / 2.0]
21:  cdata[2] = [(pdata[2, 0] + pdata[4, 0]) / 2.0, (pdata[2, 1] + pdata[4, 1]) / 2.0]
22:  # 中心点
23:  print("中心点:")
24:  for k in range(K):
25:      print(cdata[k])
26:  # 各クラスタの中心から各データまでの距離を計算
27:  print("中心点とデータ点の間の距離:")
28:  for k in range(K):
29:      for n in range(N):
30:          distance = np.sqrt(np.square(cdata[k, 0] - pdata[n, 0]) + np.square(cdata[k, 1] - pdata[n, 1]))
31:          print("%8.4f" % distance, end="")
32:      print()
```

解説

17: クラスタ中心の保管用に K 行 L 列の空き配列を用意します。

19〜21: 1 回目のクラスタリングの結果にもとづき、各クラスタの中心座標を計算します。

実行

VSCode のターミナル画面から以下のように実行します。

```
> python ch6ex1b.py
中心点:
[2. 2.]
[5. 4.]
[3.  4.5]
中心点とデータ点の間の距離:
 1.0000  1.4142  1.0000  4.1231  4.4721  5.0000  5.3852
 4.4721  3.6056  3.1623  2.8284  2.2361  2.8284  2.0000
 3.2016  3.5000  1.8028  1.5000  1.8028  4.7170  4.0311
```

繰り返し（B）の 2 回目のステップ 2 を手作業で行います。例題 6-1(a) と同様にして計算結果を表 6.3 にまとめます。

表 6.3 クラスタの中心とデータ間の距離の計算結果（2 回目）

距離	データ 1	データ 2	データ 3	データ 4	データ 5	データ 6	データ 7
中心 1	1.0000	1.4142	1.0000	4.1231	4.4721	5.0000	5.3852
中心 2	4.4721	3.6056	3.1623	2.8284	2.2361	2.8284	2.0000
中心 3	3.2016	3.5000	1.8028	1.5000	1.8028	4.7170	4.0311

したがって、2 回目のクラスタリングの結果は以下のようになります。

- クラスタ 0：{0, 1, 2}
- クラスタ 1：{5, 6}
- クラスタ 2：{3, 4}

例題 6-1(c)

以下の仕様要求を実現するプログラムを作成してください。

仕様要求
例題 6-1(b) の続きを計算する。与えられたデータ集合について、k-平均法のアルゴリズムによる繰り返し（B）の 2 回目のステップ 3 と、3 回目のステップ 1 を行う。

作成

VSCode のエディタ画面でリスト 6.3 のソースコードを入力し、python3user フォルダ内の DMandML フォルダにファイル名 ch6ex1c.py をつけて保存します。

リスト 6.3　ch6ex1c.py

```
 1:  # k-平均法アルゴリズムの理解
 2:  import numpy as np
 3:
 4:  data = [
 5:    [1, 2],
 6:    [3, 1],
 7:    [2, 3],
 8:    [3, 6],
 9:    [4, 6],
10:    [7, 2],
11:    [7, 4],
12:  ]
13:  # クラスタ数
14:  K =3
15:  pdata = np.array(data)
16:  N, L = np.shape(pdata)
17:  cdata = np.empty([K, L])
18:  # クラスタ中心を計算
19:  cdata[0] = [(pdata[0, 0] + pdata[1, 0] + pdata[2, 0]) / 3.0, (pdata[0, 1] + pdata[1, 1] + pdata[2, 1]) / 3.0]
20:  cdata[1] = [(pdata[5, 0] + pdata[6, 0]) / 2.0, (pdata[5, 1] + pdata[6, 1]) / 2.0]
21:  cdata[2] = [(pdata[3, 0] + pdata[4, 0]) / 2.0, (pdata[3, 1] + pdata[4, 1]) / 2.0]
22:  # クラスタの中心点
```

```
23:    print("クラスタの中心点:")
24:    for k in range(K):
25:        print(cdata[k])
26:    # 各クラスタの中心から各データまでの距離を計算
27:    print("クラスタの中心から各データまでの距離:")
28:    for k in range(K):
29:        for n in range(N):
30:            distance = np.sqrt(np.square(cdata[k, 0] - pdata[n, 0]) + np.square(cdata[k, 1] - pdata[n, 1]))
31:            print("%10.6f" % distance, end="")
32:        print()
```

解説

19〜21: 2回目のクラスタリングの結果にもとづき、各クラスタの中心座標を計算します。

実行

VSCodeのターミナル画面から以下のように実行します。

```
> python ch6ex1c.py
クラスタの中心点:
[2. 2.]
[7. 3.]
[3.5 6. ]
クラスタの中心から各データまでの距離:
  1.0000    1.4142    1.0000    4.1231    4.4721    5.0000    5.3852
  6.0828    4.4721    5.0000    5.0000    4.2426    1.0000    1.0000
  4.7170    5.0249    3.3541    0.5000    0.5000    5.3151    4.0311
```

表 6.4 クラスタの中心とデータ間の距離の計算結果(3回目)

距離	データ1	データ2	データ3	データ4	データ5	データ6	データ7
中心1	1.0000	1.4142	1.0000	4.1231	4.4721	5.0000	5.3852
中心2	6.0282	4.4721	5.0000	5.0000	4.2426	1.0000	1.0000
中心3	4.7170	5.0249	3.3541	0.5000	0.500	5.3151	4.0311

3回目のクラスタリングの結果は以下のようになります。

- クラスタ0:{0, 1 ,2}

- クラスタ 1：{5, 6}
- クラスタ 2：{3, 4}

例題 6-1(b) の 2 回目の繰り返しと同じ結果になったので、これで、繰り返しを終了します。この結果にもとづき図 6.2 のようなクラスタリングの結果を示すグラフを作成しました。

この一連の例題からわかるとおり、k–平均法のアルゴリズムで示された手順にもとづいて処理を進めれば、与えられた任意のデータ集合に対してクラスタリングを行うことができます。

ここまでは、距離の計算、クラスタの中心点を計算する処理については、プログラムを用いて実現しました。しかし、クラスタを決定する処理だけは手作業でした。ここで、クラスタを決定するときの考え方としては、あるデータ点からクラスタの中心点の距離が最小となるクラスタが、そのデータ点の所属クラスタとなるということでした。

次の例題では、このクラスタを決定する処理も含めて、すべての処理について、プログラムを用いて実現します。

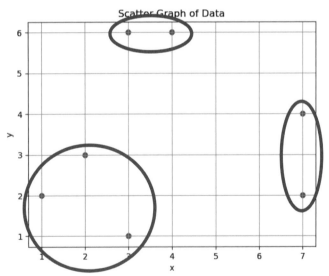

図 6.2 図 6.1 のデータ集合のクラスタリングの処理結果

例題 6-1(d)

以下の仕様要求を実現するプログラムを作成してください。

仕様要求
k-平均法のアルゴリズムにしたがって、例題 5-1 のデータ集合についてクラスタリングを行い、その結果をターミナルに表示する。

</> 作成

VSCode のエディタ画面でリスト 6.4 のソースコードを入力し、python3user フォルダ内の DMandML フォルダにファイル名 ch6ex1d.py をつけて保存します。

リスト 6.4 ch6ex1d.py

```
1:  # k-平均法アルゴリズム
2:  import numpy as np
3:
4:  # データ集合
5:  data = [
6:  [1, 2],
7:  [3, 1],
8:  [2, 3],
9:  [3, 6],
10: [4, 6],
11: [7, 2],
12: [7, 4],
13: ]
14: # クラスタ中心の初期値
15: cdata = [
16: [2, 2],
17: [4, 4],
18: [6, 6],
19: ]
20: # クラスタの数
21: K = 3
22: pdata = np.array(data, dtype=float)
23: cdata = np.array(cdata, dtype=float)
24: N, L = np.shape(pdata)
25: distance = np.empty([K, N])
26: for m in range(4):
```

```
27:         print("m=", m)
28:         # 中心点とデータ点の間の距離を計算
29:         print("距離:")
30:         for k in range(K):
31:             for n in range(N):
32:                 distance[k, n] = np.sqrt(np.square(cdata[k, 0] - pdata[n, 0])
 + np.square(cdata[k, 1] - pdata[n, 1]))
33:                 print("%8.4f" % distance[k, n], end="")
34:             print()
35:         # クラスタラベルを求める
36:         labels = np.argmin(distance, axis=0)
37:         print("クラスタラベル=", labels)
38:         label = list(set(labels))
39:         # クラスタの中心座標を計算
40:         print("クラスタの中心:")
41:         for l in label:
42:             ldata = pdata[labels == l]
43:             cdata[l, :] = np.average(ldata, axis=0)
44:         print(cdata)
45:     # 最終結果を表示
46:     print("最終結果：")
47:     print("データ=", data)
48:     print("クラスタラベル=", labels)
```

> **解説**

26: 繰り返し文です。変数は m で、27～44 の処理を 4 回繰り返します。
30～34: 各データ点と各クラスタ中心点の間の距離を計算して、配列 distance に格納します。
36: distance の各行の最小値の列番号を求めて、所属するクラスタのラベルとします。
41～44: 36 で得られたクラスタラベルにしたがって各クラスタの x, y 座標の平均値を計算し、そのクラスタの中心点の座標とします。
41: 繰り返し文です。変数は l です。
42: ラベル l のデータ点を配列 data から取り出して、配列 ldata に代入します。
43: 配列 ldata の行要素の平均値を求めます。
47: クラスタリング対象となるデータ集合を表示します。
48: クラスタリングの最終結果、つまり各データ点が所属するクラスタのラベルを表示します。

▶ 実行

VSCode のターミナル画面から以下のように実行します。

```
> python ch6ex1d.py
m= 0
距離:
  1.0000  1.4142  1.0000  4.1231  4.4721  5.0000  5.3852
  3.6056  3.1623  2.2361  2.2361  2.0000  3.6056  3.0000
  6.4031  5.8310  5.0000  3.0000  2.0000  4.1231  2.2361
クラスタラベル= [0 0 0 1 1 1 2]
クラスタの中心:
[[2.        2.       ]
 [4.66666667 4.66666667]
 [7.        4.       ]]
m= 1
距離:
  1.0000  1.4142  1.0000  4.1231  4.4721  5.0000  5.3852
  4.5338  4.0277  3.1447  2.1344  1.4907  3.5434  2.4267
  6.3246  5.0000  5.0990  4.4721  3.6056  2.0000  0.0000
クラスタラベル= [0 0 0 1 1 2 2]
クラスタの中心:
[[2. 2.]
 [3.5 6.]
 [7. 3.]]
m= 2
距離:
  1.0000  1.4142  1.0000  4.1231  4.4721  5.0000  5.3852
  4.7170  5.0249  3.3541  0.5000  0.5000  5.3151  4.0311
  6.0828  4.4721  5.0000  5.0000  4.2426  1.0000  1.0000
クラスタラベル= [0 0 0 1 1 2 2]
クラスタの中心:
[[2. 2.]
 [3.5 6.]
 [7. 3.]]
m= 3
距離:
  1.0000  1.4142  1.0000  4.1231  4.4721  5.0000  5.3852
  4.7170  5.0249  3.3541  0.5000  0.5000  5.3151  4.0311
  6.0828  4.4721  5.0000  5.0000  4.2426  1.0000  1.0000
クラスタラベル= [0 0 0 1 1 2 2]
クラスタの中心:
[[2. 2. ]
```

```
    [3.5 6. ]
    [7.  3. ]]
最終結果:
データ= [[1, 2], [3, 1], [2, 3], [3, 6], [4, 6], [7, 2], [7, 4]]
クラスタラベル= [0 0 0 1 1 2 2]
```

この結果から、繰り返しの各回における距離の配列 distance、クラスタラベル labels、クラスタ中心点の座標を確認できます。ここで、m= 1 回以降の labels の値が変わらないので、繰り返し処理が収束したと判断できます。

6.2　scikit-learn による k-平均法のプログラム実現

k-平均法は、scikit-learn ライブラリの cluster モジュールの KMeans クラスを用いて実現します。この節では、KMeans クラスの呼び出し方、パラメータの指定について解説します。

まず、以下のようにモジュールを読み込みます。

```
from sklearn import cluster
```

そして、次のように呼び出して、オブジェクトを生成します。

```
model = cluster.KMeans(引数)
```

ここで、主な引数は次のとおりです。

- n_clusters：クラスタ数を設定する（デフォルト値=8）
- max_iter：繰り返し回数の最大値を設定する（デフォルト値=300）
- init：初期化する方法を指定する。'k-means++'、'random'、'ndarray' から選ぶ（デフォルト値='k-means++'）
- tol：収束判定用の許容誤差を設定する（デフォルト値=0.0001）

このクラスで定義されている主なメソッドは次のとおりです。

- fit(X)：X で与えられたデータ集合について、クラスタリングを行う
- predict(X)：X のデータが属しているクラスタ番号を求める

このクラスで定義されている主な属性は次ページのとおりです。

- labels_ ：各データ点のラベル
- cluster_centers_ ：各クラスタの中心点の座標値
- n_iter_ ：処理終了までの繰り返し回数

6.3 非階層型クラスタリングのプログラム例

例題 6-2

以下の仕様要求を実現するプログラムを作成してください。

仕様要求
1. k-平均法を用いて、例題 5-1 で与えられたデータ集合に対し、3 つのクラスタに分けて、各データのクラスタ番号を求めて表示する。
2. 新しいデータを与え、そのクラスタ番号を推測する。

</> 作成

VSCode のエディタ画面でリスト 6.5 のソースコードを入力し、python3user フォルダ内の DMandML フォルダにファイル名 ch6ex2.py をつけて保存します。

リスト 6.5　ch6ex2.py

```python
# k-平均法
from sklearn import cluster

# データを作成
data = [
[1, 2],
[3, 1],
[2, 3],
[3, 6],
[4, 6],
[7, 2],
[7, 4],
]
print("データ=", data)
# k-平均法 モデルの作成
# クラスタ数を3に指定
model = cluster.KMeans(n_clusters=3)
model.fit(data)
```

```
19:    # クラスタリング結果ラベルの取得
20:    labels = model.labels_
21:    print("ラベル=", labels)
22:    # 新しいデータを与えて、そのクラスタラベルを求める
23:    newdata = [
24:        [6, 3]
25:    ]
26:    print("新しいデータ=", newdata)
27:    newlabel = model.predict(newdata)
28:    print("新しいデータのラベル=", newlabel)
```

解説

2:　　　　sklearn から cluster を読み込みます。
5〜13:　　処理対象のデータ集合を二重リストの形で data に与えます。
17:　　　 k–平均法（クラスタ数 = 3）のモデルをつくります。
18:　　　 fit() メソッドを用いて、data に対してクラスタリングを行います。
22〜22:　クラスタリングの結果を取得して表示します。
23〜25:　新しいデータ newdata をつくって表示します。
27〜28:　既存のモデルを用いて、newdata のクラスタラベルを求め、その結果を表示します。

実行

VSCode のターミナル画面から以下のように実行します。

```
> python ch6ex2.py
データ= [[1, 2], [3, 1], [2, 3], [3, 6], [4, 6], [7, 2], [7, 4]]
ラベル= [2 2 2 1 1 0 0]
新しいデータ= [[6, 3]]
新しいデータのラベル= [0]
```

　表示された 7 つのデータに対して、そのラベルが順に表示されています。また、新しく与えられたデータに対して、そのデータとクラスタリングの結果のラベルも表示されています。

例題 6-3

以下の仕様要求を実現するプログラムを作成してください。

仕様要求

k-平均法を用いて、例題 5-1 で与えられたデータ集合に対して、3 つのクラスタに分けて、その結果を X-Y 座標平面に表示する。

作成

VSCode のエディタ画面でリスト 6.6 のソースコードを入力し、python3user フォルダ内の DMandML フォルダにファイル名 ch6ex3.py をつけて保存します。

リスト 6.6　ch6ex3.py

```python
# k-平均法＋グラフ表示
import numpy as np
from sklearn import cluster
import matplotlib.pyplot as plt

# データを作成
data = [
[1, 2],
[3, 1],
[2, 3],
[3, 6],
[4, 6],
[7, 2],
[7, 4],
]
data = np.array(data)

# k-平均法 モデルの作成
# クラスタ数を3に指定
model = cluster.KMeans(n_clusters=3)
model.fit(data)
# クラスタリング結果ラベルの取得
labels = model.labels_

# 結果をグラフにする
plt.figure(1)
```

```
27:     # ラベル0の描画
28:     ldata = data[labels == 0]
29:     plt.scatter(ldata[:, 0], ldata[:, 1], marker='s', color='green')
30:     # ラベル1の描画
31:     ldata = data[labels == 1]
32:     plt.scatter(ldata[:, 0], ldata[:, 1], marker='o', color='red')
33:     # ラベル2の描画
34:     ldata = data[labels == 2]
35:     plt.scatter(ldata[:, 0], ldata[:, 1], marker='^', color='blue')
36:     # タイトルとx軸、y軸ラベルの設定
37:     plt.title("Scatter Plot of Clustered Data")
38:     plt.xlabel("x")
39:     plt.ylabel("y")
40:     plt.grid()
41:     plt.show()
```

解説

2: numpy を読み込んで、np とします。
3: sklearn から cluster を読み込みます。
4: matplotlib.pyplot を読み込んで、plt とます。
7〜15: 処理対象のデータ集合を二重リストの形で data に与えます。
16: 二重リストの data を numpy の array 形式に変換します。
20: k–平均法(クラスタ数 = 3)のモデルをつくります。
21: fit() メソッドを用いて、data に対してクラスタリングを行います。
23: クラスタリングの結果を取得します。
26〜41: クラスタラベル別に、データを $X-Y$ 座標平面に表示します。
28: ラベルが 0 のデータを ldata に代入します。
29: ldata で散布図を作成します。ただし、マーカーは四角、色は緑を用います。
31: ラベルが 1 のデータを ldata に代入します。
32: ldata で散布図を作成します。ただし、マーカーは丸、色は赤を用います。
34: ラベルが 2 のデータを ldata に代入します。
35: ldata で散布図を表示します。ただし、マーカーは三角、色は青を用います。
37: グラフのタイトルを与えます。
38: グラフの x 軸ラベルを与えます。
39: グラフの y 軸ラベルを与えます。
40: グラフに目盛りをつけます。
41: ここまでに構成したグラフを表示します。

▶ 実行

VSCode のターミナル画面から以下のように実行します。

```
> python ch6ex3.py
```

新しいウィンドウにグラフが表示されます（図 6.3）。

図 6.3 のグラフは、実際の画面では同じクラスタに属するデータは同じ色、同じマーカーで表示されるので、クラスタリングの結果が視覚的に確認しやすくなっています。ただし、このプログラムではクラスタリングの過程でどのクラスタにどのラベルを割り当てるかは自動で行われるので、実行するたびに各クラスタを表す色とマーカーが変わります（もちろん、クラスタリングの結果自体は変わりません）。

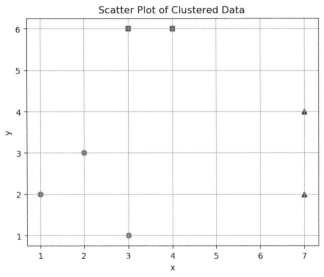

図 6.3 図 6.1 のデータ集合のクラスタリングの処理結果（scikit-learn ライブラリによるプログラム実現）

演習問題

問題 6.1 例題 6-3 のプログラムについて、データ（点）[5, 4] を追加して、実行結果を確認してください。

問題 6.2 例題 6-3 をもとにして、以下の追加要求を実現するプログラムを作成してください。

1. データ（点）[5, 4] と [5, 5] を追加する。
2. クラスタ数=4 に変更する。
3. クラスタリング結果を散布図に表示する（第 4 クラスタのマーカーは x、色は黒とする）。

第7章
単純ベイズ法による分類

第5章と第6章でクラスタリング問題を扱ったのに対し、これからの第7章と第8章では分類問題を扱います。

本章では、単純ベイズ法について解説します。まずは分類問題の定義とその評価指標を示します。そして、分類問題の基本手法の単純ベイズ法の基本理論について説明します。

そのうえで、機械学習ライブラリ scikit-learn にある naive_bayes クラスを用いてプログラムを実現し、具体的なプログラム例を用いてその使い方を説明します。

なお、本章の基本理論を理解するために、数学的な前提知識として、確率統計の基本知識、特に条件確率とベイズの定理の知識が必要となります。

7.1 分類問題

分類(classification)**問題**とは、それぞれのデータの性質や特徴にもとづき、与えられたデータのサンプルを所定の種類(カテゴリ)に分けるという問題です。まずは、これまでに学んだ各種問題と比較して、分類問題そのものについて、より理解を深めていきましょう。

さっそく第4章の回帰分析問題と比較してみます。回帰解析においては、複数個の数値からなる説明変数ベクトルを用いて目的変数の数値(基本的に連続値、実数)を予測しましたが、対して分類問題では複数個の値からなる特徴量(feature)ベクトルを用いて、与えられたデータサンプルが属する種類(カテゴリ、基本的に有限個の番号)を予測します。

また、第5章と第6章のクラスタリング問題と比較してみます。クラスタリング問題もデータサンプルを複数のクラスタ(グループ)に分けますが、クラスタリング問題の場合は、分けるべきクラスタの数は事前にわかっていませんでした。また、各クラスタの名称(場合によっては番号)もあらかじめ決まっていませんでした。

対して分類問題では、クラスタリング問題と異なり、「種類(カテゴリ)」は、あらかじめその名称や数がわかっていることを前提としています。簡単な例をあげて考え

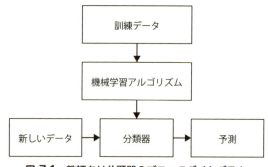

図 7.1 教師あり分類器のブロックダイヤグラム

てみます。例えば、電子メールの内容から、その電子メールを「スパム」と「スパムでない」の 2 種類に分けるとしましょう。この場合は、種類が「スパム」と「スパムでない」の 2 種類です。もう 1 つ例を考えましょう。果物を色、大きさと味（酸味、甘味）から「リンゴ」「ミカン」「イチゴ」「その他」といったように分けるとしましょう。この場合は、種類は「リンゴ」「ミカン」「イチゴ」「その他」の 4 種類です。つまり、分類問題の場合、分けるべき種類の数と名称をあらかじめ与えてしまうのです。

では、機械学習では、どのようにして分類問題を解決するのでしょうか。分類問題の解決の手順として、大きく分けて、分類器を構築する「訓練段階」、分類器を使ってデータサンプルの種類を予測する「予測段階」の 2 段階があります。

ここで、**分類器**（classifier）とは、与えられたデータ集合からその種類（カテゴリ）を求める機械学習システムのことです。そして、入力データに対する正解ラベルを含んだデータ集合を用いて分類器を訓練して構築する場合は、「教師あり分類器」と呼ばれます。図 7.1 に、教師あり分類器のブロックダイヤグラムを示します。

訓練（training）段階[*1]では、大量に集められた過去のデータから、学習して分類器を構築します。つまり、分類器とは、与えられたデータ集合からその種類（カテゴリ）を求める機械学習システムのことです。したがって、訓練段階のために、正解付きの訓練データを用意しなければなりません。つまり、正解付きのデータから学習して分類器を構築します。このような正解付きデータを用いて学習することを**教師あり学習**（supervised learning）と呼びます。対して、クラスタリング問題のように、データそのものの特徴を利用して学習することを、**教師なし学習**（unsupervised learning）と呼びます。

そして、**テスト**（test）段階[*2]では、訓練段階で構築できた分類器を用いて、新た

[*1] **学習**（learning）段階ともいいます。
[*2] **予測**（prediction）段階ともいいます。

に取得したデータサンプルについてその種類を決定します。

　分類器を用いた予測結果には、正しいものもまちがったものもあります。そのために、分類器の性能を検証するために、正解付きのテストデータを用いて評価実験を行うのです。そして、評価実験の結果から、分類器の評価指標を算出します。

7.2　正解付きデータセット、そして訓練データとテストデータ

　ここでは正解付きデータの一例についてみてみましょう。まず、機械学習でよく用いられる Iris[*3]というデータセットがあります。これは英国の植物学者ロナルド・フィッシャー氏が 1936 年に発表した論文で用いた多変量データです。3 種類のアイリス（アヤメ）の「がく片の長さ」「がく片の幅」「花弁の長さ」「花弁の幅」を記録したもので、全部で 150 サンプルあります。このデータセットの一部を表 7.1 に示します。

表 7.1　Iris データセットの内容（データは一部のみ）

がく片の長さ	がく片の幅	花弁の長さ	花弁の幅	花の種類
5.1	3.5	1.4	0.2	Iris–setosa
4.9	3	1.4	0.2	Iris–setosa
4.7	3.2	1.3	0.2	Iris–setosa
⋮	⋮	⋮	⋮	⋮
7	3.2	4.7	1.4	Iris–versicolor
6.4	3.2	4.5	1.5	Iris–versicolor
6.9	3.1	4.9	1.5	Iris–versicolor
5.5	2.3	4	1.3	Iris–versicolor
6.5	2.8	4.6	1.5	Iris–versicolor
5.7	2.8	4.5	1.3	Iris–versicolor
6.3	3.3	4.7	1.6	Iris–versicolor
⋮	⋮	⋮	⋮	⋮
6.3	3.3	6	2.5	Iris–virginica
5.8	2.7	5.1	1.9	Iris–virginica
7.1	3	5.9	2.1	Iris–virginica
6.3	2.9	5.6	1.8	Iris–virginica
6.5	3	5.8	2.2	Iris–virginica
⋮	⋮	⋮	⋮	⋮

[*3]　https://archive.ics.uci.edu/ml/machine-learning-databases/iris/iris.data（2019 年 7 月現在）

この例では、花の特徴を表す特徴量として、「がく片の長さ」「がく片の幅」「花弁の長さ」「花弁の幅」の4つの変数が用いられています。あと、もう1つの変数「花の種類」には、各データサンプルに対応する正解が示されています。また、正解となる種類は全部で3つあり、それぞれはあらかじめ名称が決められています。

分類問題では、このような正解付きデータセットが用いられます。ただし、もちろん正解変数のデータを使わなければ、このデータセットを正解なしのデータセットとして、クラスタリング問題などにも利用できます。

また、正解付きのデータセットは、分類器の訓練と評価の両方に用いることができます。通常、一定の比率にしたがって、データセット全体を分類器を訓練するための訓練データ[*4]（training data）と、分類器の性能評価用のテストデータ[*5]（test data）に分けます。もちろん、正解データもいっしょに分けます。ここで注意してほしいのは、訓練データにおいて、各カテゴリのデータサンプルに大きな偏りがない、つまり、比較的均等に分けてあることが前提条件です。偏りのある訓練データを用いてしまうと、適切な学習ができなくなります。

したがって、全データをランダムにシャッフルしてから分割する方法が、偏りをなくすためによく用いられます。

まとめると、訓練データとテストデータが得られてから、まず訓練データの特徴量ベクトルと正解カテゴリを用いて学習を行い、分類器を構築します。その後、テストデータの特徴量ベクトルのみを用いて、各データサンプルのカテゴリを予測します。最後に、予測の結果ともとの正解カテゴリとを比較して、分類器の性能を評価します。

7.3 分類器の評価と評価指標

すなわち、正解付きのデータセットがあれば、機械学習の教師あり学習手法を用いて、分類器を構築できます。ここでいう教師あり学習手法については後で詳しく解説しますが、その前に構築済みの分類器の性能評価指標について説明しておきます。

まず基本として、2カテゴリの分類問題の結果の状況について考えてみます。注目したいカテゴリ「Positive」とそれ以外のものをまとめたカテゴリ「Negative」があるとします。このとき、分類器を用いて分類した結果は、もともとのカテゴリが「Positive」のものは、カテゴリ「Positive」に分類されるかもしれませんが、もしかするとカテゴリ「Negative」に分類されるかもしれません。また、カテゴリ「Negative」についても、同じようなことが起きえます。ここで、もともとのカテゴリを**真値**と呼び、分類器の予測結果を**予測値**と呼びます。真値と予測値のすべての組み合わせをま

[*4] 学習データ、教師データとも呼ばれます。
[*5] 評価データとも呼ばれます。

表 7.2 混同行列

サンプル数		真値	
		Positive	Negative
予測値	Positive	True Positive (TP)	False Positive (FP)
	Negative	False Negative (FN)	True Negative (TN)

とめて、表 7.2 に示します。

このような表を**混同行列**（confusion matrix）と呼びます。Positive と Negative の 2 つのカテゴリに対して、正解なら True、不正解なら False と記すので、2 × 2 で合計 4 つのケースがありますので、4 つのケースのサンプル数を表す記号（TP、FP、FN、TN）を用いて、次のように分類器の評価指標を定義します。

1. **正解率**（Accuracy）：全体サンプルの中で、分類器が正解したサンプルの割合のことです。
$$正解率 = \frac{TP + TN}{TP + TN + FP + FN}$$

2. **適合率**（Precision）：分類器がカテゴリ Positive と予測したサンプルの中で、正答したサンプルの割合のことです。
$$適合率 = \frac{TP}{TP + FP}$$

3. **再現率**（Recall）：真値のカテゴリ Positive のサンプル中で、分類器が正答したサンプルの割合のことです。
$$再現率 = \frac{TP}{TP + FN}$$

4. 一般的に適合率と再現率との間にはトレードオフのような関係があります。したがって、両者を調和平均で 1 つにまとめ、全体的に評価する指標として、**F 値**（F-measure）を定義します。
$$F 値 = \frac{2}{\frac{1}{適合率} + \frac{1}{再現率}} = \frac{2 \cdot 適合率 \cdot 再現率}{適合率 + 再現率}$$

7.4 単純ベイズ法

単純ベイズ法の基本理論を理解するためには、数学的な前提知識として、確率統計の基本知識、特に条件確率とベイズの定理の知識が必要となります。

7.4.1　確率統計の復習

(1) 確　率
簡単な例題から始めましょう。

図 7.2　簡単な例題

図 7.2 のように、箱の中に、黒いボールが 1 つと白いボールが 2 つ入っているとします。いま箱からボールを 1 つ取り出して、そのボールが黒である確率を求めてみましょう。また、そのボールが白である確率を求めてみましょう。答えは以下のとおりです。

$$P(ボール = 黒) = \frac{1}{3}$$
$$P(ボール = 白) = \frac{2}{3}$$

(2) 条件確率
続いて、図 7.2 の箱からボールを 1 つ取り出すことを 2 回行うとします。

- 1 回目のボールが黒の場合の、2 回目のボールが黒の確率
  $$P(2 回目 = 黒 | 1 回目 = 黒) = 0$$
- 1 回目のボールが黒の場合の、2 回目のボールが白の確率
  $$P(2 回目 = 白 | 1 回目 = 黒) = 1$$
- 1 回目のボールが白の場合の、2 回目のボールが黒の確率
  $$P(2 回目 = 黒 | 1 回目 = 白) = \frac{1}{2}$$
- 1 回目のボールが白の場合の、2 回目のボールが白の確率
  $$P(2 回目 = 白 | 1 回目 = 白) = \frac{1}{2}$$

ここでは、1 回目のボールの色を条件としたうえで、2 回目のボールが特定の色となる確率を計算しています。このような確率のことを**条件確率**といいます。

一般的にいうと、条件確率は、ある事象 B が起こることを仮定したときの別の事象 A が起こる確率で、$P(A|B)$ と記します。この条件確率 $P(A|B)$ は次式から算出

できます。

$$P(A|B) = \frac{P(AB)}{P(B)}$$

また、上式を変更して

$$P(AB) = P(A|B)\,P(B)$$

と表すことができます。この公式を**乗法定理**と呼びます。さらに、

$$P(A|B) = P(A)$$

つまり

$$P(AB) = P(A)\,P(B)$$

ならば、事象 A と事象 B が**独立**であるといいます。

(3) ベイズの定理

$P(AB) = P(BA)$ であることから、乗法定理から以下の**ベイズの定理**が簡単に導出できます。

$$P(A|B) = \frac{P(B|A)P(A)}{P(B)}$$

この定理を理解するために、もう一度、図 7.2 の問題の条件確率について考えてみましょう。まずは、以下の条件確率は簡単に求められるでしょう。

- 2 回目のボールが黒の場合の、1 回目のボールが黒の確率

    $P(1\,回目 = 黒\,|2\,回目 = 黒) = 0$

- 2 回目のボールが黒の場合の、1 回目のボールが白の確率

    $P(1\,回目 = 白\,|2\,回目 = 黒) = 1$

- 2 回目のボールが白の場合の、1 回目のボールが黒の確率

    $P(1\,回目 = 黒\,|2\,回目 = 白) = \dfrac{1}{2}$

- 2 回目のボールが白の場合の、1 回目のボールが白の確率

    $P(1\,回目 = 白\,|2\,回目 = 白) = \dfrac{1}{2}$

一方、これらの確率はベイズの定理を用いても計算できます。その一例を次ページに示します。

$$P(1回目=白 | 2回目=黒)$$
$$= P(2回目=黒 | 1回目=白)\frac{P(ボール=白)}{P(ボール=黒)}$$
$$= \frac{\frac{1}{2} \cdot \frac{2}{3}}{\frac{1}{3}} = 1$$

この結果は、上記の直接計算した条件確率と同じ値です。

(4) ベイズの公式

いま互いに排反する事象 $A_1, A_2, \ldots, A_n$ について、$\bigcup_{i=1}^{n} A_i = \Omega$ であるとします。このとき、任意の事象 B について、その確率は次式で表すことができます。

$$P(B) = P(B|A_1)P(A_1) + P(B|A_2)P(A_2) + \cdots + P(B|A_n)P(A_n)$$
$$= \sum_{i=1}^{n} P(B|A_i)P(A_i)$$

この全確率の公式をベイズの定理に適用すると、以下のようになります。

$$P(A_k|B) = \frac{P(B|A_k)P(A_k)}{\sum_{i=1}^{n} P(B|A_i)P(A_i)}$$

この式を**ベイズの公式**と呼びます。上式の中にある個々の確率の意味は、以下のとおりです。

- $P(A_k)$ ：事前確率。原因 A_k が起こる確率
- $P(B|A_k)$：条件確率。原因 A_k によって結果 B が起こる確率
- $P(A_k|B)$：事後確率。結果が B となった場合、それが原因 A_k によって引き起こしたことの確率

また、この式において分母は定数なので、以下のような比例式で表すことができます。

$$P(A_k|B) \propto P(B|A_k)\, P(A_k)$$

ポイント 7.1　ベイズの公式の解釈

n 個の原因 $A_1, A_2, \ldots, A_n$ によって、結果 B が引き起こされた場合、事前確率 $P(A_k)$ と条件確率 $P(B|A_k)(k=1,2,\ldots,n)$ により、事後確率の $P(A_k|B)$ が計算できます。

つまり、結果から原因を推測することができます。これが、**ベイズの公式**の解釈といえます。

7.4.2　ベイズ推定

以下の簡単な例を用いて、ベイズ推定について説明します。

> 男性 10 人、女性 7 人が一室でパーティーを開いた。男子の喫煙者は 5 人、女性は 3 人である。
> いま部屋に入ったらたばこの吸殻が 1 本、灰皿の上にあった。
> このとき、吸った人が男性である確率と、吸った人が女性である確率を、ベイズの定理を用いて求めなさい（たばこの吸い回しはしていないと仮定する）。

解法

まず、吸った人が男性である確率 $P(男性 \mid 喫煙者)$ を求めます。ベイズの定理から

$$P(男性 \mid 喫煙者) = \frac{P(喫煙者 \mid 男性)\,P(男性)}{P(喫煙者)}$$

となりますから、

- $P(喫煙者 \mid 男性) = \dfrac{5}{10}$
- $P(男性) = \dfrac{10}{7+10} = \dfrac{10}{17}$
- $P(喫煙者) = \dfrac{3+5}{7+10} = \dfrac{8}{17}$

を上式に代入して、

$$P(男性 \mid 喫煙者) = \frac{\dfrac{5}{10} \cdot \dfrac{10}{17}}{\dfrac{8}{17}} = \frac{5}{8}$$

となります。次に、吸った人が女性である確率 $P(女性 | 喫煙者)$ を求めます。ベイズの定理から

$$P(女性 | 喫煙者) = \frac{P(喫煙者 | 女性) P(女性)}{P(喫煙者)}$$

となりますから、

- $P(喫煙者 | 女性) = \frac{3}{7}$
- $P(女性) = \frac{7}{7+10} = \frac{7}{17}$
- $P(喫煙者) = \frac{3+5}{7+10} = \frac{8}{17}$

を上式に代入して、

$$P(女性 | 喫煙者) = \frac{\frac{3}{7} \cdot \frac{7}{17}}{\frac{8}{17}} = \frac{3}{8}$$

となります。計算の結果、$P(男性 | 喫煙者) > P(女性 | 喫煙者)$ なので、たばこを吸った人が男性と推定できます。

7.4.3 単純ベイズ法の数理モデル

さて、分類問題の話に戻りましょう。前述の例では、データが与えられたときに、すべてのクラス推定の確率を計算し、最も確率の高いものを求めるようにしています。このような方法は**単純ベイズ法**[*6]と呼ばれています。

ここでは、単純ベイズ法について、もう少し正確に記述します。まずは、用いる記号を以下のように定義します。

- $\mathbf{x}$：分類対象の特徴量ベクトル
- ω_j：クラス j のラベル
- $P(\mathbf{x}|\omega_j)$：クラス j に属しているときの、特徴量ベクトル $\mathbf{x}$ に関する観測確率

これらの記号を用いて、ベイズの定理により、事後確率は次式で表すことができます。

$$P(\omega_j|\mathbf{x}) = \frac{P(\omega_j)P(\mathbf{x}|\omega_j)}{P(\mathbf{x})}$$

[*6] **ナイーブベイズ**（Naïve Bayes）**法**とも呼ばれます。

ここで、単純ベイズ法の目標関数は事後確率です。つまり、与えられた訓練データを用いて、事後確率が最大になるようなクラスラベルが推定値となります。

$$\text{クラスラベルの推定値} = \arg \max_{j=1,\dots,m} P(\omega_j|\mathbf{x})$$

$$= \arg \max_{j=1,\dots,m} \frac{P(\omega_j)P(\mathbf{x}|\omega_j)}{P(\mathbf{x})}$$

$$= \arg \max_{j=1,\dots,m} P(\omega_j)P(\mathbf{x}|\omega_j)$$

この推定手法は**最大事後確率推定**(maximum a posteriori estimation)、または **MAP 推定**と呼ばれます。さらに、特徴量ベクトル $\mathbf{x} = (x_1, x_2, \dots, x_n)$ の各要素間が条件独立ならば、条件確率は

$$P(\mathbf{x}|\omega_j) = P(x_1|\omega_j)P(x_2|\omega_j)\dots P(x_n|\omega_j)$$

$$= \prod_{i=1}^{n} P(x_i|\omega_j)$$

と表せます。ここで $P(x_i|\omega_j)$ は、クラスラベル ω_j が与えられたときに、「特徴量 x_i がどのくらい観測されそうか」を表すものです。したがって、特徴量ベクトル $\mathbf{x}$ の個々の要素における条件確率 $P(x_i|\omega_j)$ は、各クラスにおける特徴量の出現頻度を用いて近似的に表せます。

$$P(x_i|\omega_j) = \frac{N_{i,j}}{N_i}$$

ただし、次とします。

- $N_{i,j}$：クラス ω_j における特徴量 x_i の出現頻度
- N_i：すべてのクラスにおける特徴量 x_i の出現頻度

ここまでの話を整理すると、

$$P(\omega_j)P(\mathbf{x}|\omega_j) = P(\omega_j)\prod_{i=1}^{n} P(x_i|\omega_j) = P(\omega_j)\prod_{i=1}^{n} \frac{N_{i,j}}{N_i}$$

によって、すべてのクラスラベル ω_j に対して上式を算出できます。そして、その中にある最大値を確認して、対応するクラスラベルを推定値とします。

これが単純ベイズ法の数理モデルです。

7.5 scikit-learn による単純ベイズ法のプログラム実現

7.5.1 データセットを訓練データとテストデータに分割する

scikit-learn による単純ベイズ法のプログラムを実現するには、まず与えられたラ

ベル付きデータセットを分割して、訓練データとテストデータを作成する必要があります。scikit-learn ライブラリの model_selection モジュールには、これを行うための train_test_split() 関数が用意されています。ここでは、この関数の使い方について説明します。

まず、以下のようにモジュールを読み込みます。

```
from sklearn import model_selection
```

そして、以下のように train_test_split() 関数を呼び出します。

```
data_train, data_test, label_train, label_test =
model_selection.train_test_split(引数)
```

ここで、主な引数は以下のとおりです。

- データセット：特徴量を列、サンプルを行でまとめたデータ配列（または、二重リスト）
- ラベルリスト：各データサンプルに対応するラベルのリスト
- shuffle：もとのデータ集合をシャッフルするかどうかを指定する（デフォルト値＝True）

単純ベイズ法には、ガウス分布によるものと、ベルヌーイ分布によるものがあります。

次に、これらについてそれぞれみていきましょう。

7.5.2　ガウス分布の単純ベイズ法

ガウス分布の単純ベイズ法は、scikit-learn ライブラリの naive_bayes モジュールの GaussuanNB クラスを用いて実現します。ここでは、このクラスの呼び出し方、パラメータの指定について解説します。

まず、以下のようにモジュールを読み込みます。

```
from sklearn import naive_bayes
```

そして、次ページのように呼び出して、オブジェクトを生成します。

```
model = naive_bayes.GaussianNB(引数)
```

ここで、主な引数は次のとおりです。

- priors：各クラスタの事前確率を設定する（デフォルト値=None）
- var_smoothing：すべての特徴量の最大偏差の割合を設定する（デフォルト値=1e-9）

このクラスで定義されている主な属性は次のとおりです。

- labels_ ：各データ点のラベル
- cluster_centers_ ：各クラスタの中心点の座標値
- n_iter_ ：処理終了までの繰り返し回数

また、このクラスに定義されている主なメソッドは次のとおりです。

- fit(Xdata, Xlabel)：Xdataと、そのラベルXlabelと、ペアで与えられたデータ集合を用いて、モデルの訓練を行う
- predict(Ydata)：Ydataのデータに対して、各データサンプルが属するクラスを求める

7.5.3 ベルヌーイ分布の単純ベイズ法

ベルヌーイ分布の単純ベイズ法はscikit-learnライブラリのnaive_bayesモジュールのBernoulliNBクラスを用いて、実現します。ここでは、このクラスの呼び出し方、パラメータの指定について解説します。

まず、以下のようにモジュールを読み込みます。

```
from sklearn import naive_bayes
```

そして、以下のように呼び出して、オブジェクトを生成します。

```
model = naive_bayes.BernoulliNB(引数)
```

ここで、主な引数は次のとおりです。

- alpha：ラプラススムージングパラメータを設定する（デフォルト値=1.0。0の場合はスムージングしない）

- class_prior：データによって調整されたくない場合は、各クラスの事前確率を指定する

このクラスで定義されている主な属性は次のとおりです。

- class_log_prior_：各クラスの事前確率の Log 値
- feature_log_prob_：与えられたクラスを条件とする、各特徴量の確率
- class_count_：訓練時の各クラスのサンプル数
- feature_count_：訓練時の各（クラス、特徴量）ペアのサンプル数

また、このクラスに定義されている主なメソッドは次のとおりです。

- fit(Xdata, Xlabel)：Xdata とそのラベル Xlabel とペアで与えられたデータ集合を用いて、モデルの訓練を行う
- predict(Ydata)：Ydata のデータに対して、各データサンプルが属するクラスを求める

7.6 単純ベイズ法のプログラム例

例題 7-1

以下の仕様要求を実現するプログラムを作成してください。

仕様要求
単純ベイズ法を用いて、Iris データセットから与えられたデータ集合に対して、分類を行い、その結果について評価する。

</> 作成

VSCode のエディタ画面でリスト 7.1 のソースコードを入力し、python3user フォルダ内の DMandML フォルダにファイル名 ch7ex1.py をつけて保存します。

リスト 7.1　ch7ex1.py

```
1: # 単純ベイズ法による分類（irisデータセット）
2: from sklearn import datasets
3: from sklearn import model_selection
4: from sklearn import naive_bayes
5: from sklearn import metrics
6:
```

7.6 単純ベイズ法のプログラム例

```
7:   # データを取得
8:   iris = datasets.load_iris()
9:   data_train, data_test, label_train, label_test=model_selection.train_
     test_split(iris['data'], iris['target'], test_size=0.25)
10:
11:  # モデルを作成
12:  model = naive_bayes.GaussianNB().fit(data_train, label_train)
13:  # データを分類
14:  y_true = label_test
15:  y_pred = model.predict(data_test)
16:  print("真ラベル =", y_true)
17:  print("予測ラベル =", y_pred)
18:
19:  # 分類結果の評価
20:  print("精度 =", metrics.accuracy_score(y_true, y_pred))
21:  print(metrics.classification_report(y_true, y_pred, target_names=iris
     ['target_names']))
```

解説

- **2:** sklearn から datasets を読み込みます。
- **3:** sklearn から model_selection を読み込みます。
- **4:** sklearn から naive_bayes を読み込みます。
- **5:** sklearn から metrics を読み込みます。
- **8:** Iris データセットを datasets からロードします。
- **9:** model_selection の train_test_split() 関数を用いて、Iris データセットを訓練データとテストデータに分割します。
- **12:** 訓練データを使って、Gaussian 単純ベイズ法の model を構築します。
- **14:** y_true にテストデータのラベルを代入します。
- **15:** model の predict() メソッドを使って、テストデータのラベルを予測し、結果を y_pred に代入します。
- **16:** y_true を表示します。
- **17:** y_pred を表示します。
- **20:** accuracy() 関数を使って、予測結果の精度を算出します。
- **21:** classification_report() 関数を使って、予測結果に対する評価を表示します。

実行

VSCode のターミナル画面から次ページのように実行します。

> python ch7ex1.py

結果は次のとおりです（説明のために行番号をつけています）。

```
1:  真ラベル = [2 0 2 2 0 2 0 1 2 0 1 2 1 1 2 2 2 0 1 2 2 0 1 0 2 1 2 1 0 1 1 2
    0 1 2 1 1 1]
2:  予測ラベル = [2 0 2 2 0 2 0 1 2 0 1 2 1 1 2 2 2 0 1 2 2 0 1 0 2 1 2 1 0 1 1
    2 0 1 2 1 1 1]
3:  精度 = 1.0
4:               precision    recall  f1-score   support
5:
6:       setosa       1.00      1.00      1.00         9
7:   versicolor       1.00      1.00      1.00        14
8:    virginica       1.00      1.00      1.00        15
9:
10:   micro avg       1.00      1.00      1.00        38
11:   macro avg       1.00      1.00      1.00        38
12: weighted avg      1.00      1.00      1.00        38
```

1 行目はテストデータの真ラベルのリストです。2 行目はテストデータに対して予測を行った結果です。また、3 行目では予測結果の正答率を示しています。4 行目以降はこの分類結果の評価指標のレポートです。

この例の場合、全体（weighted avg）では適合率 1.00、再現度 1.00、F 値 1.00 となりました。

例題 7-2

以下の仕様要求を実現するプログラムを作成してください。

仕様要求

ランダムに発生させた 0 または 1 からなる N 行 20 列のデータサンプルを用意し、このサンプルに対して、ラベル L1, L2, L3, L4 から任意に 1 つを与える。このデータセットに対して、ベルヌーイ分布の単純ベイズ法を用いて分類を行い、その結果について評価する。

</> 作成

VSCode のエディタ画面でリスト 7.2 のソースコードを入力し、python3user フォ

ルダ内の DMandML フォルダにファイル名 ch7ex2.py をつけて保存します。

リスト 7.2　ch7ex2.py

```python
# 単純ベイズ法による分類（離散値）
import numpy as np
from sklearn import datasets
from sklearn import model_selection
from sklearn import naive_bayes
from sklearn import metrics

# データの生成
datalen = 100
Xdata = np.random.randint(2, size=(datalen, 20))
Ydata = np.random.randint(4, size=datalen)
Ylabel = sorted(list(set(map(str, Ydata))))
print("属性データ=", Xdata)
print("ラベルデータ=", Ydata)
print("ラベルリスト=", Ylabel)

data_train, data_test, label_train, label_test=model_selection.train_test_split(Xdata, Ydata, test_size=0.25)

# モデル作成
model = naive_bayes.BernoulliNB()
model.fit(data_train, label_train)

# データを分類
y_true = label_test
y_pred = model.predict(data_test)
print("真ラベル =", y_true)
print("予測ラベル =", y_pred)

# 分類結果の評価
print("精度 =", metrics.accuracy_score(y_true, y_pred))
print(metrics.classification_report(y_true, y_pred, target_names=Ylabel))
```

解説

9: データのサンプル数 datalen を指定します。

10: numpy の randint() 関数を用いて整数乱数を発生します。引数の 2 は、乱数値が 0 と 1 の 2 つの値をとることを意味します。また、引数の size=(datalen, 20) は、

第 7 章 単純ベイズ法による分類

サイズを datalen 行 20 列に設定します。
- **11:** datalen 行のデータサンプルに対して、0 から 3 までの乱数でラベルを指定します。
- **12:** ラベルの名称を設定します。
- **16:** model_selection の train_test_split() 関数を用いて、Xdata と Ydata のデータセットを訓練データとテストデータに分割します。
- **19:** 単純ベイズ法のベルヌーイ分布のモデルを使用します。clf と名づけます。
- **20:** 訓練データを使って、モデル clf を構築します。
- **24:** y_true にテストデータのラベルを代入します。
- **24:** clf の predict() メソッドを使って、テストデータのラベルを予測し、結果を y_pred に代入します。
- **25:** y_true を表示します。
- **26:** y_pred を表示します。
- **29:** accuracy() 関数を使って、予測結果の精度を算出します。
- **30:** classification_report() 関数を使って、予測結果に対する評価を表示します。

▶ 実行

VSCode のターミナル画面から以下のように実行します。

```
> python ch7ex2.py
特徴量データ= [[0 0 0 ... 0 1 0]
 [0 0 0 ... 1 0 1]
 [1 1 1 ... 1 1 0]
 ...
 [1 1 1 ... 1 0 0]
 [0 1 0 ... 1 0 1]
 [0 1 1 ... 0 0 1]]
ラベルデータ= [1 0 1 2 3 3 3 0 2 1 0 2 3 0 0 0 3 2 1 2 3 0 1 0 1 3 3 1 3 2 0 0 1
 3 1 2 2 2 0 2 1 2 3 3 2 1 3 3 3 1 2 3 0 1 2 3 2 3 0 3 3 1 2 3 3 3 2 3 2 2 2 0 0 2
 2 0 2 2 0 3 1 2 1 2 3 3 1 1 2 3 3 3 0 3 0 2 1 0 0 1 1 3]
ラベルリスト= ['0', '1', '2', '3']
真ラベル = [2 2 1 0 2 0 1 3 3 0 3 3 1 0 2 0 1 3 2 2 0 3 2 1 3]
予測ラベル = [1 1 2 3 1 3 2 3 2 0 0 3 1 2 3 2 3 3 1 0 3 3 1 1 0]
精度 = 0.28
         precision    recall  f1-score   support

       0       0.25      0.17      0.20         6
       1       0.29      0.40      0.33         5
       2       0.00      0.00      0.00         7
       3       0.44      0.57      0.50         7
```

```
  micro avg       0.28      0.28      0.28        25
  macro avg       0.25      0.28      0.26        25
weighted avg      0.24      0.28      0.25        25
```

「真ラベル」は、テストデータの真ラベルのリストです。「予測ラベル」はテストデータに対して予測を行った結果です。また、「精度」には予測結果の正答率を示しています。

その次の行からが、この分類結果の評価指標のレポートです。この例の場合、全体（weighted avg[7]）では適合率 0.24、再現度 0.28 と F 値 0.25 となりました。なお、このプログラムでは、乱数を用いてデータセットを作成したので、実行するたびに結果は変わります。

この例題 7-2 では、乱数を用いて生成した特徴量とラベルとの間に、もともと内在的な関係がありません。したがって、予測結果について、評価指標の値がよくないのは、あたりまえです。しかし、それでも適合率が 0.24、再現率が 0.28 に達することができています。

つまり、この程度の性能しか得られない場合は、もともとのデータセットの特徴量とラベルの間に、ほとんど関連性がないと考えるほうがよいでしょう。

演 習 問 題

問題 7.1 例題 7-1 のプログラムを 10 回実行して、実行結果を確認してください。また、その結果について考察してください。

問題 7.2 例題 7-1 のプログラムについて、テストセットの割合のパラメータ test_size を 0.2, 0.4, 0.6, 0.8 に変更して、実行結果を確認してください。また、その結果について考察してください。

問題 7.3 例題 7-2 をもとに、以下の変更要求を実現するプログラムを作成してください。
処理対象のデータセットを scikit–learn にある digits データセットに変更する（なお、データセットにある属性データの取り出し方については、例題 7-1 を参照）。

---

[7] weighted avg は次のように計算されます。

$$\text{weighted avg} = \frac{\sum_i (\text{ラベル } i \text{ の指標値}) \times (\text{ラベル } i \text{ のサポートサンプル数})}{\sum_i (\text{ラベル } i \text{ のサポートサンプル数})}$$

MEMO

第8章

サポートベクトルマシン法による分類

第7章では、分類問題を定義したうえで、その解決法として単純ベイズ法について解説しました。本章でも引き続き分類問題を取り上げますが、ここではサポートベクトルマシン法について解説します。

まず簡単な例を用いて、サポートベクトルマシン法の基本的な考え方を説明します。そして、この基本的な考え方を数式で表し、数学的にその解を求めます。

さらに、基本問題を拡張して、カーネルという考え方を導入し、拡張問題について数学的にその解を求めます。これらの理論的な基礎を理解したうえで、機械学習ライブラリ scikit-learn にある svm モジュールを用いたプログラム実現を導入します。

最後にアイリス（Iris）データセットの分類問題について、プログラム例を示し、その作成法と実行結果を説明します。なお、本章の基本理論を理解するためには、数学の前提知識として、線形代数の高次元ベクトル表現、内積演算および微積分のラグランジュ乗数法の知識が必要となります。

8.1 基本的な考え方

前述のように、分類問題とは、データの性質や特徴にもとづき、与えられたデータのサンプルを所定の種類（カテゴリ、クラス）に分ける問題であり、機械学習では分類問題の解決手法として、まず訓練データを用いて分類器を構築します。そして、構築済みの分類器を使って、新しいデータサンプルがどの種類（カテゴリ、クラス）に属するかを予測します。

サポートベクトルマシン法の基本的な考え方を説明するために、表 8.1 に示す簡単なデータ例を用いることにします。

表 8.1 2 クラス事例集合のデータ

データ		クラス	
x1	x2	名称	値
1	2	負	-1
2	4	負	-1
3	4	負	-1
2	1	正	1
4	2	正	1
4	3	正	1

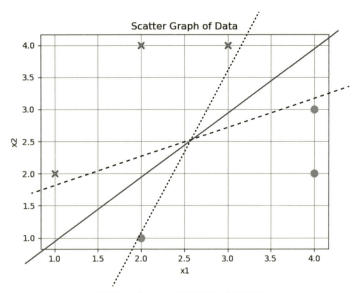

図 8.1 2 クラス事例集合の線形分離

 この表では、訓練データとして、正クラスと負クラスにそれぞれ 3 組のデータが与えられています。この問題には正と負の 2 クラスしかないので、分類問題としては最も簡単な問題です。また、今後の数値計算上の利便性のために、負クラスの値として−1、正クラスの値として 1 をそれぞれ用います。

 表 8.1 のデータを平面座標に描くと、図 8.1 のようになります。ただし、負クラスを「×」で、正クラスを「●」で示しています。

 このグラフをみると、正クラスの点の集まりと負クラスの点の集まりに分かれています。したがって、その分かれた中間領域に直線を通して、この直線より上の領域を

負クラスの領域とし、この直線より下の領域を正クラスの領域とすればよいのではないかと考えられます。つまり、この分類問題では、訓練データから、負クラスと正クラスを分ける分離直線を決めればよいというわけです。そうすれば、新たにデータが与えられたときに、そのデータが分離直線より上にあれば負クラス、そのデータが分離直線より下にあれば正クラスと予測できます。

　この分離直線を用いる手法が、サポートベクトルマシン法を適用しようとして最初に思いつくものです。このように直線を用いてクラスを分離できる分類問題は、**線形分離問題**と呼ばれます。しかし、図8.1からわかるように、中間領域を通す直線のパターンは数多く考えられます。さらに、点線の直線と破線の直線は、正クラスまたは負クラスの境界点に近いので、新たなデータに対する許容範囲が小さく、あまりよい分離直線とはいえないでしょう。正クラスおよび負クラスの両方に対してバランスのとれた許容範囲を提供できるのは、実線の直線のような、中間領域の中央を通るような分離直線がよいと考えられます。

　しかし、これで新たな問題が生まれてしまいます。どこが中間領域の中央でしょうか。そして、どのようにして、このような分離直線を決定できるのでしょうか。

　もし、図8.2のように、負クラスの正クラス側の境界点を直線で結び、正クラスの負クラス側の境界点を直線で結んでみたら、その2本の直線の間は中間領域となります。この2本の境界点を結んだ直線の中間を通るような直線を分離直線とすればよいではないでしょうか。

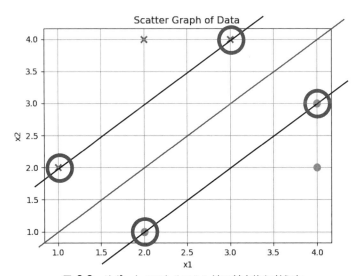

図8.2　サポートベクトルマシン法の基本的な考え方

これがサポートベクトルマシン法の2つ目のアイデアです。この境界点（○の点）を、**分離直線のサポートベクトル**と呼びます（これがサポートベクトルマシン法という名前の由来です）。

 次節では、ここで説明した基本的な考え方について数式を用いて表し、数学的に解を導出します。

8.2 2クラス線形分離問題のサポートベクトルマシン法のモデル

 サポートベクトルマシン法の基本的なアイデアは、分離直線を用いて正クラスの領域と負クラスの領域を分離することです。

 2次元空間なら、分離直線で正事例と負事例を分離できます。対して、3次元空間なら、分離直線が分離平面となります。

 一般的には、N次元のベクトル空間においては、分離平面が分離超平面となります。この分離超平面を、以下のような線形関数で表すことができます。

$$y = f(\mathbf{x}) = \mathbf{w}^\mathrm{T}\mathbf{x} - b = 0 \tag{8.1}$$

 ここで、$\mathbf{x} = (x_1, x_2, \ldots, x_N)$ は、N次元の事例ベクトル、$\mathbf{w} = (w_1, w_2, \ldots, w_N)$ は N次元の方向ベクトル、b は切片です。この場合は、$f(\mathbf{x}) = 0$ が分離超平面なので、事例ベクトル $\mathbf{x}$ が与えられたら、$f(\mathbf{x}) \geq 0$ ならば正クラス、$f(\mathbf{x}) < 0$ ならば負クラスに分類します。

 ただし、現時点では方向ベクトル $\mathbf{w}$ と切片 b は未決定なので、それを決めなければなりません。つまり、中間領域の中央を通るように直線を決めるというアイデアにもとづいて数式で表し、その最適解を計算します。

 さて、このサポートベクトルマシン法のモデルを用いて分類器を構築するために、与えられた訓練データにもとづき、式 (8.1) の方向ベクトル $\mathbf{w}$ と切片 b を決定します。このとき、分類超平面は $f(\mathbf{x}) = \mathbf{w}^\mathrm{T}\mathbf{x} - b$ によって与えられますが、より明確に中間領域を表し、余裕をもって分類器を訓練するために、訓練データの正クラス事例 $\{y_i = 1 \text{ における } \mathbf{x}_i\}$ については

$$\mathbf{w}^\mathrm{T}\mathbf{x}_i - b \geq 1$$

とします。同様に、訓練データの負クラス事例 $\{y_i = -1 \text{ における } \mathbf{x}_i\}$ については、

$$\mathbf{w}^\mathrm{T}\mathbf{x}_i - b \leq 1$$

とします。

この 2 つのケースを、以下の 1 つの式にまとめることができます。

$$y_i(\mathbf{w}^\mathrm{T}\mathbf{x}_i - b) - 1 \geq 0$$

また、境界点にあるサポートベクトル $\{y_s, \mathbf{x}_s\}$ については、以下のように等式が成り立ちます。

$$y_s(\mathbf{w}^\mathrm{T}\mathbf{x}_s - b) - 1 = 0$$

正クラスのサポートベクトル $\mathbf{x}^+$ については、

$$\mathbf{w}^\mathrm{T}\mathbf{x}^+ - b = 1 \tag{8.2}$$

が成り立ちます。このサポートベクトル $\mathbf{x}^+$ から分離超平面に垂直に到達した点を $\mathbf{x}^{+*}$ とすると、

$$\mathbf{w}^\mathrm{T}\mathbf{x}^{+*} - b = 0 \tag{8.3}$$

が成り立ちます。式 (8.2) から式 (8.3) を引くと、

$$(\mathbf{w}^\mathrm{T}\mathbf{x}^+ - b) - (\mathbf{w}^\mathrm{T}\mathbf{x}^{+*} - b) = \mathbf{w}^\mathrm{T}(\mathbf{x}^+ - \mathbf{x}^{+*}) = 1$$

つまり、

$$|\mathbf{w}^\mathrm{T}(\mathbf{x}^+ - \mathbf{x}^{+*})|^2 = |\mathbf{w}|^2 |(\mathbf{x}^+ - \mathbf{x}^{+*})|^2 = 1$$

となります。これにより、$\mathbf{x}^+$ と $\mathbf{x}^{+*}$ の、2 点の距離の 2 乗は以下のように計算できます。

$$|\mathbf{x}^+ - \mathbf{x}^*|^2 = \frac{1}{|\mathbf{w}|^2} \tag{8.4}$$

この距離のことを、**マージン**と呼びます。一方、負クラスのサポートベクトル $\mathbf{x}^-$ については、

$$\mathbf{w}^\mathrm{T}\mathbf{x}^- - b = -1$$

が成り立ちます。このサポートベクトル $\mathbf{x}^-$ から分離超平面に垂直に到達した点を $\mathbf{x}^{-*}$ とすると、

$$\mathbf{w}^\mathrm{T}\mathbf{x}^{-*} - b = 0$$

が成り立ちます。式 (8.2) から式 (8.3) を引くと、

$$(\mathbf{w}^T\mathbf{x}^- - b) - (\mathbf{w}^T\mathbf{x}^{-*} - b) = \mathbf{w}^T(\mathbf{x}^- - \mathbf{x}^{-*}) = -1$$

つまり、

$$|\mathbf{w}^T(\mathbf{x}^- - \mathbf{x}^{-*})|^2 = |\mathbf{w}|^2|(\mathbf{x}^- - \mathbf{x}^{-*})|^2 = 1$$

となります。これにより、$\mathbf{x}^-$ と $\mathbf{x}^{-*}$ の2点の、距離の2乗は次のように計算できます。

$$|\mathbf{x}^- - \mathbf{x}^{-*}|^2 = \frac{1}{|\mathbf{w}|^2} \tag{8.5}$$

この結果からわかるように、分離超平面が中間領域の中央を通るならば、負クラスのマージンと正クラスのマージンは等しくなります。そして、式 (8.4) と式 (8.5) の合計は以下のようになります。

$$M = |\mathbf{x}^+ - \mathbf{x}^*|^2 + |\mathbf{x}^- - \mathbf{x}^{-*}|^2 = \frac{2}{|\mathbf{w}|^2}$$

さらに、このマージンを最大化することで、分類問題の最適解を求めます。しかし、この式をみると、$|\mathbf{x}^+ - \mathbf{x}^*|^2$ を最大化することは $\frac{|\mathbf{w}|^2}{2}$ を最小化することと等価なので、これからは、$\frac{|\mathbf{w}|^2}{2}$ を目的関数とします。

ここまでの話をまとめると、2クラス線形分離問題のサポートベクトルマシン法の最適化問題は制約条件

$$y_i(\mathbf{w}^T\mathbf{x}_i - b) - 1 \geq 0$$

のもとで、目的関数

$$J = \frac{|\mathbf{w}|^2}{2}$$

を最小化するものといえます。

8.3 サポートベクトルマシン法のモデルの最適解

8.3.1 サポートベクトルマシン法のモデルにおける最適解の導出

前節でまとめた最適化問題を解いていきましょう。この計算は、**ラグランジュ乗数法**と呼ばれる計算法を用いれば解くことができます。まずラグランジュ乗数 $\alpha_i \geq 0$ を導入して、以下のようなラグランジュ関数と呼ばれるものをつくります。

$$L(w, b, \alpha) = \frac{|\mathbf{w}|^2}{2} - \sum_i \alpha_i y_i (\mathbf{w}^T \mathbf{x}_i - b) - 1 \tag{8.6}$$

式 (8.6) を方向ベクトル $\mathbf{w}$、切片 b について、それぞれ偏微分して 0 とおけば、次の 2 つの式が得られます。

$$\begin{cases} \dfrac{\partial L}{\partial \mathbf{w}} = \mathbf{w} - \sum_i \alpha_i y_i \mathbf{x}_i = 0 & (8.7) \\[2mm] \dfrac{\partial L}{\partial b} = \sum_i \alpha_i y_i = 0 & (8.8) \end{cases}$$

式 (8.7) から、方向ベクトル $\mathbf{w}$ の最適解が得られます。

$$\mathbf{w}^* = \sum_i \alpha_i y_i \mathbf{x}_i \tag{8.9}$$

そして、式 (8.8) から、次の条件式が得られます。

$$\sum_i \alpha_i y_i = 0 \tag{8.10}$$

式 (8.9) の $\mathbf{w}^*$ を式 (8.1) に代入すれば、次のように分離超平面が求まります。

$$\begin{aligned} f(\mathbf{x}) &= \mathbf{w}^{*T} \mathbf{x} - b \\ &= \sum_i \alpha_i y_i \mathbf{x}_i^T \mathbf{x} - b = 0 \end{aligned}$$

さらに、式 (8.9) の $\mathbf{w}^*$ を式 (8.6) に代入すれば、式 (8.6) は次のようになります。

$$L(\mathbf{w}^*, b, \alpha) = \frac{1}{2}\left(\left(\sum_i \alpha_i y_i \mathbf{x}_i\right)^{\mathrm{T}}\left(\sum_j \alpha_j y_j \mathbf{x}_j\right)\right)$$
$$-\sum_i \alpha_i y_i \left(\left(\sum_j \alpha_j y_j \mathbf{x}_j\right)^{\mathrm{T}} \mathbf{x}_i - b\right)$$
$$= \frac{1}{2}\left(\sum_i \sum_j \alpha_i \alpha_j y_i y_j \mathbf{x}_i^{\mathrm{T}} \mathbf{x}_j\right)$$
$$-\sum_i \sum_j \alpha_i \alpha_j y_i y_j \mathbf{x}_i^{\mathrm{T}} \mathbf{x}_j - b \sum_i \alpha_i y_i$$
$$+\sum_i \alpha_i$$

ここで、式 (8.10) を代入すると、式 (8.6) は以下のように簡略化できます。

$$L(\mathbf{w}^*, b, \alpha) = -\frac{1}{2}\left(\left(\sum_i \alpha_i y_i \mathbf{x}_i\right)^{\mathrm{T}}\left(\sum_j \alpha_j y_j \mathbf{x}_j\right)\right) + \sum_i \alpha_i$$
$$= -\frac{1}{2}\left(\sum_i \sum_j \alpha_i \alpha_j y_i y_j \mathbf{x}_i^{\mathrm{T}} \mathbf{x}_j\right) + \sum_i \alpha_i$$

次に、このラグランジュ関数が最大となるラグランジュ乗数 $\alpha = (\alpha_1, \alpha_2, \ldots, \alpha_N)$ を求めます。したがって、この式をラグランジュ乗数の各成分 $\alpha_i (i = 1, 2, \ldots, N)$ で偏微分して 0 とおくと、次式が得られます。

$$\frac{\partial L(\mathbf{w}^*, b, \alpha)}{\partial \alpha_i} = -\alpha_i y_i y_i \mathbf{x}_i^{\mathrm{T}} \mathbf{x}_i - \frac{1}{2}\sum_{j \neq i} \alpha_j y_i y_j \mathbf{x}_i^{\mathrm{T}} \mathbf{x}_j + 1 = 0$$

上式を変形すると、次式のようになります。

$$2\alpha_i y_i y_i \mathbf{x}_i^{\mathrm{T}} \mathbf{x}_i + \sum_{j=1, j \neq i}^{N} \alpha_j y_i y_j \mathbf{x}_i^{\mathrm{T}} \mathbf{x}_j = 2 \quad (i = 1, 2, \ldots, N)$$

ただし、式 (8.10) の条件があるので、$i = N$ 番目の式として用います。

この式は、ラグランジュ乗数の各成分 α_i に関する線形連立 1 次方程式となるので、簡単なものならば手計算で、難しいものでもコンピュータに計算させて解くことができます。そして、ここで算出したラグランジュ乗数 α を式 (8.9) に代入すれば、最適な方向ベクトルを算出できます。

また、サポートベクトルの任意の 1 つ $\{y_s, \mathbf{x}_s\}$ について、次式が成り立ち

ます。
$$y_s(\mathbf{w}^*\mathbf{x}_s - b) - 1 = 0$$

この式から、切片 b を次のように算出できます。
$$b = \frac{1}{y_s}(y_s\mathbf{w}^*\mathbf{x}_s - 1) = \mathbf{w}^*\mathbf{x}_s - y_s$$

ここで $\frac{1}{y_s} = y_s$ を用いました。ただし、通常は数値的な安定性の観点から、以下のすべてのサポートベクトルから算出した結果の平均値を用います。
$$b = \frac{1}{N_s}\sum_s(\mathbf{w}^*\mathbf{x}_s - y_s) \tag{8.11}$$

8.3.2 サポートベクトルマシン法のモデルにおける最適解の計算例

さて、前述の具体例を用いてその計算法を示します。手計算では大変面倒なので、数値計算とグラフ表示を行う Python のプログラムを作成します。

例題 8-1

以下の仕様要求を実現するプログラムを作成してください。

仕様要求
表 8.1 のデータを訓練データとして用いる。SVM モデルにしたがって、正クラス事例と負クラス事例を分離する最適な直線を求めよ。

</> 作成

VSCode のエディタ画面でリスト 8.1 のソースコードを入力し、python3user フォルダ内の DMandML フォルダにファイル名 ch8ex1.py をつけて保存します。

リスト 8.1 ch8ex1.py

```
1:  # サポートベクトルマシン法の分離直線を求める
2:  import numpy as np
3:  from matplotlib import pyplot as plt
```

```
  4:
  5:    # データを用意
  6:    xx = np.array([
  7:    [1, 2],
  8:    [2, 4],
  9:    [3, 4],
 10:    [2, 1],
 11:    [4, 2],
 12:    [4, 3],
 13:    ])
 14:    y = np.array([-1, -1, -1, 1, 1, 1])
 15:
 16:    # 最適方向ベクトルを計算する
 17:    nn = 6
 18:    coef = np.empty([nn, nn])
 19:    for i in range(nn - 1):
 20:        for j in range(nn):
 21:            if i == j:
 22:                coef[i, j] = 2 * y[i] * y[j] * np.dot(xx[i], xx[j])
 23:            else:
 24:                coef[i, j] = y[i] * y[j] * np.dot(xx[i], xx[j])
 25:    for j in range(nn):
 26:        coef[nn - 1, j] = y[j]
 27:    d = np.array([2, 2, 2, 2, 2, 0])
 28:    alpha = np.linalg.solve(coef, d)
 29:    for i in range(nn):
 30:        print("alpha" + str(i) + "=", alpha[i])
 31:    mm = 2
 32:    wstar = np.empty(mm)
 33:    for m in range(mm):
 34:        wstar[m] = 0
 35:        for i in range(nn):
 36:            wstar[m] += alpha[i] * y[i] * xx[i, m]
 37:        print("wstar" + str(m) + "=", wstar[m])
 38:
 39:    # 切片を計算する
 40:    xs = np.array([
 41:    [1, 2],
 42:    [3, 4],
 43:    [2, 1],
 44:    [4, 3],
 45:    ])
 46:    ys = np.array([-1, -1, 1, 1])
```

8.3 サポートベクトルマシン法のモデルの最適解　191

```
47:  bs = ys - np.dot(wstar, xs.T)
48:  b = bs.mean()
49:  print("b=", b)
50:
51:  # 訓練データと分離直線のグラフを描く
52:  xx1 = xx[y == -1]
53:  xx2 = xx[y == 1]
54:  pdata1 = np.array(xx1)
55:  pdata2 = np.array(xx2)
56:  plt.scatter(pdata1[:, 0], pdata1[:, 1], marker="x", s=60, linewidth="2",
     label="Negative Class")
57:  plt.scatter(pdata2[:, 0], pdata2[:, 1], marker="o", s=60, linewidth="2",
     label="Positive Class")
58:  kk = 6
59:  x1 = np.empty(kk)
60:  x2 = np.empty(kk)
61:  for i in range(kk):
62:      x1[i] = i
63:      x2[i] = -(wstar[0] * x1[i] - b) / wstar[1]
64:
65:  plt.title("SVM Result of Training Data")
66:  plt.xlabel("x1")
67:  plt.ylabel("x2")
68:  plt.grid()
69:  plt.plot(x1, x2, marker=".")
70:  plt.legend()
71:  plt.show()
```

解説

- **2:** numpy を読み込んで、np とします。
- **3:** matplotlib から pyplot を読み込んで、plt とします。
- **6〜13:** 事例のベクトルデータを用意します。
- **17〜26:** alpha を求める連立 1 次方程式の係数を計算します。
- **18〜24:** 1 番目から N−1 番目の方程式の係数を計算します。
- **21〜22:** i=j のときの係数を計算します。
- **23〜24:** i≠j のときの係数を計算します。
- **25〜26:** i=N 番目の方程式の係数を計算します。
- **27:** 連立 1 次方程式の定数項を代入します。
- **28:** numpy の線形代数ライブラリの solve() 関数を呼び出して、連立 1 次方程式を解きます。その答えを alpha に代入します。

29〜30: alpha の値を表示します。
32〜37: 最適方向ベクトル $\mathbf{w}^*$ を計算します。
40〜49: 切片 b を計算します。
40〜45: サポートベクトルのデータを用意します。
47: 各サポートベクトルから切片を計算して、bs に入れます。
48: bs の平均値を切片 b とします。
52〜57: 正クラス事例と負クラス事例のグラフを作成します。
52〜55: 正クラス事例と負クラス事例のデータを用意します。
56: 負クラス事例の散布図を描きます。
57: 正クラス事例の散布図を描きます。
59〜70: 分離直線のグラフを作成します。
59〜63: 分離直線のデータを用意します。
65: タイトルを作成します。
66: 横軸のラベル x1 を作成します。
67: 縦軸のラベル x2 を作成します。
68: 目盛を作成します。
69: 分離直線を描きます。
70: 凡例を作成します。
71: グラフを表示します。

▶ 実行

VSCode のターミナル画面から以下のように実行します。

```
> python ch8ex1.py
```

結果は以下のとおりです(説明のために行番号をつけています)。

```
1:  alpha0= 0.3055555555555555
2:  alpha1= 0.05277777777777779
3:  alpha2= 0.06111111111111114
4:  alpha3= 0.3055555555555556
5:  alpha4= 0.05277777777777774
6:  alpha5= 0.06111111111111121
7:  wstar0= 0.47222222222222243
8:  wstar1= -0.47222222222222193
9:  b= -1.27675647831893e-15
```

1〜6 行目は、ラグランジュ乗数 alpha ($= \alpha$) の計算結果です。7〜8 行目は、分離

図 8.3 サポートベクトルマシン法による分離直線の計算結果

直線の最適方向ベクトルの計算結果を示しています。9 行目は、分離直線の切片 b の計算結果です。また、別ウィンドウでは正クラス事例、負クラス事例、分離直線を示したグラフが表示されます（図 8.3）。

8.4 カーネル法による非線形サポートベクトルマシンモデル

8.4.1 カーネル法の考え方

前節では、サポートベクトルマシン法の基本的な考え方について具体例を用いて説明しましたが、もともと座標空間において分離可能なクラスの事例集合を前提条件としていました。しかし、いつも最初から分離可能な事例集合が与えられるわけではありません。そのような場合は、どのようにしてサポートベクトルマシン法の考え方を適用できるのでしょうか。

図 8.4 に簡単な例を示します。この例では、正クラスの事例も負クラスの事例も円周に沿って分布しています。人間がみれば、正クラスと負クラスの違いは円の半径であるということがわかります。しかし、前述のサポートベクトルマシン法の基本問題と違って、直線によって正クラスの事例集合と負クラスの事例集合を分離することはできません。

このような問題に対処するために、**カーネル**という手法が考え出されました。カーネルの概念を正確に説明する前に、まず具体例を用いてその考え方を説明します。

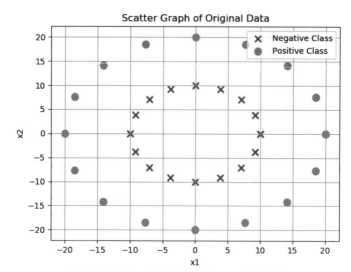

図 8.4　直線で分離できない 2 クラス事例集合

　数学の座標変換を用いると、新しい座標空間をつくることができます。そうすれば、もとの座標空間では線形分離できない 2 クラス事例集合が、新しい座標空間では線形分離できるようになることがあります。

　それでは、どのような座標変換を用いればよいのか、ここで一例を示しておきます。図 8.4 にある $x_1 \sim x_2$ の座標空間を、以下の変換式を用いて $y_1 \sim y_2$ の座標空間に変換します。

$$\begin{cases} y_1 &= \exp(-\gamma(x_1{}^2 + x_2{}^2)) \\ y_2 &= \dfrac{1}{\pi} \arctan\left(\dfrac{x_2}{x_1}\right) \end{cases} \tag{8.12}$$

ここで、γ は正の定数です。

　この座標変換を用いて、図 8.4 の $x_1 \sim x_2$ 座標空間の事例データを、新しい $y_1 \sim y_2$ 座標空間に変換し、その結果をグラフで表示します。これも手計算では大変面倒なので、Python のプログラムを作成し、データの座標変換とグラフ表示を実現します。

例題 8-2

以下の仕様要求を実現するプログラムを作成してください。

仕様要求

1. 座標変換前の事例データ：
   負クラス事例：半径=10 の円周を 0 から 16 等分割した点
   正クラス事例：半径=20 の円周を 0 から 16 等分割した点
   このデータ集合のグラフを作成する。
2. 与えられた事例に対して、式 (8.12) を用いて、座標変換を行う。
3. 座標変換後のデータ集合のグラフを作成する。

</> 作成

VSCode のエディタ画面でリスト 8.2 のソースコードを入力し、python3user フォルダ内の DMandML フォルダにファイル名 ch8ex2.py をつけて保存します。

リスト 8.2　ch8ex2.py

```python
# データ集合の座標変換、変換前と変換後の散布図
import numpy as np
from matplotlib import pyplot as plt

# データを生成
nn = 17
r1 = 10
r2 = 20
sita = np.linspace(0, 360, nn) / 180.0 * np.pi
xx1 = np.empty([nn, 2])
xx2 = np.empty([nn, 2])
xx1[:, 0] = r1 * np.cos(sita)
xx1[:, 1] = r1 * np.sin(sita)
xx2[:, 0] = r2 * np.cos(sita)
xx2[:, 1] = r2 * np.sin(sita)

# 散布図を描く
plt.figure(1)
plt.title("Scatter Graph of Original Data")
plt.xlabel("x1")
plt.ylabel("x2")
```

第 8 章　サポートベクトルマシン法による分類

```
22:  plt.grid()
23:  plt.scatter(xx1[:, 0], xx1[:, 1], marker="x", s=60, linewidth="2",
     label="Negative Class")
24:  plt.scatter(xx2[:, 0], xx2[:, 1], marker="o", s=60, linewidth="2",
     label="Positive Class")
25:  plt.legend()
26:  plt.show()
27:
28:  # データを変換
29:  s = 1.0e-3
30:  yy1 = np.empty(np.shape(xx1))
31:  yy2 = np.empty(np.shape(xx2))
32:  yy1[:, 0] = np.exp(-s * (xx1[:, 0] * xx1[:, 0] + xx1[:, 1] * xx1[:, 1]))
33:  yy1[:, 1] = np.arctan(xx1[:, 1] / xx1[:, 0]) / np.pi
34:  yy2[:, 0] = np.exp(-s * (xx2[:, 0] * xx2[:, 0] + xx2[:, 1] * xx2[:, 1]))
35:  yy2[:, 1] = np.arctan(xx2[:, 1] / xx2[:, 0]) / np.pi
36:
37:  # 散布図を描く
38:  plt.figure(2)
39:  plt.title("Scatter Graph of Transformed Data")
40:  plt.xlabel("y1")
41:  plt.ylabel("y2")
42:  plt.grid()
43:  plt.scatter(yy1[:, 0], yy1[:, 1], marker="x", s=60, linewidth="2",
     label="Negative Class")
44:  plt.scatter(yy2[:, 0], yy2[:, 1], marker="o", s=60, linewidth="2",
     label="Positive Class")
45:  plt.legend()
46:  plt.show()
```

解説

- **2:** numpy を読み込んで、np とします。
- **3:** matplotlib.pyplot を読み込んで、plt とします。
- **6〜15:** 事例のベクトルデータを用意します。
- **6:** 円周上のデータ数 nn を設定します。
- **7:** 内側の円周の半径を設定します。
- **8:** 外側の円周の半径を設定します。
- **9:** 1 回分の円周角を算出します。
- **10:** 負クラス事例（内側円周）の座標を入れる配列を用意します。
- **11:** 正クラス事例（外側円周）の座標を入れる配列を用意します。

- **12:** 負クラス事例（内側円周）の座標を算出します。
- **14:** 正クラス事例（外側円周）の座標を算出します。
- **18〜26:** 座標変換前のデータのグラフを作成して表示します。
- **18:** グラフ figure1 をつくります。
- **19:** タイトルを作成します。
- **20:** 横軸のラベル x1 を作成します。
- **21:** 縦軸のラベル x2 を作成します。
- **22:** 目盛を作成します。
- **23:** 負例（内側の円周）を描きます。
- **24:** 正例（外側の円周）を描きます。
- **25:** 凡例を作成します。
- **26:** グラフを表示します。
- **29〜35:** 座標変換を行います。
- **29:** パラメータ s の値を設定します。
- **30:** 負クラス事例の座標を変換して入れる配列を用意します。
- **31:** 正クラス事例の座標を変換して入れる配列を用意します。
- **32:** 負クラス事例の座標を変換します。
- **34:** 正クラス事例の座標を変換します。
- **38〜46:** 座標変換後のデータのグラフを作成して表示します。
- **38:** グラフ figure2 をつくります。
- **39:** タイトルを作成します。
- **40:** 横軸のラベル y1 を作成します。
- **41:** 縦軸のラベル y2 を作成します。
- **42:** 目盛を作成します。
- **43:** 座標変換後の負クラス事例を描きます。
- **44:** 座標変換後の正クラス事例を描きます。
- **45:** 凡例を作成します。
- **46:** グラフを表示します。

▶ 実行

VSCode のターミナル画面から次のように実行します。

```
> python ch8ex2.py
```

以上により、別ウィンドウが開いて、図 8.4 の座標変換前のグラフと図 8.5 の座標変換後のグラフが表示されます。図 8.5 のグラフをみると、明らかに線形分離可能な 2 クラス事例集合になっていることがわかります。

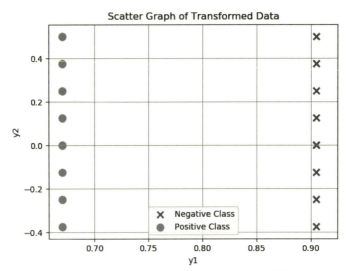

図 8.5　座標変換後の正クラス事例と負クラス事例

8.4.2　カーネルトリック

　カーネル法についてもう少し理論的に整理しておきましょう。前述のように、線形分類問題では、分離超平面が次式によって与えられます。

$$f(\mathbf{x}) = \sum_i \alpha_i y_i \mathbf{x}_i^{\mathrm{T}} \mathbf{x} - b = 0 \tag{8.13}$$

ここで、$\mathbf{x}_i^{\mathrm{T}}\mathbf{x}$ は、訓練データ $\mathbf{x}_i$ の事例ベクトルと分類したい事例 $\mathbf{x}$ の内積を表しています。

　関数 $\varphi(\mathbf{x})$ を導入して座標変換を行い、内積 $\mathbf{x}_i^{\mathrm{T}}\mathbf{x}$ のかわりに、関数

$$K(\mathbf{x}_i, \mathbf{x}) = \varphi(\mathbf{x}_i)^{\mathrm{T}} \varphi(\mathbf{x})$$

を用いることにします。ここで関数 $K(\mathbf{x}_i, \mathbf{x})$ のことを**カーネル関数**と呼びます。これにより、正クラス事例と負クラス事例の分離面が、平面ではなく、高次元の曲面になります。

　カーネル関数を用いて、式 (8.13) の分離超平面は次式で表現されます。

$$f(\mathbf{x}) = \sum_i \alpha_i y_i K(\mathbf{x}_i, \mathbf{x}) - b = 0$$

次に、よく使われるカーネル関数を示します。

(1) 線形カーネル

$$K(\mathbf{x}_i, \mathbf{x}) = \mathbf{x}_i{}^\mathrm{T}\mathbf{x}$$

(2) 多項式カーネル

$$K(\mathbf{x}_i, \mathbf{x}) = (a\mathbf{x}_i{}^\mathrm{T}\mathbf{x} + c)^d$$

この a はスケール係数、c はオフセットと呼ばれるものです。d はべき乗パラメータと呼ばれるものです。$a=1, c=0, d=1$ の場合は、(1) の線形カーネルと同じになります。

(3) 動径基底関数カーネル[*1]

$$K(\mathbf{x}_i, \mathbf{x}) = \exp(-\gamma|\mathbf{x} - \mathbf{x}_i|^2) \quad (\gamma > 0)$$

ここで $|\mathbf{x} - \mathbf{x}_i|^2$ は、ベクトル $\mathbf{x}_i$ がベクトル $\mathbf{x}$ からの距離の 2 乗です。

(4) シグモイドカーネル[*2]

$$K(\mathbf{x}_i, \mathbf{x}) = \tanh(a\mathbf{x}_i{}^\mathrm{T}\mathbf{x} + c)$$

この a はスケール係数で、c はオフセットです。

8.5 scikit-learn によるサポートベクトルマシン法のプログラム実現

サポートベクトルマシン法は、scikit-learn ライブラリの svm モジュールの SVC クラスで実現できます。以下では、このクラスの呼び出し方、パラメータの指定の方法について解説します。

まず、以下のようにモジュールを読み込みます。

```
from sklearn import svm
```

そして、次のように SVC クラスを呼び出して、オブジェクトを生成します。

[*1] RBF (Radial Basis Function) カーネル、ラジアル基底関数カーネルとも呼ばれます。また、ガウシアン関数を用いることから、ガウシアンカーネルとも呼ばれます。
[*2] 多層パーセプトロンカーネルとも呼ばれます。また、双曲正切関数を用いることから、双曲正切カーネルとも呼ばれます。

```
model = svm.SVC(引数)
```

主な引数は次のとおりです。

- C：ペナルティパラメータ[*3]（デフォルト値=1.0）
- kernel：以下の選択肢からカーネルを指定する（デフォルトは RBF）
  - linear：線形カーネル
  - ploy：多項式カーネル
  - rbf：RBF カーネルあるいは Guass カーネル
  - sigmoid：シグモイドカーネル
- gamma: カーネルを ploy、rbf または sigmoid と指定したときの係数

このクラスで定義されている主なメソッドは次のとおりです。

- fit(Xdata, Xlabel)：Xdata、そのラベル Xlabel と、ペアで与えられたデータ集合を用いて、モデルの訓練を行う
- predict(Ydata)：テストデータ Ydata に対して、各データサンプルが属するクラスを求める
- score(Ydata, Ylabel)：テストデータ Ydata の予測結果と真ラベル Ylable と比較して、平均精度を算出する

8.6　サポートベクトルマシン法のプログラム例

例題 8-3

以下の仕様要求を実現するプログラムを作成してください。

仕様要求
サポートベクトルマシン法を用いて、Iris データセットから与えられたデータ集合に対して分類を行い、その分類結果について評価する。

</> 作成

　VSCode のエディタ画面でリスト 8.3 のソースコードを入力し、python3user フォルダ内の DMandML フォルダにファイル名 ch8ex3.py をつけて保存します。

[*3]　コストパラメータとも呼ばれます。

リスト 8.3　ch8ex3.py

```python
 1: # SVM法による分類（Irisデータセット）
 2: from sklearn import datasets
 3: from sklearn import model_selection
 4: from sklearn import svm
 5: from sklearn import metrics
 6:
 7: # データを取得
 8: iris = datasets.load_iris()
 9: data_train, data_test, label_train, label_test =
    model_selection.train_test_split(iris['data'], iris['target'],
    test_size=0.25)
10:
11: # モデルを作成
12: # ペナルティパラメータ
13: C = 1000
14: # RBFカーネルのパラメータ
15: gamma = 10
16: model = svm.SVC(C=C, gamma=gamma)
17: model.fit(data_train, label_train)
18:
19: # データを分類
20: label_train_pred = model.predict(data_train)
21: label_test_pred = model.predict(data_test)
22:
23: # 分類結果の評価
24: print("訓練データによる評価:")
25: print("精度 =", metrics.accuracy_score(label_train, label_train_pred))
26: print(metrics.classification_report(label_train, label_train_pred,
    target_names=iris['target_names']))
27: print("テストデータによる評価:")
28: print("精度 =", metrics.accuracy_score(label_test, label_test_pred))
29: print(metrics.classification_report(label_test, label_test_pred,
    target_names=iris['target_names']))
```

解説

- **2:** sklearn から datasets を読み込みます。
- **3:** sklearn から model_selection を読み込みます。
- **4:** sklearn から metrics を読み込みます。
- **5:** sklearn から svm を読み込みます。

- 8: Iris データセットを datasets からロードします。
- 9: model_selection の train_test_split() 関数を用いて、Iris データセットを訓練データとテストデータに分割します。
- 13: ペナルティパラメータ C を設定します。
- 15: RBF カーネルの gamma を設定します。
- 16: モデルを作成します（デフォルトの RBF カーネルを使用）。
- 17: 訓練データを使って、サポートベクトルマシン法の model を構築します。
- 20: model の predict() メソッドを使って、訓練データのラベルを予測し、結果を label_train_pred に代入します。
- 21: model の predict() メソッドを使って、テストデータのラベルを予測し、結果を label_test_pred に代入します。
- 24〜29: モデルを評価します。
- 25: 訓練データの予測結果から予測精度を算出して表示します。
- 26: 訓練データの予測結果からモデル評価レポートを作成して表示します。
- 28: テストデータの予測結果から予測精度を算出して表示します。
- 29: テストデータの予測結果からモデル評価レポートを作成して表示します。

▶ 実行

VSCode のターミナル画面から以下のように実行します。

```
> python ch8ex3.py
訓練データによる評価:
精度 = 1.0
              precision    recall  f1-score   support

      setosa       1.00      1.00      1.00        34
  versicolor       1.00      1.00      1.00        38
   virginica       1.00      1.00      1.00        40

   micro avg       1.00      1.00      1.00       112
   macro avg       1.00      1.00      1.00       112
weighted avg       1.00      1.00      1.00       112

テストデータによる評価:
精度 = 0.8947368421052632
              precision    recall  f1-score   support

      setosa       1.00      0.75      0.86        16
  versicolor       1.00      1.00      1.00        12
   virginica       0.71      1.00      0.83        10
```

```
   micro avg       0.89      0.89      0.89        38
   macro avg       0.90      0.92      0.90        38
weighted avg       0.92      0.89      0.90        38
```

　前半の表示は訓練データの予測精度と評価レポートの結果です。結果をみると、訓練データの予測精度は 100% を達成しています。また、全体では適合率 1.00、再現率 1.00、F 値 1.00 となりました。

　後半の表示はテストデータの予測精度と評価レポートの結果です。結果をみると、テストデータの予測精度は 97% を達成しています。

　また、全体では適合率 0.92、再現率 0.89、F 値 0.90 となりました。

演 習 問 題

問題 8.1　例題 8-3 のプログラムを 10 回実行して、実行結果を確認してください。また、その結果について考察してください。

問題 8.2　例題 8-3 のプログラムについて、テストセットの割合のパラメータ test_size を 0.2, 0.4, 0.6, 0.8 に変更して、実行結果を確認してください。また、その結果について考察してください。

問題 8.3　例題 8-3 のプログラムについて、ペナルティパラメータ C を 1, 10, 100, 1000 に変更して、実行結果を確認してください。また、その結果について考察してください。

問題 8.4　例題 8-3 をもとに、以下の変更要求を実現するプログラムを作成してください。

処理対象のデータセットを scikit-learn にある digits データセットに変更する（なお、データセットにある属性データの取り出し方については、例題 7-1 を参照）。

MEMO

第9章

時系列数値データの予測

　第 4 章から第 8 章までで、機械学習の各種の基本的な処理手法について説明しました。

　本章からは、3 つの異なる処理対象を新しい切り口にして、より実践的な問題を取り上げていきます。第 9 章と第 10 章では時系列数値データの処理、第 11 章と第 12 章ではテキストデータの処理、第 13 章と第 14 章では、画像データの処理を取り上げます。

　これまでのプログラムと比べると、プログラムのソースコードは少し長くなり、解説も少し分量が増えます。したがって、それぞれの処理対象について、準備の章と実践の章に分けて説明を構成しています。

　まず本章では、時系列数値データとは何か、相関係数、時系列数値データの予測問題と評価指標、線形回帰モデルによる予測問題の解決法の順に説明していきます。そのうえで、Python によるプログラム実現と時系列予測問題のプログラム例をあげ、その作成方法と実行結果を示します。

9.1　時系列数値データ

　まずは、処理対象の時系列数値データについて説明します。**時系列データ**とは、一連の時間の変化の中で順番に測定または取得したデータのことです。より詳細にいうと、時系列データには時系列数値データと時系列テキストデータの 2 種類があります。

　そして、日ごろ使われている時系列データという言葉は、ほとんどの場合、一連の時間と数値のペアの形で記録された数値データを指すので、**時系列数値データ**と呼ぶべきです。このようなものは、1 年ごとの GDP、1 か月ごとの政党支持率、1 日ごとの為替や株価、数時間ごとの天気（気温、風速、降雨量）などのように、われわれの周辺のどこにも存在します。

　気温データを一例として、時系列数値データについてより具体的に確認してみましょう。いま気象庁が提供する過去の気象データ・ダウンロード[*1]サービスを利用

---

*1　http://www.data.jma.go.jp/gmd/risk/obsdl/index.php（2019 年 7 月現在）

表 9.1 東京の日別平均気温データ TokyoTemp20082017.csv の先頭部分

Date	Temp(C)
2008/1/1	6
2008/1/2	6.2
2008/1/3	5.9
2008/1/4	7
2008/1/5	6
2008/1/6	7.5
2008/1/7	8.4
2008/1/8	9.7
2008/1/9	10.4
2008/1/10	9
2008/1/11	9.3
2008/1/12	6.9
2008/1/13	4.8
2008/1/14	4
2008/1/15	5.4
2008/1/16	5.9

して、東京地点における 2008 年から過去 10 年間の日平均気温を取得しました。取得したデータをファイル TokyoTemp20082017.csv に保管して、これからのプログラム例において、データセットとして利用することにします。表 9.1 にこのデータセットの先頭 16 組のデータを示します。

この表で、1 列目は時間（この例では年月日）で、2 列目は気温（この例では実数：小数点付き数値）を表します。全体としては時間と気温のペアの形の系列になっています。特に注意するポイントとして、時系列データの場合は、順番が大事で、その順番を変えてはならないということがあります。

9.2　相関係数

時系列間の相関関係は、数学的に相関係数によって数値化できます。一般的に、2 つの時系列 $\boldsymbol{x} = \{x(n)\}(n = 1, 2, \ldots, N)$ と $\boldsymbol{y} = \{y(n)\}(n = 1, 2, \ldots, N)$ が与えられたら、その**相関係数**（correlation coefficient）は以下のように定義されます。

$$r = \frac{\displaystyle\sum_{n=1}^{N}(x(n)-\overline{x})(y(n)-\overline{y})}{\sqrt{\displaystyle\sum_{n=1}^{N}(x(n)-\overline{x})^2}\sqrt{\displaystyle\sum_{n=1}^{N}(y(n)-\overline{y})^2}}$$

ただし、$\overline{x}$ は時系列 x の平均値を表し、$\overline{y}$ は時系列 y の平均値を表します。また、時系列 y が時系列 x と同じ場合は、相関係数 $r = 1$ となります。

実際の問題において、時系列 y のかわりに時系列 x の m 時間単位シフトしたものを用いて、次の式のように自分自身の過去や未来との相関係数を計算することもできます。

$$r(m) = \frac{\displaystyle\sum_{n=1}^{N}(x(n)-\overline{x})(x(n+m)-\overline{x})}{\sqrt{\displaystyle\sum_{n=1}^{N}(x(n)-\overline{x})^2}\sqrt{\displaystyle\sum_{n=1}^{N}(x(n+m)-\overline{x})^2}}$$

この相関係数を特に**自己相関係数**と呼ぶことがあります。同じように、時系列 y のかわりに時系列 y の m 時間単位シフトしたものを用いて、次の式のように、2つの異なる時系列の過去や未来との相関係数を計算することもできます。

$$r(m) = \frac{\displaystyle\sum_{n=1}^{N}(x(n)-\overline{x})(y(n+m)-\overline{y})}{\sqrt{\displaystyle\sum_{n=1}^{N}(x(n)-\overline{x})^2}\sqrt{\displaystyle\sum_{n=1}^{N}(y(n+m)-\overline{y})^2}}$$

この相関係数を特に**相互相関係数**と呼ぶことがあります。

上の2つの式において、m は、正整数も負整数も可能です。m 時間単位分シフトすることによって、時系列間の対応関係の変化を検出できます。

ここからは Python を用いて線形回帰モデルによる時系列の予測を実現します。例題 3-8 で用いた東京地点における平均気温のデータセットを例として、過去の数日間の気温から、翌日の気温を予測するプログラムを作成します。また、このプログラムの結果から、一般的なデータの準備とモデルの適用について理解していきます。

例題 9-1

以下の仕様要求を実現するプログラムを作成してください。

仕様要求
1. TokyoTemp20082017.csv からデータを読み込む。
2. 東京の平均気温データを tokyo に代入する。
3. tokyo の± 365 日シフトの自己相関係数を算出して、配列 corrcoef に代入する。
4. corrcoef を折れ線グラフで表示する。

</> 作成

VSCode のエディタ画面でリスト 9.1 のソースコードを入力し、python3user フォルダ内の DMandML フォルダにファイル名 ch9ex1.py をつけて保存します。

リスト 9.1　ch9ex1.py

```
1:  # 時系列数値データの相関係数とグラフ表示
2:  import numpy as np
3:  import pandas as pd
4:  import matplotlib.pyplot as plt
5:
6:  # CSVファイル読み込み
7:  mydf = pd.read_csv('TokyoTemp20082017.csv', index_col=0, parse_dates=[0], dtype='float')
8:  tokyo = mydf['Temp(C)']
9:  print(tokyo.head())
10: N = len(tokyo)
11: print("N=", N)
12:
13: # 相関係数を算出
14: L = 365 * 2
15: tao = np.empty(2 * L + 1)
16: corrcoef = np.empty(2 * L + 1)
17: for t in range(2 * L + 1):
18:     tt = t - L
19:     tao[t] = tt
20:     tokyo_shift = tokyo.shift(tt)
21:     if tt > 0:
```

9.2 相関係数

```
22:            corrcoef[t] = np.corrcoef(tokyo[tt:N], tokyo_shift[tt:N])[0, 1]
23:        else:
24:            corrcoef[t] = np.corrcoef(tokyo[0:N + tt], tokyo_shift[0:N + tt])[0, 1]
25:        print("tao=", tao[t], "corrcoef=", corrcoef[tt])
26:
27:    # グラフ表示
28:    plt.figure(num=None, figsize=(8, 5), dpi=180, facecolor='w', edgecolor='k')
29:    plt.title('Correlation Coefficient of Tokyo Temperature')
30:    plt.xlabel('tao')
31:    plt.ylabel('corrcoef')
32:    plt.grid()
33:    plt.plot(tao, corrcoef, color='blue')
34:    plt.show()
```

解説

- **2:** numpy を読み込んで、np とします。
- **3:** pandas を読み込んで、pd とします。
- **4:** matplotlib から pyplot を読み込んで、plt とします。
- **7:** TokyoTemp20082017.csv からデータを読み込み、データフレーム mydf に保存します。ただし、0 列目をインデックスとします。
- **8:** mydf の Temp(C) 列を tokyo に代入します。
- **10:** tokyo の長さ（個数）を取得して、N に代入します。
- **11:** N を表示します。
- **14〜25:** tokyo の相関係数を算出します。
- **14:** 中心から左右にシフトする最大日数を設定します。
- **15:** シフトする日数を入れる配列 tao を用意します。
- **16:** tokyo の自己相関係数を入れる配列 corrcoef を用意します。
- **17〜25:** tokyo の自己相関係数を求めて、用意された配列 corrcoef に保管します。
- **17:** 繰り返しの for 文です。ここで、変数 t は 0 から 2L までの値をとります。
- **18:** シフトする日数 tt を計算します。
- **19:** tt を配列 tao に保管します。
- **20:** 時系列 tokyo を tt 日シフトして、tokyo_shift に代入します。
- **21〜24:** tt の値の正負によって対象時系列の範囲が違うので、if 文で分岐させています。
- **21:** tt の値が正の場合、時系列の tt 番目から N 番目までのデータを使って、相関係数を計算します。

23: tt の値が負の場合、時系列の 0 番目から N+tt 番目までのデータを使って相関係数を計算します。
28〜34: tokyo の自己相関係数 corrcoef の折れ線グラフを作成して、表示します。
33: 横軸は tao、縦軸は corrcoef の折れ線グラフを描きます。ただし、色は青を指定します。
34: これまでに構成したグラフを表示します。

▶ 実行

VSCode のターミナル画面から以下のように実行します。

```
> python ch9ex1.py
...
tao= 702.0 corrcoef= 0.8002477941095112
tao= 703.0 corrcoef= 0.8086675306539038
tao= 704.0 corrcoef= 0.8156530859657363
tao= 705.0 corrcoef= 0.82226420377882
tao= 706.0 corrcoef= 0.8267721100096554
tao= 707.0 corrcoef= 0.8327583540393897
tao= 708.0 corrcoef= 0.8405912085969486
tao= 709.0 corrcoef= 0.8475742057196248
tao= 710.0 corrcoef= 0.853155162752034
tao= 711.0 corrcoef= 0.8598577624308323
tao= 712.0 corrcoef= 0.8667772409342768
tao= 713.0 corrcoef= 0.8731324699142532
tao= 714.0 corrcoef= 0.8760440514242902
tao= 715.0 corrcoef= 0.879220985267618
tao= 716.0 corrcoef= 0.8815869644598537
tao= 717.0 corrcoef= 0.8846738855530915
tao= 718.0 corrcoef= 0.8902876646600734
tao= 719.0 corrcoef= 0.8943455125022399
tao= 720.0 corrcoef= 0.8990037951084127
tao= 721.0 corrcoef= 0.9020890117783547
tao= 722.0 corrcoef= 0.9053352196249447
tao= 723.0 corrcoef= 0.9068586185542254
tao= 724.0 corrcoef= 0.9085107650952381
tao= 725.0 corrcoef= 0.9111021718330509
tao= 726.0 corrcoef= 0.9168831760510234
tao= 727.0 corrcoef= 0.9262245361313135
tao= 728.0 corrcoef= 0.9395581336276486
tao= 729.0 corrcoef= 0.9667199130646925
tao= 730.0 corrcoef= 1.0
```

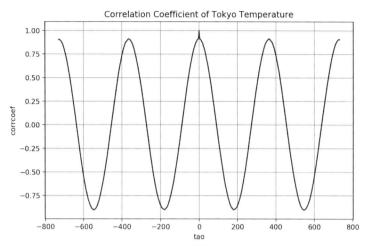

図 9.1 東京地点における気温の自己相関係数

以上によって、シフト日数 tao=−730 から 730 までの相関係数が表示されますが、本書では紙面の都合でここに全部示すことはできないため、tao=702 から tao=730 までの東京気温の自己相関係数だけを示してあります。

さらに、別ウィンドウに気温の相関係数の折れ線グラフ（図 9.1）が表示されます。このグラフから、自己相関係数は tao=0 のときに最大値 1 となることがわかります。また、相関係数の値は 365 日の周期で変化することも読み取れます。

9.3 時系列数値データの予測と評価指標

天気や株価などでは、未来の数値を事前に知りたいという要望が多くあります。このような未来の事象データ値を算出する問題を、**予測問題**といいます。

予測問題を解決するには、まず予測モデルを選定し、過去の事例データを用いて学習を行うことで、予測モデルのパラメータを決定します。そして、今後も対象事象の特性が変化しないことを前提とし、決定済みのモデルを使用して予測を行います。

未来のデータを予測するとき、過去と現在のデータは使うことができますが、未来のデータを使うことはできません。これはあたりまえのことですが、データセットを使って、時系列の予測や検証を行うときに、誤って未来のデータも使って学習してしまっている事例がときおり見受けられます。具体的に、表 9.1（206 ページ）のような東京地点における気温データの表を用いて考えてみましょう。

例えば、直近 1 週間（7 日間）の気温データを使って翌日の気温を予測したい場合は、図 9.2 のように、$n = 1 \sim 7$ の日のデータを使って、$n = 8$ の日の気温を予測しま

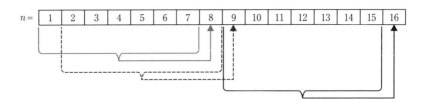

図 9.2 予測モデルの学習に使うデータの範囲

す。そして、$n = 2〜8$ の日のデータを使って、$n = 9$ の日の気温を予測します。より一般的にいうと、M 日間のデータを使って、未来の $n = d$ の日の事象を予測したい場合は、$n = d - 1, d - 2, d - 3, \ldots, d - M$ の日のデータを使います。

そして、これを順番に繰り返します。

次に、予測問題の評価指標についてですが、予測モデルの性能を評価する際には、予測値と実測値の違いを比較します。これには一般に、前述の**平均二乗誤差(MSE)**を使います。すなわち、M 個の予測値を評価する場合、その MSE の定義式は以下のとおりです。

$$\text{MSE} = \frac{1}{M} \sum_{m=1}^{M} (y_{\text{pred}}(m) - y_{\text{true}}(m))^2$$

ここで、$y_{\text{pred}}(m)$ は予測値で、$y_{\text{true}}(m)$ は実測値です。また、誤差の 2 乗ではなく、誤差の絶対値を平均した評価指標である**平均絶対誤差(MAE)**も使われています。M 個の予測値を評価する場合、その MAE の定義式は以下のとおりです。

$$\text{MAE} = \frac{1}{M} \sum_{m=1}^{M} |y_{\text{pred}}(m) - y_{\text{true}}(m)|$$

さらに、特に相対誤差について評価したい場合は、以下の**平均二乗相対誤差(MSRE)**を用います。

$$\text{MSRE} = \frac{1}{M} \sum_{m=1}^{M} \left(\frac{y_{\text{pred}}(m) - y_{\text{true}}(m)}{y_{\text{true}}(m)} \right)^2$$

このほか、誤差の 2 乗ではなく、相対誤差の絶対値を平均した**評価指標平均絶対相対誤差(MARE)**も使われています。M 個の予測値を評価する場合、その MARE の定義式は以下のとおりです。

$$\text{MSRE} = \frac{1}{M} \sum_{m=1}^{M} \left| \frac{y_{\text{pred}}(m) - y_{\text{true}}(m)}{y_{\text{true}}(m)} \right|$$

9.4 線形回帰モデルによる時系列数値データの予測

第 4 章で、機械学習の基本手法の 1 つとして、線形回帰モデルを説明しました。ここでは、その線形回帰モデルを用いて、時系列数値データの予測問題の解決を試みます。第 4 章で説明した重回帰モデルから出発するので、まずは、式 (4.9) を以下に再掲します。

$$\widehat{y}_n = a_0 + a_1 x_{1n} + a_2 x_{2n} + \cdots + a_M x_{Mn} \quad (n = 1, 2, \ldots, N)$$

ここで $\widehat{y}_n$ は目的変数、$x_{n1}, x_{n2}, \ldots, x_{nM}$ は説明変数です。時系列の予測問題の場合、前節で述べたように、時刻 n における事象を予測するために、n より過去の時刻までのデータを用います。つまり、

$$\begin{aligned}
\widehat{y}_n &\rightarrow \widehat{x}(n) \\
x_{1n} &\rightarrow x(n-1) \\
x_{2n} &\rightarrow x(n-2) \\
&\vdots \\
x_{Mn} &\rightarrow x(n-M)
\end{aligned}$$

のように置き換えればよいことになります。これで時系列の線形回帰モデルができます。

$$\begin{aligned}
\widehat{x}(n) =& a_0 + a_1 x(n-1) + a_2 x(n-2) + \\
& \cdots + a_M x(n-M)
\end{aligned} \quad (9.1)$$

$$(n = M+1, M+2, \ldots, M+N)$$

さらに、式 (9.1) に個別の n を代入して、以下のように展開します。

$$\begin{cases}
\widehat{x}(M+1) = & a_0 + a_1 x(M) + a_2 x(M-1) + \cdots + a_M x(0) \\
\widehat{x}(M+2) = & a_0 + a_1 x(M+1) + a_2 x(M) + \cdots + a_M x(1) \\
& \vdots \\
\widehat{x}(M+N) = & a_0 + a_1 x(M+N-1) + a_2 x(M+N-2) + \\
& \cdots + a_M x(N)
\end{cases}$$

この式を重回帰分析のときと同じように行列表記に直します。すなわち、予測モデルの出力ベクトルを次のように書き表します。

$$\widehat{\mathbf{x}} = \begin{bmatrix} \widehat{x}(M+1) \\ \widehat{x}(M+2) \\ \vdots \\ \widehat{x}(M+N) \end{bmatrix}$$

また、回帰係数ベクトルを以下のように書き表します。

$$\mathbf{a} = \begin{bmatrix} a_0 \\ a_1 \\ \vdots \\ a_M \end{bmatrix}$$

説明変数の行列を

$$\mathbf{X} = \begin{bmatrix} 1 & x(M) & \cdots & x(0) \\ 1 & x(M+1) & \cdots & x(1) \\ \vdots & \vdots & \ddots & \vdots \\ 1 & x(M+N-1) & \cdots & x(N) \end{bmatrix}$$

とおくと、重回帰モデルは以下となります。

$$\widehat{\mathbf{x}} = \mathbf{X}\mathbf{a}$$

さらに、第 4 章の重回帰モデルの最適解と同様に計算すれば、上式の解は、次のように求めることができます。

$$\mathbf{a} = (\mathbf{X}^\mathrm{T}\mathbf{X})^{-1}\mathbf{X}^\mathrm{T}\mathbf{x}$$

9.5 Python によるプログラム実現

この節では、Python を用いて線形回帰モデルによる時系列の予測を実現する方法について解説します。具体的には、前述の東京地点における天気のデータセットを例として、過去の数日間の気温から、翌日の気温を予測するプログラムを作成します。

このプログラムの結果から、データの準備とモデルの適用を理解できることを目指します。

9.5 Python によるプログラム実現　215

例題 9-2

以下の仕様要求を実現するプログラムを作成してください。

仕様要求

前述の線形回帰モデルを用いた予測手法にしたがって、東京平均気温データセット TokyoTemp20082017.csv データを読み込み、過去 7 日のデータを用いて、翌日の気温の予測を実現する。

作成

VSCode のエディタ画面でリスト 9.2 のソースコードを入力し、python3user フォルダ内の DMandML フォルダにファイル名 ch9ex2.py をつけて保存します。

リスト 9.2　ch9ex2.py

```
1:   # 線形回帰モデルによる時系列データの予測
2:   import pandas as pd
3:   import matplotlib.pyplot as plt
4:   from sklearn import linear_model
5:
6:   # CSVファイル読み込み
7:   mydf = pd.read_csv('TokyoTemp20082017.csv', index_col=0, parse_dates=[0], dtype='float')
8:   tokyo = mydf['Temp(C)']
9:   # データを準備
10:  temp = mydf['Temp(C)']
11:  N = len(temp)
12:  print("N=", N)
13:  L = 365
14:  Y = temp.shift(0)[7:N]
15:  x1 = temp.shift(1)[7:N]
16:  x2 = temp.shift(2)[7:N]
17:  x3 = temp.shift(3)[7:N]
18:  x4 = temp.shift(4)[7:N]
19:  x5 = temp.shift(5)[7:N]
20:  x6 = temp.shift(6)[7:N]
21:  x7 = temp.shift(7)[7:N]
22:  X =pd.DataFrame([x1, x2, x3, x4, x5, x6, x7]).T
23:
24:  # データを表示
```

```
25:   for n in range(10):
26:       print("n=", n, "\t Y=", Y[n], "\t X=", x1[n], x2[n], x3[n], x4[n], x5[n], x6[n], x7[n])
27:
28:   # モデルを指定
29:   model = linear_model.LinearRegression()
30:
31:   # モデルの学習
32:   model.fit(X[0:L], Y[0:L])
33:   print("回帰係数=", model.coef_)
34:   print("切片=", model.intercept_)
35:   print("決定係数=", model.score(X[0:L], Y[0:L]))
36:
37:   # モデルによるYの予測値を計算
38:   ytest = Y[L:L + 1]
39:   print("ytest=", ytest)
40:   xtest = X[L:L + 1]
41:   print("xtest=", xtest)
42:   ypred = model.predict(xtest)
43:   print("ypred=", ypred[0])
```

解説

- **2:** pandas を読み込んで、pd とします。
- **3:** matplotlib.pyplot を読み込んで、plt とします。
- **4:** sklearn から linear_model を読み込みます。
- **7:** TokyoTemp20082017.csv からデータを読み込んで、データフレーム mydf に保存します。ただし、0 列目をインデックスとします。
- **10:** mydf の Temp(C) 列を temp に代入します。
- **11:** temp の長さ（個数）を取得して、N に代入します。
- **12:** N を表示します。
- **13:** 線形回帰モデルの学習過程で利用するデータ数 L を設定します。
- **14:** 目的変数 Y：temp を 0 個、過去にシフトしてから、7 番目から N 番目までを使います。
- **15:** 説明変数 x1：temp を 1 個、過去にシフトしてから、7 番目から N 番目までを使います。
- **16:** 説明変数 x2：temp を 2 個、過去にシフトしてから、7 番目から N 番目までを使います。
- **17:** 説明変数 x3：temp を 3 個、過去にシフトしてから、7 番目から N 番目までを使います。

9.5 Pythonによるプログラム実現

18: 説明変数 x4：temp を 4 個、過去にシフトしてから、7 番目から N 番目までを使います。
19: 説明変数 x5：temp を 5 個、過去にシフトしてから、7 番目から N 番目までを使います。
20: 説明変数 x6：temp を 6 個、過去にシフトしてから、7 番目から N 番目までを使います。
21: 説明変数 x7：temp を 7 個、過去にシフトしてから、7 番目から N 番目までを使います。
22: x1〜x7 をまとめて、説明変数の行列 X を作成します。
25: 説明変数の先頭 10 個のデータを表示します。
29: 線形回帰のモデルを指定します。ここでは引数なし、つまり、すべてデフォルト値を用います。
32: X の 0 番目から L 番目まで、Y0 番目から L 番目までのデータを用いて、モデル学習を行います。
33: モデル学習の結果により、回帰係数を表示します。
34: モデル学習の結果により、切片を表示します。
35: モデル学習の結果により、決定係数を表示します。
38: 翌日の気温の真値を ytest に代入します。
39: ytest を表示します。
40: 翌日の説明変数ベクトル Xtest を作成します。
41: xtest を表示します。
42: 翌日の気温を予測して、ypred に代入します。
43: ypred を表示します。

▶ 実行

VSCode のターミナル画面から以下のように実行します。

```
> python ch9ex2.py
```

結果は次のとおりです（説明のために行番号をつけています）。

```
1:  N= 3653
2:  n= 0      Y= 9.7        X= 8.4 7.5 6.0 7.0 5.9 6.2 6.0
3:  n= 1      Y= 10.4       X= 9.7 8.4 7.5 6.0 7.0 5.9 6.2
4:  n= 2      Y= 9.0        X= 10.4 9.7 8.4 7.5 6.0 7.0 5.9
5:  n= 3      Y= 9.3        X= 9.0 10.4 9.7 8.4 7.5 6.0 7.0
6:  n= 4      Y= 6.9        X= 9.3 9.0 10.4 9.7 8.4 7.5 6.0
7:  n= 5      Y= 4.8        X= 6.9 9.3 9.0 10.4 9.7 8.4 7.5
```

```
8:   n= 6      Y= 4.0        X= 4.8 6.9 9.3 9.0 10.4 9.7 8.4
9:   n= 7      Y= 5.4        X= 4.0 4.8 6.9 9.3 9.0 10.4 9.7
10:  n= 8      Y= 5.9        X= 5.4 4.0 4.8 6.9 9.3 9.0 10.4
11:  n= 9      Y= 3.9        X= 5.9 5.4 4.0 4.8 6.9 9.3 9.0
12:  回帰係数= [ 0.89779151 -0.24462582  0.23591734 -0.11181468  0.13767926
     -0.03281902  0.10271434]
13:  切片= 0.2527076240143096
14:  決定係数= 0.9461816509416945
15:  ytest= Date
16:  2009-01-07    7.0
17:  Name: Temp(C), dtype: float64
18:  xtest=           Temp(C) Temp(C) Temp(C) Temp(C) Temp(C)  Temp(C) Temp(C)
19:  Date
20:  2009-01-07       8.6     8.5     7.5     6.6     6.9      6.2     6.6
21:  ypred= 8.350221940869748
```

　ここで、1 行目はデータ総数 N の値です。2～11 行目は、目的変数 Y と説明変数 C の先頭 10 個のデータです。これより、ある列の n 行目の値は、その左の列の n−1 行目のデータ値になっていることがわかります。

　それ以降は、学習過程の結果として、回帰係数、切片、決定係数が表示されています。そして、2009 年 1 月 7 日の気温の真値 ytest=7.0、予測に使う説明変数のベクトル xtest と予測の結果 ypred=8.35 が表示されています。

9.6　時系列数値データの予測のプログラム例

　前節では、過去数日間の気温データを利用して、翌日の気温を予測しました。この節では、前節の予測処理を繰り返して行うことにより、一定期間の範囲の気温を予測していきます。また、得られた予測結果について、評価指標 MSE を算出します。さらに、全時間範囲の気温の実測値と予測値をグラフで表示し、予測結果の全体状況を確認します。

　なお、より理解しやすくするために、例題 9-3(a) と例題 9-3(b) の 2 段階に分けて、プログラムと実行結果を示していきます。

例題 9-3(a)

以下の仕様要求を実現するプログラムを作成してください。

仕様要求

前述の線形回帰モデルにしたがって、東京気温データセットから、過去 7 日のデータを用いて、翌日の気温の予測を実現する。
ただし、今回は連続した 100 日分について予測処理を行うものとする。

</> 作成

VSCode のエディタ画面でリスト 9.3 のソースコードを入力し、python3user フォルダ内の DMandML フォルダにファイル名 ch9ex3a.py をつけて保存します。

リスト 9.3　ch9ex3a.py

```python
# 線形回帰モデルによる時系列データの予測
import numpy as np
import pandas as pd
import matplotlib.pyplot as plt
from sklearn import linear_model

# CSVファイル読み込み
mydf = pd.read_csv('TokyoTemp20082017.csv', index_col=0, parse_dates=[0], dtype='float')
temp = mydf['Temp(C)']
N = len(temp)
print("N=", N)

# データを準備
L = 365
W = 7
newdf = pd.DataFrame(index=mydf.index, columns=[])
Y = temp[W:N]
for i in range(1, W + 1):
    newdf['x' + str(i)] = temp.shift(i).T
X = newdf[W:N]

# モデルを指定
model = linear_model.LinearRegression()
```

```
25:     # モデル学習と予測の繰り返し
26:     M = 100
27:     for m in range(M):
28:         # モデルの学習
29:         xtrain = X[m:m + L]
30:         ytrain = Y[m:m + L]
31:         # print(xtrain)
32:         # print(ytrain)
33:         model.fit(xtrain, ytrain)
34:         # print("回帰係数=", model.coef_)
35:         # print("切片=", model.intercept_)
36:         # print("決定係数=", model.score(xtrain, ytrain))
37:
38:         # モデルによるYの予測値を計算
39:         ytest = Y[m + L:m + L + 1]
40:         print("ydate=", Y.index[m + L])
41:         print("ytest=", ytest)
42:         xtest = X[m + L:m + L + 1]
43:         print("xtest=", xtest)
44:         ypred = model.predict(xtest)
45:         print("ypred=", ypred[0])
46:         print("--------------------------")
```

解説

- **2:** numpy を読み込んで、np とします。
- **3:** pandas を読み込んで、pd とします。
- **4:** matplotlib.pyplot を読み込んで、plt とします。
- **5:** sklearn から linear_model を読み込みます。
- **8:** TokyoTemp20082017.csv からデータを読み込み、データフレーム mydf に保存します。ただし、0 列目をインデックスとします。
- **9:** mydf の Temp(C) 列を temp に代入します。
- **10:** temp の長さ（個数）を取得して、N に代入します。
- **11:** N を表示します。
- **14:** 線形回帰モデルの学習過程で利用するデータ数 L を設定します。
- **15:** 説明変数の数を設定します。
- **16:** 説明変数を入れるために、空のデータフレーム newdf を用意します。
- **17:** 目的変数 Y：temp の W 番目から N 番目までを使います。
- **18:** 繰り返しの for 文：i=1 から W まで、20 の処理を繰り返します。
- **19:** temp を i 個過去にシフトして、データフレーム newdf の xi 列とします。ただ

9.6 時系列数値データの予測のプログラム例

し、「x + str(i)」によって列名 xi を実現しています。なお、「.T」は numpy の転置演算子です。

- **20:** 説明変数 X：newdf の W 番目から N 番目までを使います。
- **23:** 線形回帰のモデルを指定します。ここでは引数なし、つまり、すべてデフォルト値を用います。
- **26:** 予測する日数 M を 100 と指定します。
- **27:** 繰り返しの for 文：変数 m=0 から M−1 まで、31〜49 の処理を繰り返します。
- **29:** X の m 番目から m+L−1 番目までを訓練データ xtrain とします。
- **30:** Y の m 番目から m+L−1 番目までを訓練データ ytrain とします。
- **31:** xtrain を表示します。
- **32:** ytrain を表示します。
- **33:** xtrain と ytrain を用いて、モデルの学習を行います。
- **34:** モデル学習の結果により、回帰係数を表示します。
- **35:** モデル学習の結果により、切片を表示します。
- **36:** モデル学習の結果により、決定係数を表示します。
- **39:** 翌日の気温の真値を ytest に代入します。
- **40:** 予測する日の日付を表示します。
- **41:** ytest を表示します。
- **42:** 翌日の説明変数ベクトル xtest を作成します。
- **43:** xtest を表示します。
- **44:** 翌日の気温を予測して、ypred に代入します。
- **45:** ypred を表示します。
- **46:** 繰り返しの 1 回分における結果表示の終わりを示す分離線を表示します。

なお、31〜32 行および 34〜36 行は、コメントアウトしていますが、途中結果のチェックなど、必要に応じてコメントアウトを解除して実行してみてください。

▶ 実行

VSCode のターミナル画面から以下のように実行します。

```
> python ch9ex3a.py
```

すると、100 日分のデータと予測結果が表示されますが、本書では紙面の都合でここに全部示すことはできないので、最後の 3 日分の実行結果だけを示しておきます。

```
--------------------------
ydate= 2009-04-14 00:00:00
ytest= Date
2009-04-14    17.9
Name: Temp(C), dtype: float64
xtest=              x1    x2    x3    x4    x5    x6    x7
Date
2009-04-14  18.8  16.3  18.1  18.6  18.3  16.2  16.0
ypred= 18.81884306047135
--------------------------
ydate= 2009-04-15 00:00:00
ytest= Date
2009-04-15    19.7
Name: Temp(C), dtype: float64
xtest=              x1    x2    x3    x4    x5    x6    x7
Date
2009-04-15  17.9  18.8  16.3  18.1  18.6  18.3  16.2
ypred= 17.53924033906816
--------------------------
ydate= 2009-04-16 00:00:00
ytest= Date
2009-04-16    17.7
Name: Temp(C), dtype: float64
xtest=              x1    x2    x3    x4    x5    x6    x7
Date
2009-04-16  19.7  17.9  18.8  16.3  18.1  18.6  18.3
ypred= 19.540237790672162
--------------------------
```

　最後の1日分の表示を例に、簡単に解説しておきましょう。表示の意味は、最後の日の日付は 2009-04-16 で、その日の気温の実測値は 17.7℃ で、その次の4行分は予測に使う変数 x1〜x7 の値です。そして、この日の気温の予測結果が最後の行であり、その値は 19.54℃ です。

例題 9-3(b)

以下の仕様要求を実現するプログラムを作成してください。

仕様要求

例題 9-3(a) から以下の処理を追加する。

1. 評価指標 MSE を算出して表示する。
2. 気温の実測値と予測をグラフで表示する。

ただし、今回は連続した 3,200 日分について予測処理を行うものとする。

</> 作成

VSCode のエディタ画面でリスト 9.4 のソースコードを入力し、python3user フォルダ内の DMandML フォルダにファイル名 ch9ex3b.py をつけて保存します。

リスト 9.4　ch9ex3b.py

```python
# 線形回帰モデルによる時系列データの予測＋評価指標MSE、グラフ表示
import numpy as np
import pandas as pd
import matplotlib.pyplot as plt
from sklearn import linear_model
from sklearn import metrics

# CSVファイル読み込み
mydf = pd.read_csv('TokyoTemp20082017.csv', index_col=0, parse_dates=[0], dtype='float')
temp = mydf['Temp(C)']
N = len(temp)
print("N=", N)

# データを準備
L = 365
W = 7
newdf = pd.DataFrame(index=mydf.index, columns=[])
Y = temp[W:N]
for i in range(1, W + 1):
    newdf['x' + str(i)] = temp.shift(i).T
X = newdf[W:N]
```

```
22:
23:    # モデルを指定
24:    model = linear_model.LinearRegression()
25:
26:    # モデル学習と予測の繰り返し
27:    M = 3200
28:    Ytest = np.empty(M)
29:    Ypred = np.empty(M)
30:    Ydate = []
31:    for m in range(M):
32:        # モデルの学習
33:        xtrain = X[m:m + L]
34:        ytrain = Y[m:m + L]
35:        # print(ytrain)
36:        # print(xtrain)
37:        model.fit(xtrain, ytrain)
38:        # print("回帰係数=", model.coef_)
39:        # print("切片=", model.intercept_)
40:        # print("決定係数=", model.score(xtrain, ytrain))
41:
42:        # モデルによるYの予測値を計算
43:        Ytest[m] = Y[m + L:m + L + 1]
44:        ydate = str(Y.index[m + L]).split()[0]
45:        Ydate.append(ydate)
46:        xtest = X[m + L:m + L + 1]
47:        ypred = model.predict(xtest)
48:        Ypred[m] = ypred[0]
49:        # print("xtest=", xtest)
50:        print("ydate=", Ydate[m], "ytest=", Ytest[m], "ypred=", Ypred[m])
51:
52:    # 評価指標MSE
53:    mse = metrics.mean_squared_error(Ytest, Ypred)
54:    print("MSE=", mse)
55:
56:    # グラフ表示
57:    plt.title('Prediction of Tokyo Temperature')
58:    plt.xlabel('date number')
59:    plt.ylabel('temperature')
60:    plt.grid()
61:    plt.plot(Ytest, color='blue')
62:    plt.plot(Ypred, color='red')
63:    plt.show()
```

9.6 時系列数値データの予測のプログラム例 225

解説

- **2～24:** 例題 9-3(a) の ch9ex3a.py の 2～23 行目と同じです。ただし、今回は 6 行目を追加しました。
- **6:** sklearn から metrics を読み込みます。
- **27:** 予測する日数 M を 3,200 と指定します。
- **28:** 気温の実測値用に配列 Ytest を定義します。
- **29:** 気温の予測値用に配列 Ypred を定義します。
- **30:** 予測日の日付用にリスト Ydate を定義します。
- **31～50:** 例題 9-3(a) の ch9ex3a.py の 27～46 行目とほぼ同じです。ただし、ytest のかわりに Ytest[m] を、ypred のかわりに Ypred[m] をそれぞれ用いて、計算結果を配列に保存します。また、表示を減らすために、Ydate[m]、Ytest[m]、Ypred[m] を 1 行にまとめて表示します。
- **53:** 予測結果の評価指標 MSE を算出して表示します。
- **57～63:** 気温の実測値 Ytest と気温の予測値 Ypred を折れ線グラフで表示します。

なお、35～36 行目および 38～40 行目は、コメントアウトしてありますが、途中結果のチェックなど、必要に応じてコメントアウトを解除して実行してみてください。

実行

VSCode のターミナル画面から以下のように実行します。

```
>python ch9ex3b.py
```

すると、3,200 日分のデータと予測結果が表示されますが、本書では紙面の都合でここに全部示すことはできないので、最後の部分だけを示しておきます。

```
ydate= 2017-09-20 ytest= 23.3 ypred= 23.73881404537236
ydate= 2017-09-21 ytest= 24.2 ypred= 24.28326505267829
ydate= 2017-09-22 ytest= 21.9 ypred= 23.367303562410363
ydate= 2017-09-23 ytest= 20.1 ypred= 21.935988482583326
ydate= 2017-09-24 ytest= 21.9 ypred= 20.481370408755723
ydate= 2017-09-25 ytest= 23.7 ypred= 22.517207141564626
ydate= 2017-09-26 ytest= 23.8 ypred= 23.5025612817916
ydate= 2017-09-27 ytest= 23.7 ypred= 23.512262805639434
ydate= 2017-09-28 ytest= 19.2 ypred= 23.440017188082287
ydate= 2017-09-29 ytest= 19.9 ypred= 19.480455944588268
ydate= 2017-09-30 ytest= 20.1 ypred= 20.635301511768095
ydate= 2017-10-01 ytest= 20.9 ypred= 20.078302643027293
```

```
ydate= 2017-10-02 ytest= 22.3 ypred= 21.571945457408802
ydate= 2017-10-03 ytest= 22.1 ypred= 22.031367061355287
ydate= 2017-10-04 ytest= 18.3 ypred= 21.886341819026285
ydate= 2017-10-05 ytest= 16.9 ypred= 18.523880934393464
ydate= 2017-10-06 ytest= 15.7 ypred= 17.841426888850986
ydate= 2017-10-07 ytest= 18.0 ypred= 16.501187993022402
ydate= 2017-10-08 ytest= 20.9 ypred= 18.872847988566335
ydate= 2017-10-09 ytest= 21.0 ypred= 20.49450037880154
ydate= 2017-10-10 ytest= 22.8 ypred= 20.57095400766468
ydate= 2017-10-11 ytest= 21.2 ypred= 21.77101668983142
MSE= 3.9762460610593546
```

ここでは 2017-09-20 から 2017-10-11 までの気温の実測値と予測値が表示されています。また、評価指標 MSE の値は 3.976 となっています。さらに、別ウィンドウに気温の実測値と予測値の折れ線グラフが表示されます（図 9.3）。

このグラフから、気温の実測値と予測値が全体にほぼ一致していることがわかります。

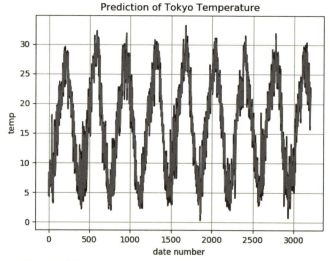

図 9.3 東京地点における過去 10 年間の日別平均気温の実測値と予測値

演 習 問 題

問題 9.1 例題 9-3(b) のプログラムについて、学習過程で利用するデータの日数 L を 100, 200, 300, 400 に変更し、実行結果を確認してください。また、その結果について考察してください。

問題 9.2 例題 9-3(b) のプログラムについて、線形回帰の説明変数の数 W を 4, 6, 10, 12 に変更し、実行結果を確認してください。また、その結果について考察してください。

問題 9.3 例題 9-3(b) をもとに、以下の変更要求を実現するプログラムを作成してください。

1. 予測したい日の 1 年前における同時期（365 日前 ±15 日）の平均気温を算出する。
2. 予測の重回帰モデルの説明変数に 1 年前の同時期の平均気温を使用する。
3. 予測結果の評価指標を確認して、この手法についての評価を示す。

MEMO

第10章

日経平均株価の予測

第4章で機械学習の基本的な処理手法の1つである、線形回帰モデルについて説明しました。そして、第9章では、この線形回帰モデルを時系列データの予測問題に応用を示しました。

その流れの続きで、本章では総合応用問題として、株価の予測問題に取り組みます。

まず具体的な株価データを対象として用い、どの指標を予測するか、予測するためにはどんな問題点があるか、そしてどのようにしてその問題点を解決できるかなどについて、実際にプログラムを作成して確認しながら具体的に理解していきます。

そのうえで、日経平均株価の終値と前日比の予測を行い、評価指標を算出するプログラムを作成します。最後に、それらのプログラムの動作確認と性能評価を行います。

10.1 データの準備と確認

本章で使用する株価のデータはWebサイトInvesting.com[*1]からダウンロードしたものです。さっそく日経平均株価のデータを例として、具体的なダウンロード方法を説明します。

Investing.comのトップページ（図10.1）にある「日経平均」をクリックすると、図10.2の日経平均相場のページが表示されます。このページにある「過去のデータ」をクリックすると、図10.3の日経平均過去データのページが表示されます。そして、このページにあるダウンロード期間を指定して、［データをダウンロードする］ボタンをクリックします。これでcsvファイル形式の望みのデータがダウンロードされます。今回のダウンロードデータは2015年1月5日から2018年12月28日の3年間のものとし、ファイル名はNIKKEI20152018.csvに変更しました。また、もともとのデータ項目名は「日付け」「終値」「始値」「高値」「安値」「出来高」「前日比 %」となっていましたが、後のプログラムで結合処理を行うときのことを考えて、「日付」

[*1] https://jp.investing.com/ （2019年7月現在）

「NIKKEI 終値」「NIKKEI 始値」「NIKKEI 高値」「NIKKEI 安値」「NIKKEI 出来高」「NIKKEI 前日比 %」に変更します。変更後のデータシートの先頭部分を表 10.1 に示しておきます。ここで、日付が逆順に保管されていることに注意してください。

図 10.1　Investing.com のトップページ（例）

図 10.2　日経平均相場情報のページ（例）

表 10.1　日経平均株価データ NIKKEI20152018.csv の先頭部分

日付	NIKKEI 終値	NIKKEI 始値	NIKKEI 高値	NIKKEI 安値	NIKKEI 出来高	NIKKEI 前日比 %
2018 年 12 月 28 日	20,014.77	22,471.31	20,084.38	19,900.04	727.89M	−0.31%
2018 年 12 月 27 日	20,077.62	19,706.19	20,211.57	19,701.76	959.03M	3.88%
2018 年 12 月 26 日	19,327.06	19,302.59	19,530.35	18,948.58	824.46M	0.89%
2018 年 12 月 25 日	19,155.74	19,785.43	19,785.43	19,117.96	978.98M	−5.01%
2018 年 12 月 21 日	20,166.19	20,310.50	20,334.73	20,006.67	1.20B	−1.11%
2018 年 12 月 20 日	20,392.58	20,779.93	20,841.34	20,282.93	993.35M	−2.84%
2018 年 12 月 19 日	20,987.92	21,107.17	21,168.62	20,880.73	838.04M	−0.60%
2018 年 12 月 18 日	21,115.45	21,275.51	21,330.36	21,101.44	830.37M	−1.82%
2018 年 12 月 17 日	21,506.88	21,391.73	21,563.27	21,363.67	654.13M	0.62%
2018 年 12 月 14 日	21,374.83	21,638.96	21,751.31	21,353.94	1.06B	−2.02%
2018 年 12 月 13 日	21,816.19	21,755.13	21,871.34	21,675.66	816.71M	0.99%
2018 年 12 月 12 日	21,602.75	21,348.40	21,631.47	21,320.72	923.72M	2.15%
2018 年 12 月 11 日	21,148.02	21,273.04	21,279.02	21,062.31	902.49M	−0.34%
2018 年 12 月 10 日	21,219.50	21,319.47	21,365.78	21,169.96	813.67M	−2.12%

232   第 10 章   日経平均株価の予測

図 10.3   日経平均過去データのページ（例）

このファイルからデータを取り出して、グラフを表示するためのプログラムを作成します。

例題 10-1(a)

以下の仕様要求を実現するプログラムを作成してください。

仕様要求

1. NIKKEI20152018.csv を読み込んで、データフレーム mydf を作成する。
2. mydf を日付の昇順に直す。
3. mydf から「NIKKEI 終値」を実数値で取り出し、temp に代入する。
4. temp の先頭データを表示する。
5. temp の値で折れ線グラフを作成する。

</> 作成

VSCode のエディタ画面でリスト 10.1 のソースコードを入力し、python3user フォルダ内の DMandML フォルダにファイル名 ch10ex1a.py をつけて保存します。

10.1 データの準備と確認

リスト 10.1　ch10ex1a.py

```python
# NIKKEI終値データ作成、グラフ表示
import numpy as np
import pandas as pd
import matplotlib.pyplot as plt

# CSVファイル読み込み
mydf = pd.read_csv('NIKKEI20152018.csv', index_col=0, parse_dates=[0])
mydf = mydf.sort_index()
temp = mydf['NIKKEI終値']
temp = temp.apply(lambda x: x.replace(',', '')).astype(np.float)
print(temp.head())
N = len(temp)
print("N=", N)

# グラフ表示
plt.title('NIKKEI 2015-2018')
plt.xlabel('date')
plt.ylabel('closing price')
plt.grid()
plt.plot(temp.values, color='blue')
plt.show()
```

解説

- **2:** numpy を読み込んで、np とします。
- **3:** pandas を読み込んで、pd とします。
- **4:** matplotlib.pyplot を読み込んで、plt とします。
- **7:** NIKKEI20152018.csv からデータを読み込み、データフレーム mydf に保存します。ただし、0列目をインデックスとします。
- **8:** mydf をインデックスの昇順にソートします。
- **9:** mydf から「NIKKEI 終値」の列を取り出して、temp に代入します。
- **10:** temp の要素の 3 桁ごとにある「,」を取り除きます。
- **11:** temp の先頭データを表示します。
- **12:** N に temp の長さを代入します。
- **13:** N を表示します。
- **16〜21:** temp の折れ線グラフを作成します。
- **20:** temp の値の列 temp.values の折れ線グラフを描きます。ただし、色は青を指定します。

▶ 実行

VSCode のターミナル画面から以下のように実行します。

```
> python ch10ex1a.py
```

結果は以下のとおりです（説明のために行番号をつけています）。

```
1:  日付
2:  2015年01月05日    17408.71
3:  2015年01月06日    16883.19
4:  2015年01月07日    16885.33
5:  2015年01月08日    17167.10
6:  2015年01月09日    17197.73
7:  Name: NIKKEI終値, dtype: float64
8:  N= 1010
```

ここで、2〜7 行目はシリーズ temp の先頭行です。日付と日経平均株価の終値が正しく表示されていることがわかります。また、データ総数の N=1010 も確認できます。さらに、図 10.4 のように別ウィンドウで日経平均株価の終値の折れ線グラフが表示されます。

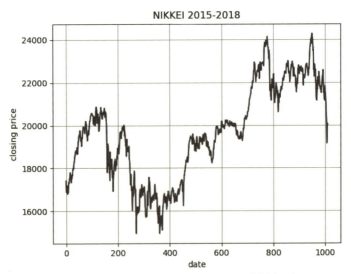

図 10.4　日経平均株価の終値（2015 年〜2018 年）

例題 10-1(b)

以下の仕様要求を実現するプログラムを作成してください。

仕様要求
1. NIKKEI20152018.csv を読み込んで、データフレーム mydf を作成する。
2. mydf を日付の昇順に直す。
3. ＊mydf から「NIKKEI 前日比 %」を実数値で取り出し、temp に代入する。
4. temp 先頭データを表示する。
5. temp の値で折れ線グラフを作成する。

＊は例題 10-1(a) からの変更点です。

作成

VSCode のエディタ画面でリスト 10.2 のソースコードを入力し、python3user フォルダ内の DMandML フォルダにファイル名 ch10ex1b.py をつけて保存します。

リスト 10.2　ch10ex1b.py

```python
# NIKKEI前日比データ作成、グラフ表示
import numpy as np
import pandas as pd
import matplotlib.pyplot as plt

# CSVファイル読み込み
mydf = pd.read_csv('NIKKEI20152018.csv', index_col=0, parse_dates=[0])
mydf = mydf.sort_index()
temp = mydf['NIKKEI前日比%']
temp = temp.apply(lambda x: x.replace('%', '')).astype(np.float) / 100.0
print(temp.head())
N = len(temp)
print("N=", N)

# グラフ表示
plt.title('NIKKEI 2015-2018')
plt.xlabel('date')
plt.ylabel('ratio')
plt.grid()
plt.plot(temp.values, color='blue')
plt.show()
```

💬 解説

9: mydfから「NIKKEI 前日比 %」の列を取り出して、tempに代入します。
10: tempの要素にある「%」を取り除いて、100で割ります。

▶ 実行

VSCodeのターミナル画面から以下のように実行します。

```
> python ch10ex1b.py
```

結果は以下のとおりです（説明のために行番号をつけています）。

```
1:  日付
2:  2015年01月05日   -0.0024
3:  2015年01月06日   -0.0302
4:  2015年01月07日   0.0001
5:  2015年01月08日   0.0167
6:  2015年01月09日   0.0018
7:  Name: NIKKEI前日比%, dtype: float64
8:  N= 1010
```

ここで、2～7行目は、シリーズtempの先頭行です。日付と日経平均株価の前日比が正しく表示されていることがわかります。

また、データ総数のN=1010も確認できます。

さらに、図10.5のように別ウィンドウで日経平均株価の前日比の折れ線グラフが表示されます。

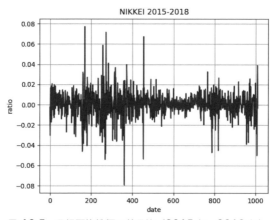

図 10.5　日経平均株価の前日比（2015年～2018年）

10.2 予測手法の詳細

10.2.1 株価予測システムの構成

株価の予測手法は、大別してファンダメンタルとテクニカルの2つに分けられます。ファンダメンタル手法とは、ターゲット銘柄の企業業績や資金繰りの情報をもとに、株価を予測する手法です。対して、テクニカル手法とは、ターゲット銘柄の値動きの過去データを分析して、その分析結果にもとづく株価を予測する手法です。

ここでは、第4章で解説した、線形回帰モデルを基本的な予測モデルとして用います。また、第9章で解説した、時系列データに線形回帰モデルを適用するためのデータ構成手法も用います。

ただし、一般的には、株価は自分自身の過去データに影響されるのみならず、政治状況、経済指標、為替情報などにも大きく左右されるものです。そのため、線形回帰モデルの説明変数には、過去データのほかに、目標変数に影響を与えそうな時系列データを取り入れなければなりません。このため、図10.6のような株価予測システムの構成を用います。

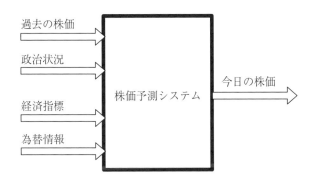

図10.6 株価予測システムの構成

10.2.2 株価予測用の線形回帰モデル

第4章で解説した重回帰モデルの式 (4.9) を以下に再掲します。

$$\widehat{y}_n = a_0 + a_1 x_{1n} + a_2 x_{2n} + \cdots + a_M x_{Mn} \quad (n = 1, 2, \ldots, N)$$

ここで $\widehat{y}_n$ は目的変数で、$x_{n1}, x_{n2}, \ldots, x_{nM}$ は説明変数です。また、第9章で述べたように、時系列の予測問題の場合は、未来の時刻 n における事象を予測するために n より過去の時刻 $n-1$ から $n-M$ までのデータを説明変数として用います。これ

により、時系列の線形回帰モデルは次の式 (10.1) のように表されます。

$$\widehat{y}(n) = b_0 + b_1 y(n-1) + b_2 y(n-2) + \cdots + b_M y(n-W)$$
$$(n = W+1, W+2, \ldots, W+N) \tag{10.1}$$

また、前述したように株価は自銘柄の過去データおよび他の政治経済情報の時系列データに影響されます。したがって、以下では、式 (4.9) と式 (10.1) をまとめて、式 (10.2) のような線形回帰モデルを用いて、株価の予測を行います。

$$\begin{aligned}\widehat{y}(n) =& b_0 + b_1 y(n-1) + b_2 y(n-2) + \cdots + b_W y(n-W) \\ &+ a_1 x_{1n} + a_2 x_{2n} + \cdots + a_M x_{Mn}\end{aligned} \tag{10.2}$$
$$(n = W+1, W+2, \ldots, N)$$

10.3　説明変数の選択

前節で説明したとおり、説明変数の選択について、もう少し詳細に考えなければなりません。具体的には、自銘柄の過去データについて、過去の何日分を用いるべきか、あるいは自銘柄の過去データのほかにどんな情報の時系列を用いるべきかなどです。

ここでは説明変数の選択の基本的な考え方について説明します。まず、説明変数によって目的変数を説明できるということから、説明変数と目的変数の間には相関があると考えられます。いいかえれば、目的変数と比較的強い相関があるものを説明変数として選ぶべきです。しかし、もし複数の説明変数どうしの間に相関があると、それらの係数の調整が互いに影響し合うので、モデルに最適な係数ベクトルを算出することが困難になります。そのため、できるだけ互いに相関のない説明変数、あるいは独立した説明変数を選ぶ必要があります。

ここでは具体例として日経平均株価（終値）の自己相関係数、日経平均株価（終値）とニューヨークダウ平均株価（終値）、ドル円為替レート（終値）との相互相関係数を計算して、グラフに表示するプログラムを作成してみます。なお、相関係数の定義については 9.2 節を参照してください。

例題 10-2

以下の仕様要求を実現するプログラムを作成してください。

仕様要求

1. NIKKEI20152018.csv からデータを読み込む。
2. NEWYORK20152018.csv からデータを読み込む。
3. USDJPY20152018.csv からデータを読み込む。
4. NIKKEI の自己相関係数を算出する。
5. NIKKEI と NEWYORK の相互相関係数を算出する。
6. NIKKEI と USDJPY の相互相関係数を算出する。
7. NIKKEI の自己相関係数をグラフで表示する。
8. NIKKEI と NEWYORK の相互相関係数をグラフで表示する。
9. NIKKEI と USDJPY の相互相関係数をグラフで表示する。

</> 作成

VSCode のエディタ画面でリスト 10.3 のソースコードを入力し、python3user フォルダ内の DMandML フォルダにファイル名 ch10ex2.py をつけて保存します。

リスト 10.3　ch10ex2.py

```python
# 自己相関係数
# 日経平均株価（終値）＋ニューヨークダウ平均株価（終値）＋円ドルレート（終値）
import numpy as np
import pandas as pd
import matplotlib.pyplot as plt

# CSVファイル読み込み
mydf1 = pd.read_csv('NIKKEI20152018.csv', index_col=0, parse_dates=[0])
# print(mydf1.head())
mydf2 = pd.read_csv('NEWYORK20152018.csv', index_col=0, parse_dates=[0])
# print(mydf2.head())
mydf3 = pd.read_csv('USDJPY20152018.csv', index_col=0, parse_dates=[0])
# print(mydf3.head())
mydf = pd.merge(mydf1, mydf2, on='日付')
mydf = pd.merge(mydf, mydf3, on='日付')
# print(mydf.head())
mydf = mydf.sort_index()
```

```
18:   # print(mydf.head())
19:   N = len(mydf)
20:   print('N=', N)
21:
22:   nikkei = mydf['NIKKEI終値']
23:   nikkei = nikkei.apply(lambda x: x.replace(',', '')).astype(np.float)
24:   newyork = mydf['NEWYORK終値']
25:   newyork = newyork.apply(lambda x: x.replace(',', '')).astype(np.float)
26:   usdjpy = mydf['USDJPY終値']
27:
28:   L = 20
29:   tao = np.empty(2 * L + 1)
30:   corrcoef1 = np.empty(2 * L + 1)
31:   corrcoef2 = np.empty(2 * L + 1)
32:   corrcoef3 = np.empty(2 * L + 1)
33:   for t in range(2 * L + 1):
34:       tt = t - L
35:       tao[t] = tt
36:       nikkei_shift = nikkei.shift(tt)
37:       newyork_shift = newyork.shift(tt)
38:       usdjpy_shift = usdjpy.shift(tt)
39:       if tt > 0:
40:           corrcoef1[t] = np.corrcoef(nikkei[tt:N], nikkei_shift[tt:N])[0, 1]
41:           corrcoef2[t] = np.corrcoef(nikkei[tt:N], newyork_shift[tt:N])[0, 1]
42:           corrcoef3[t] = np.corrcoef(nikkei[tt:N], usdjpy_shift[tt:N])[0, 1]
43:       else:
44:           corrcoef1[t] = np.corrcoef(nikkei[0:N + tt], nikkei_shift[0:N + tt])[0, 1]
45:           corrcoef2[t] = np.corrcoef(nikkei[0:N + tt], newyork_shift[0:N + tt])[0, 1]
46:           corrcoef3[t] = np.corrcoef(nikkei[0:N + tt], usdjpy_shift[0:N + tt])[0, 1]
47:       print("tao=%4d  corr1=%7.4f  corr2=%7.4f  corr3=%7.4f" % (tao[t], corrcoef1[t], corrcoef2[t], corrcoef3[t]))
48:
49:   # グラフ表示
50:   # figure1
51:   plt.figure(num=1, figsize=(8, 5), dpi=180, facecolor='w', edgecolor='k')
52:   plt.title('Correlation Coefficient of NIKKEI (price)')
53:   plt.xlabel('tao')
54:   plt.ylabel('corrcoef')
55:   plt.grid()
```

10.3　説明変数の選択　　241

```
56:  plt.plot(tao, corrcoef1, color='blue')
57:  plt.show()
58:  # figure2
59:  plt.figure(num=2, figsize=(8, 5), dpi=180, facecolor='w', edgecolor='k')
60:  plt.title('Correlation Coefficient between NIKKEI and NEWYORK (price)')
61:  plt.xlabel('tao')
62:  plt.ylabel('corrcoef')
63:  plt.grid()
64:  plt.plot(tao, corrcoef2, color='blue')
65:  plt.show()
66:  # figure3
67:  plt.figure(num=3, figsize=(8, 5), dpi=180, facecolor='w', edgecolor='k')
68:  plt.title('Correlation Coefficient between NIKKEI and USDJPY (price)')
69:  plt.xlabel('tao')
70:  plt.ylabel('corrcoef')
71:  plt.grid()
72:  plt.plot(tao, corrcoef3, color='blue')
73:  plt.show()
```

解説

- **3:** numpy を読み込んで、np とします。
- **4:** pandas を読み込んで、pd とします。
- **5:** matplotlib から pyplot を読み込んで、plt とします。
- **8:** NEKKEI20152018.csv からデータを読み込み、データフレーム mydf1 に保存します。ただし、0 列目をインデックスとします。
- **9:** mydf1 の先頭行を表示します。
- **10:** NEWYORK20152018.csv からデータを読み込んで、データフレーム mydf2 に保存します。ただし、0 列目をインデックスとします。
- **11:** mydf2 の先頭行を表示します。
- **12:** USDJPY20152018.csv からデータを読み込んで、データフレーム mydf3 に保存します。ただし、0 列目をインデックスとします。
- **13:** mydf3 の先頭行を表示します。
- **14:** 「日付」をインデックスとして mydf1 と mydf2 を結合して、mydf に代入します。
- **15:** 「日付」をインデックスとして mydf と mydf3 を結合して、mydf に代入します。
- **16:** mydf の先頭行を表示します。
- **17:** mydf をインデックスの昇順にソートします。
- **18:** mydf の先頭行を表示します。
- **19:** mydf の長さ（行数）を N に代入します。

実践編

20: N を表示します。
22: mydf から「NIKKEI 終値」の列を取り出して、nikkei に代入します。
23: nikkei の要素の 3 桁ごとにある「,」を取り除きます。
24: mydf から「NEWYORK 終値」の列を取り出して、newyork に代入します。
25: newyork の要素の 3 桁ごとにある「,」を取り除きます。
26: mydf から「USDJPY 終値」の列を取り出して、usdjpy に代入します。
28: 中央から左右にシフトする最大日数を設定します。
29: シフトする日数を入れる配列 tao を用意します。
30: NIKKEI の自己相関係数を入れる配列 corrcoef1 を用意します。
31: NIKKEI と NEWYORK の相互相関係数を入れる配列 corrcoef2 を用意します。
32: NIKKEI と USDJPY の相互相関係数を入れる配列 corrcoef3 を用意します。
33〜47: nikkei の自己相関係数を求めて、用意された配列に保管します。
33: 繰り返しの for 文です。変数 t は 0 から 2L までの値をとります。
34: シフトする日数 tt を計算します。
35: tt を配列 tao に保管します。
36: 時系列 nikkei を tt 日シフトして、nikkei_shift に代入します。
37: 時系列 newyork を tt 日シフトして、newyork_shift に代入します。
38: 時系列 usdjpy を tt 日シフトして、usdjpy_shift に代入します。
39〜46: tt の値の正負によって対象時系列の範囲が違うので、if 文で分岐します。
39〜42: tt の値が正の場合、時系列の tt 番目から N 番目までのデータを使って、相関係数を計算します。
43〜46: tt の値が負の場合、時系列の 0 番目から N+tt 番目までのデータを使って相関係数を計算します。
47: 相関係数の計算結果を表示します。
50〜57: NIKKEI の自己相関係数 corrcoef1 の折れ線グラフを作成して表示します。
56: 横軸は tao、縦軸は corrcoef1 の折れ線グラフを描きます。ただし、色は青を指定します。
69〜65: NIKKEI と NEWYORK の相互相関係数 corrcoef2 の折れ線グラフを作成して表示します。
64: 横軸は tao、縦軸は corrcoef2 の折れ線グラフを描きます。ただし、色は青を指定します。
67〜73: NIKKEI と USDJPY の相互相関係数 corrcoef3 の折れ線グラフを作成して表示します。
72: 横軸は tao、縦軸は corrcoef3 の折れ線グラフを描きます。ただし、色は青を指定します。

なお、9、11、13、16、18 行目の print 文はコメントアウトしていますが、途中結果のチェックなどの際には、必要に応じてコメントアウトを解除して実行してください。

▷ 実行

VSCode のターミナル画面から次のように実行します。

```
> python ch10ex2.py
N= 951
tao= -20   corr1= 0.9031   corr2= 0.8028   corr3= 0.1122
tao= -19   corr1= 0.9078   corr2= 0.8051   corr3= 0.1131
tao= -18   corr1= 0.9123   corr2= 0.8073   corr3= 0.1135
tao= -17   corr1= 0.9173   corr2= 0.8095   corr3= 0.1137
tao= -16   corr1= 0.9221   corr2= 0.8120   corr3= 0.1141
tao= -15   corr1= 0.9264   corr2= 0.8144   corr3= 0.1146
tao= -14   corr1= 0.9303   corr2= 0.8167   corr3= 0.1149
tao= -13   corr1= 0.9345   corr2= 0.8187   corr3= 0.1145
tao= -12   corr1= 0.9386   corr2= 0.8210   corr3= 0.1150
tao= -11   corr1= 0.9433   corr2= 0.8232   corr3= 0.1153
tao= -10   corr1= 0.9477   corr2= 0.8255   corr3= 0.1162
tao=  -9   corr1= 0.9525   corr2= 0.8279   corr3= 0.1171
tao=  -8   corr1= 0.9565   corr2= 0.8302   corr3= 0.1180
tao=  -7   corr1= 0.9614   corr2= 0.8326   corr3= 0.1194
tao=  -6   corr1= 0.9666   corr2= 0.8353   corr3= 0.1210
tao=  -5   corr1= 0.9713   corr2= 0.8380   corr3= 0.1220
tao=  -4   corr1= 0.9767   corr2= 0.8405   corr3= 0.1224
tao=  -3   corr1= 0.9823   corr2= 0.8433   corr3= 0.1231
tao=  -2   corr1= 0.9882   corr2= 0.8458   corr3= 0.1246
tao=  -1   corr1= 0.9938   corr2= 0.8485   corr3= 0.1261
tao=   0   corr1= 1.0000   corr2= 0.8512   corr3= 0.1270
tao=   1   corr1= 0.9938   corr2= 0.8526   corr3= 0.1249
tao=   2   corr1= 0.9882   corr2= 0.8511   corr3= 0.1199
tao=   3   corr1= 0.9823   corr2= 0.8495   corr3= 0.1150
tao=   4   corr1= 0.9767   corr2= 0.8478   corr3= 0.1103
tao=   5   corr1= 0.9713   corr2= 0.8462   corr3= 0.1052
tao=   6   corr1= 0.9666   corr2= 0.8449   corr3= 0.1009
tao=   7   corr1= 0.9614   corr2= 0.8437   corr3= 0.0962
tao=   8   corr1= 0.9565   corr2= 0.8424   corr3= 0.0910
tao=   9   corr1= 0.9525   corr2= 0.8411   corr3= 0.0866
tao=  10   corr1= 0.9477   corr2= 0.8399   corr3= 0.0820
tao=  11   corr1= 0.9433   corr2= 0.8386   corr3= 0.0773
tao=  12   corr1= 0.9386   corr2= 0.8373   corr3= 0.0727
```

```
tao=  13   corr1= 0.9345   corr2= 0.8361   corr3= 0.0677
tao=  14   corr1= 0.9303   corr2= 0.8350   corr3= 0.0622
tao=  15   corr1= 0.9264   corr2= 0.8344   corr3= 0.0565
tao=  16   corr1= 0.9221   corr2= 0.8336   corr3= 0.0511
tao=  17   corr1= 0.9173   corr2= 0.8331   corr3= 0.0454
tao=  18   corr1= 0.9123   corr2= 0.8323   corr3= 0.0398
tao=  19   corr1= 0.9078   corr2= 0.8310   corr3= 0.0342
tao=  20   corr1= 0.9031   corr2= 0.8301   corr3= 0.0289
```

以上により、シフト日数 tao=-20 から 20 までの各相関係数の計算結果が表示されます。また、別ウィンドウで各相関係数の折れ線グラフが表示されます（図 10.7〜図 10.9）。

NIKKEI の自己相関係数については、シフト日数 tt=0 のとき、自己相関係数の値が最大値の 1 となります。また、その前後は、1 日シフトしたとき、2 日シフトしたときの相関係数が表示されていますが、1 から少しずつ減少していくことがわかります。

NIKKEI と NEWYORK の相互相関係数については、シフト日数 tt=1 のとき、相関係数の値が最大値の 0.8525 となります。その前後は、1 日シフトしたとき、2 日シフトしたときの相関係数が表示されていますが、1 から少しずつ減少していくことがわかります。また、NIKKEI と USDJPY の相互相関係数についても、シフト日数 tt=0 のとき、相関係数の値が最大値の 0.1270 となります。その前後は、1 日シフトしたとき、2 日シフトしたときの相関係数が表示されていますが、1 から少しずつ減少していくことがわかります。

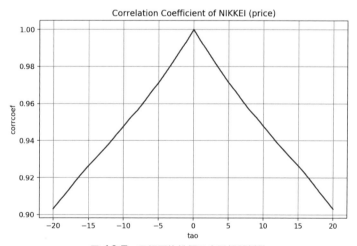

図 10.7 日経平均株価の自己相関係数

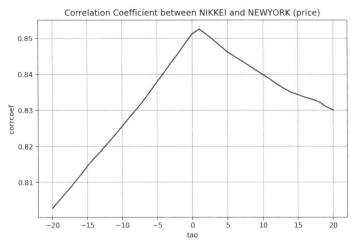

図 10.8　日経平均株価とニューヨークダウ平均株価の相互相関係数

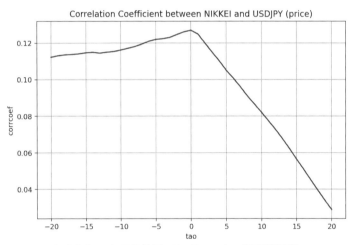

図 10.9　日経平均株価とドル円レートの相互相関係数

10.4　日経平均株価（終値）の予測プログラム

　以下では、Python を用いて線形回帰モデルによる株式の予測を実現します。これまで説明してきた日経平均株価（終値）を例として、各種評価指標を算出します。最後にプログラムの実行結果について考察します。

例題 10-3

データセット NIKKEI20152018.csv、NEWYORK20152018.csv、および USDJPY20152018.csv を用いて、以下の仕様要求を実現するプログラムを作成してください。

仕様要求

1. 線形回帰モデルにしたがって日経平均株価（終値）の予測を実現する。ただし、説明変数については目的変数の過去に $w(w = 1, 2, \ldots, W)$ 日シフトしたもの、および前日のニューヨークダウ平均と前日のドル円為替レートを用いるものとする。
2. 予測結果について各評価指標を算出する。
3. 日経平均株価（終値）の実測値と予測値をグラフで表示する。

作成

VSCode のエディタ画面でリスト 10.4 のソースコードを入力し、python3user フォルダ内の DMandML フォルダにファイル名 ch10ex3.py をつけて保存します。

リスト 10.4　ch10ex3.py

```python
# 線形回帰モデルによる時系列データの予測＋評価指標、グラフ表示
# NIKKEIの終値
import numpy as np
import pandas as pd
import matplotlib.pyplot as plt
from sklearn import linear_model
from sklearn import metrics

# CSVファイル読み込み
mydf1 = pd.read_csv('NIKKEI20152018.csv', index_col=0, parse_dates=[0])
mydf2 = pd.read_csv('NEWYORK20152018.csv', index_col=0, parse_dates=[0])
mydf3 = pd.read_csv('USDJPY20152018.csv', index_col=0, parse_dates=[0])
mydf = pd.merge(mydf1, mydf2, on='日付')
mydf = pd.merge(mydf, mydf3, on='日付')
mydf = mydf.sort_index()
N = len(mydf)
nikkei = mydf['NIKKEI終値']
nikkei = nikkei.apply(lambda x: x.replace(',', '')).astype(np.float)
```

10.4 日経平均株価（終値）の予測プログラム

```
19: newyork = mydf['NEWYORK終値']
20: newyork = newyork.apply(lambda x: x.replace(',', '')).astype(np.float)
21: usdjpy = mydf['USDJPY終値']
22:
23: # データを準備
24: L = 365
25: W = 4
26: newdf = pd.DataFrame(index=mydf.index, columns=[])
27: Y = nikkei[W - 1:N]
28: for i in range(1, W):
29:     newdf['x' + str(i)] = nikkei.shift(i).T
30: newdf['newyork'] = newyork.shift(1).T
31: newdf['usdjpy'] = usdjpy.shift(1).T
32: X = newdf[W - 1:N]
33:
34: # モデルを指定
35: model = linear_model.LinearRegression()
36:
37: # モデル学習と予測の繰り返し
38: M = 570
39: Ytest = np.empty(M)
40: Ypred = np.empty(M)
41: Ydate = []
42: for m in range(M):
43:     # モデルの学習
44:     xtrain = X[m:m + L]
45:     ytrain = Y[m:m + L]
46:     model.fit(xtrain, ytrain)
47:     # モデルによるYの予測値を計算
48:     Ytest[m] = Y[m + L:m + L + 1]
49:     ydate = str(Y.index[m + L]).split()[0]
50:     Ydate.append(ydate)
51:     xtest = X[m + L:m + L + 1]
52:     ypred = model.predict(xtest)
53:     Ypred[m] = ypred[0]
54:     print("ydate=", Ydate[m], "ytest=", Ytest[m], "ypred=", Ypred[m])
55:
56: # 評価指標MSE
57: mse = metrics.mean_squared_error(Ytest, Ypred)
58: print("MSE=", mse)
59: mae = np.sum(np.abs(Ypred - Ytest)) / M
60: print("MAE=", mae)
61: msre = np.dot((Ypred - Ytest) / Ytest, (Ypred - Ytest) / Ytest) / M
```

```
62:    print("MSRE=", msre)
63:    mare = np.sum(np.abs(Ypred - Ytest) / Ytest) / M
64:    print("MARE=", mare)
65:
66:    # グラフ表示
67:    plt.title('Prediction of Nikkei (Price)')
68:    plt.xlabel('date')
69:    plt.ylabel('price')
70:    plt.grid()
71:    plt.plot(Ytest, color='blue')
72:    plt.plot(Ypred, color='red')
73:    plt.show()
```

解説

- **3:** numpy を読み込んで、np とします。
- **4:** pandas を読み込んで、pd とします。
- **5:** matplotlib.pyplot を読み込んで、plt とします。
- **6:** sklearn から linear_model を読み込みます。
- **7:** sklearn から metrics を読み込みます。
- **10:** NEKKEI20152018.csv からデータを読み込んで、データフレーム mydf1 に保存します。ただし、0 列目をインデックスとします。
- **11:** NEWYORK20152018.csv からデータを読み込んで、データフレーム mydf2 に保存します。ただし、0 列目をインデックスとします。
- **12:** USDJPY20152018.csv からデータを読み込んで、データフレーム mydf3 に保存します。ただし、0 列目をインデックスとします。
- **13:** 「日付」をインデックスとして mydf1 と mydf2 を結合して、mydf に代入します。
- **14:** 「日付」をインデックスとして mydf と mydf3 を結合して、mydf に代入します。
- **15:** mydf をインデックスの昇順にソートします。
- **16:** mydf の長さ（行数）を N に代入します。
- **17:** mydf から「NIKKEI 終値」の列を取り出して、nikkei に代入します。
- **18:** nikkei の要素の 3 桁ごとにある「,」を取り除きます。
- **19:** mydf から「NEWYORK 終値」の列を取り出して、newyork に代入します。
- **20:** newyork の要素の 3 桁ごとにある「,」を取り除きます。
- **21:** mydf から「USDJPY 終値」の列を取り出して、usdjpy に代入します。
- **24:** 線形回帰モデルの学習過程で利用するデータ数 L を設定します。
- **25:** 最大シフト日数を設定します。W=4 の場合は、最大シフト日数は 3 となります。
- **26:** 説明変数を入れるために、空のデータフレーム newdf を用意します。
- **27:** 目的変数 Y：nikkei の W−1 番目から N 番目までを使います。

28:	繰り返しの for 文です。変数 i=1 から W−1 まで、次行の処理を繰り返します。
29:	nikkei を i 個過去にシフトして、データフレーム newdf の xi 列とします。
30:	newdf に過去 1 日シフトした newyork を追加します。
31:	newdf に過去 1 日シフトした usdjpy を追加します。
32:	説明変数 X です。newdf の W−1 番目から N 番目までを使います。
35:	線形回帰のモデルを指定します。ここでは、引数なし、つまりすべてデフォルト値を用います。
38:	予測する日数 M を 570 と指定します。
39:	目標変数の実測値を入れる配列 Ytest を用意します。
40:	目標変数の予測値を入れる配列 Ypred を用意します。
41:	日付を入れるリスト Ydate を用意します。
42:	繰り返しの for 文です。変数 m=0 から M−1 まで、55〜73 の処理を繰り返します。
44:	X の m 番目から m+L−1 番目までを訓練データ xtrain とします。
45:	Y の m 番目から m+L−1 番目までを訓練データ ytrain とします。
46:	xtrain と ytrain を用いて、モデルの学習を行います。
48:	日経平均株価（終値）の実測値を ytest に代入します。
49:	予測する日の日付を取り出します。
50:	日付のリスト Ydate に追加します。
51:	翌日の説明変数ベクトル Xtest を作成します。
52:	翌日の株価を予測して、ypred に代入します。
53:	Ypred に予測の結果を代入します。
54:	1 回分の予測結果を表示します。
57:	評価指標 MSE を算出して表示します。
59:	評価指標 MAE を算出して表示します。
61:	評価指標 MSRE を算出して表示します。
63:	評価指標 MARE を算出して表示します。
67〜73:	日経平均株価（終値）の予測結果の折れ線グラフを作成します。
71:	日経平均株価（終値）の実測値の折れ線グラフを描きます。ただし、色は青を指定します。
72:	日経平均株価（終値）の予測値の折れ線グラフを描きます。ただし、色は赤を指定します。

▶ 実行

VSCode のターミナル画面から以下のように実行します。実際には 570 日分の日経平均株価（終値）の予測結果が表示されますが、本書では紙面の都合でここに全部

示すことはできないので、2018 年 11 月 01 日から 2018 年 12 月 07 日までの日経平均株価（終値）の実測値と予測値だけを示しています。また、4 種類の評価指標の値も表示されます。

```
> python ch10ex3.py
 ...
ydate =2018年11月01日 ytest = 21687.65 ypred = 22096.63
ydate =2018年11月02日 ytest = 22243.66 ypred = 21840.00
ydate =2018年11月05日 ytest = 21898.99 ypred = 22387.26
ydate =2018年11月06日 ytest = 22147.75 ypred = 22058.16
ydate =2018年11月07日 ytest = 22085.80 ypred = 22298.19
ydate =2018年11月08日 ytest = 22486.92 ypred = 22291.10
ydate =2018年11月09日 ytest = 22250.25 ypred = 22674.11
ydate =2018年11月12日 ytest = 22269.88 ypred = 22422.31
ydate =2018年11月13日 ytest = 21810.52 ypred = 22369.16
ydate =2018年11月14日 ytest = 21846.48 ypred = 21932.72
ydate =2018年11月15日 ytest = 21803.62 ypred = 21940.48
ydate =2018年11月16日 ytest = 21680.34 ypred = 21936.10
ydate =2018年11月19日 ytest = 21821.16 ypred = 21808.19
ydate =2018年11月20日 ytest = 21583.12 ypred = 21909.35
ydate =2018年11月21日 ytest = 21507.54 ypred = 21657.19
ydate =2018年11月26日 ytest = 21812.00 ypred = 21576.14
ydate =2018年11月27日 ytest = 21952.40 ypred = 21896.70
ydate =2018年11月28日 ytest = 22177.02 ypred = 22047.15
ydate =2018年11月29日 ytest = 22262.60 ypred = 22286.88
ydate =2018年11月30日 ytest = 22351.06 ypred = 22357.84
ydate =2018年12月03日 ytest = 22574.76 ypred = 22443.08
ydate =2018年12月04日 ytest = 22036.05 ypred = 22674.54
ydate =2018年12月06日 ytest = 21501.62 ypred = 22094.73
ydate =2018年12月07日 ytest = 21678.68 ypred = 21553.88
MSE= 47300.36415115859
MAE= 160.36344165797618
MSRE= 0.000115294260011937574
MARE= 0.00789363107014748
```

さらに、別ウィンドウで日経平均株価（終値）実測値と予測値の折れ線グラフが表示されます（図 10.10）。このグラフから、日経平均株価（終値）の実測値と予測値が全体的にほぼ一致していることがわかります。

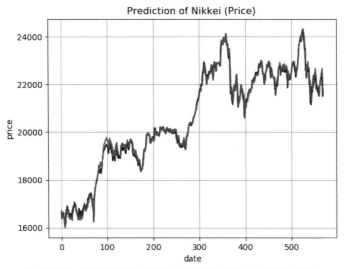

図 10.10　日経平均株価（終値）の実測値（青）と予測値（赤）

考　察

　ここで、それぞれの各種評価指標の値について、考察しておきます。

　評価指標 MSE の値は 47300.36 となっています。この指標は小さいほうがよいのですが、計算するときに実測値と予測値の誤差の 2 乗を使っているので、この数値がどのくらいの感覚なのか、つかみづらくなっています。

　また、評価指標 MAE の値は 160.36 となっています。この指標は実測値と予測値の誤差の絶対値の平均なので、全体的に毎日 160.36 円の誤差があるということが直観的にわかります。日経平均株価で 160.36 円というのは、そう小さな変動幅ではないので、今回の予測結果はまだまだ満足のできるレベルではないと考えられます。

　さらに、評価指標 MSRE の値は 0.0001 となっています。これも、計算するときに実測値と予測値の相対誤差の 2 乗を使っているので、やはりどのくらいの感覚なのかつかみづらいところがあります。

　最後に、評価指標 MARE の値は 0.0078 となっています。つまり、予測の相対誤差は約 0.78% です。この誤差値は比較的小さいもので、およそ利用できる精度に達していますが、日経平均株価の前日比の値と比べてみると、プログラムはまだ改善の余地があるということになります。

MEMO

第 11 章

テキストデータマイニング

　第 9 章と第 10 章では、時系列数値データに対して、データマイニングと機械学習の基本理論を応用しました。これからの第 11 章と第 12 章では、テキストデータを対象として、データマイニングと機械学習の基本理論を応用するための手法と応用例を示します。

　本章では、日本語の形態素解析ソフトウェア MeCab を導入して、日本語の文書から単語を抽出します。そして、各単語の出現回数を基本情報として、テキスト文書の数値化手法である TF–IDF について説明し、それを用いたベクトル空間表現とコサイン類似度を導入します。

　そのうえで、scikit–learn ライブラリにある関連関数を紹介して、Python でこれらの指標を算出するプログラムの実現を示します。最後に、簡単な日本語文書のコーパスに対して、文書間の類似度を算出するプログラム例を示し、その動作確認と性能評価について確認します。

11.1　形態素解析と MeCab

　形態素とは、言語学の専門用語で、意味をもつ言葉の最小単位のことです。また、**形態素解析**（morphological analysis）とは、コンピュータを用いた自然言語処理を行う際、単文（句）を形態素まで分割し、それぞれの原形と品詞などの情報を取り出すための基本技術です。

　一般的に自然言語処理は、形態素解析、構文解析、意味解析の 3 つの段階からなりますが、形態素解析はその初期段階です。

　さて、形態素解析で行う作業には以下の 2 つがあります。

- 単語分割（word segmentation）
- 品詞のタグ付け（part of speech tagging）

　単語分割とは、文の中のどの部分が単語なのかを決める作業です。英語やフランス語などの多くのヨーロッパ言語では、単語が空白によって区切られているため、単語の同定はきわめて容易です。しかし、日本語や中国語などでは、単語の間に空白を入

れる習慣がないため、単語の同定自体が困難です。このため、単語分割が必要になります。

簡単な例を用いて、日本語の単語分割についてみてみましょう。

例 1　大きな地震が来ないことを祈ります。

これに、以下のように区切りを入れ、単語を分割して抽出します。

大きな 地震 が 来 ない こと を 祈り ます 。

次の例もみてみます。

例 2　最高値

この場合、以下の 2 通りの分割法があります。

- 最　高値（さい　たかね）
- 最高　値（さいこう　ち）

また、形態素解析では品詞のタグ付けも行います。**品詞のタグ付け**とは、文中の単語の品詞を決める作業です。日本語の場合、多品詞語が少ないので、品詞のタグ付けは比較的容易にできます。ここで、以下の例文を考えてみます。

例文　今日は日曜日だけど学校に行く。

この単語分割と品詞タグ付けの結果を表 11.1 に示します。

表 11.1 単語分割と品詞タグ付けの結果

単語	品詞
今日	名詞
は	格助詞
日曜日	名詞
だ	助動詞
けど	接続助詞
学校	名詞
に	格助詞
行く	動詞
。	句点

ここで述べた形態素解析の処理がコンピュータソフトウェアを用いて実現できます。代表的なオープンソース日本語形態素解析のソフトウェアについて、そのパッケージ名と配布元 Web サイトの URL を以下に示します[*1]。

- MeCab（和布蕪）：http://taku910.github.io/mecab/
- Juman と Juman++：http://nlp.ist.i.kyoto-u.ac.jp/
- ChaSen（茶筌）：http://chasen-legacy.osdn.jp/
- Sen（MeCab の Java への移植）：https://www.mlab.im.dendai.ac.jp/ ~yamada/ir/MorphologicalAnalyzer/Sen.html

上記の中では MeCab が特に広く使われています。その主な理由としては以下のようなことがあげられます。

- MeCab 本体は、Windows と Linux の両方の環境に対応している
- Juman、ChaSen より高速に処理できる
- 辞書が MeCab 本体から独立していて、その拡張が簡単にできる
- Python などのスクリプト言語から簡単にアクセスできる

[*1] いずれの URL も、2019 年 7 月現在のもの。

11.2 MeCab の簡単なプログラム例

例題 11-1

以下の仕様要求を実現するプログラムを作成してください。

仕様要求
MeCab を用いて、与えられた日本語文を単語に分割し、それぞれの単語の品詞と原形（辞書形）を求める。

作成

VSCode のエディタ画面でリスト 11.1 のソースコードを入力し、python3user フォルダ内の DMandML フォルダにファイル名 ch11ex1.py をつけて保存します。

リスト 11.1　ch11ex1.py

```
1:  # MeCabテスト
2:  import MeCab
3:
4:  tagger = MeCab.Tagger()
5:  text = "MeCabで遊んでみよう！"
6:  # 解析結果を変数に入れる
7:  tokens = tagger.parse(text)
8:  # 解析結果を表示する
9:  print(tokens)
```

解説

2: パッケージ MeCab を読み込みます。
4: 形態素解析器 tagger を作成します。
5: 解析したい日本語の文を text に与えます。
7: tagger の parse メソッドを使って、text に対して形態素解析を行います。その結果を tokens に代入します。
9: 形態素解析の結果を一括で表示します。

実行

VSCode のターミナル画面から次のように実行します。

```
> python ch11ex1.py
MeCab    名詞,一般,*,*,*,*,*
で       助詞,格助詞,一般,*,*,*,で,デ,デ
遊ん     動詞,自立,*,*,五段・バ行,連用タ接続,遊ぶ,アソン,アソン
で       助詞,接続助詞,*,*,*,*,で,デ,デ
みよ     動詞,非自立,*,*,一段,未然ウ接続,みる,ミヨ,ミヨ
う       助動詞,*,*,*,不変化型,基本形,う,ウ,ウ
！       記号,一般,*,*,*,*,！,！,！
EOS
```

文「MeCab で遊んでみよう！」は形態素（単語）別に分割されて、それぞれの単語の表記、品詞、活用、原形および読みが表示されています。

例題 11-2

以下の仕様要求を実現するプログラムを作成してください。

仕様要求
1. MeCab を用いて、与えられた日本語文を単語に分割する。
2. それぞれの単語について、その表記と対応する属性情報に分離する。
3. 属性情報の各要素を求める。

</> 作成

VSCode のエディタ画面でリスト 11.2 のソースコードを入力し、python3user フォルダ内の DMandML フォルダにファイル名 ch11ex2.py をつけて保存します。

リスト 11.2　ch11ex2.py

```
1:   # MeCab 品詞情報分離
2:   import MeCab
3:
4:   tagger = MeCab.Tagger()
5:   text = "MeCabで遊んでみよう！"
6:   # 解析結果を変数に入れる
7:   node = tagger.parseToNode(text)
8:   # node.surface 形態素の表記
9:   # node.feature 形態素の品詞、読みなど属性情報
10:  while node:
11:      print(node.surface + '\t', end='')
```

```
12:        node_features = node.feature.split(",")
13:        for nf in node_features:
14:            print(nf + '/', end='')
15:        print()
16:        node = node.next
```

💬 解説

- **2:** パッケージ MeCab を読み込みます。
- **4:** 形態素解析器 tagger を作成します。
- **5:** 解析したい日本語の文を text に与えます。
- **7:** tagger の parseToNode メソッドを使って、text に対して形態素解析を行います。その結果を node に代入します。
- **10〜16:** node の中身を処理する繰り返しです。
- **10:** while 文です。node に要素があれば繰り返します。
- **11〜16:** while 文の繰り返しの本体です。
- **11:** 単語の表記と水平タブを表示します。ただし、表示後に改行しません。
- **12:** 単語の属性情報を「,」で分割して、node_features に代入します。
- **13〜15:** node_features の要素を表示します。ただし、要素の間に「/」を挿入します。
- **16:** node の次の要素に置き換えます。

▶ 実行

VSCode のターミナル画面から以下のように実行します。

```
> python ch11ex2.py
        BOS/EOS/*/*/*/*/*/*/*/
MeCab   名詞/一般/*/*/*/*/*/
で      助詞/格助詞/一般/*/*/*/で/デ/デ/
遊ん    動詞/自立/*/*/五段・バ行/連用タ接続/遊ぶ/アソン/アソン/
で      助詞/接続助詞/*/*/*/*/で/デ/デ/
みよ    動詞/非自立/*/*/一段/未然ウ接続/みる/ミヨ/ミヨ/
う      助動詞/*/*/*/不変化型/基本形/う/ウ/ウ/
！      記号/一般/*/*/*/*/！/！/！/
        BOS/EOS/*/*/*/*/*/*/*/
```

このように、形態素解析の結果が表示されます。各行には、単語の表記と、「/」区切りでその単語に対応する属性情報が表示されます。また、属性情報の最初の 3 つは、それぞれ品詞の大分類、中分類、小分類となっています。

例題 11-3

以下の仕様要求を実現するプログラムを作成してください。

仕様要求
1. MeCab を用いて、与えられた日本語文を単語に分割する。
2. それぞれの単語について、その表記と対応する属性情報を分離する。
3. 属性情報の各要素を求める。
4. 一般名詞と固有名詞のみを抽出して、名詞リストに保管する。
5. 名詞リストを表示する。

</> 作成

VSCode のエディタ画面でリスト 11.3 のソースコードを入力し、python3user フォルダ内の DMandML フォルダにファイル名 ch11ex3.py をつけて保存します。

リスト 11.3　ch11ex3.py

```
 1: # MeCab 固有名詞、一般名詞を抽出
 2: import MeCab
 3:
 4: tagger = MeCab.Tagger()
 5: text = '日本国民は、正当に選挙された国会における代表者を通じて行動し、\
 6: われらとわれらの子孫のために、諸国民との協和による成果と、\
 7: わが国全土にわたって自由のもたらす恵沢を確保し、\
 8: 政府の行為によって再び戦争の惨禍が起ることのないようにすることを決意し、\
 9: ここに主権が国民に存することを宣言し、この憲法を確定する。'
10: print("日本語の文：")
11: print(text)
12:
13: doc = []
14: node = tagger.parseToNode(text)
15: while node:
16:     # print(node.surface + '\t' + node.feature)
17:     # 形態素属性を分割してリストに入れる
18:     node_features = node.feature.split(",")
19:     if node_features[0] == "名詞" and (node_features[1] == "一般" or node_features[1] == "固有名詞"):
20:         doc.append(node.surface)
21:     node = node.next
```

```
22:
23:    print('名詞リスト：')
24:    for word in doc:
25:        print(word)
```

解説

- **2:** パッケージ MeCab を読み込みます。
- **4:** 形態素解析器 tagger を作成します。
- **5〜9:** 解析したい日本語の文を text に与えます。ここでは、日本国憲法の前文の一部を用いました。なお、「\」は行の継続を明示的に表す記号です。
- **10〜11:** text の中身を表示します。
- **13:** 名詞を入れるための空のリスト doc を用意します。
- **14:** tagger の parseToNode メソッドを使って、text に対して形態素解析を行います。その結果を node に代入します。
- **15〜21:** node の中身を処理する繰り返しです。
- **15:** while 文です。node に要素があれば繰り返します。
- **16:** 単語の表記と属性情報を表示します。
- **18:** 単語の属性情報を「,」で分割して、node_features に代入します。
- **19〜20:** 一般名詞と固有名詞を抽出します。具体的には、node_features の 0 番目要素が「名詞」で、node_features の 1 番目の要素が「一般」または「固有名詞」の場合に、その単語の node.surface を doc に追加します。
- **21:** node の次の要素に置き換えます。
- **23〜25:** 名詞リスト doc の要素を表示します。

実行

VSCode のターミナル画面から以下のように実行します。

```
> python ch11ex3.py
日本語の文：
日本国民は、正当に選挙された国会における代表者を通じて行動し、われらとわれらの子孫のために、諸国民との協和による成果と、わが国全土にわたって自由のもたらす恵沢を確保し、政府の行為によって再び戦争の惨禍が起ることのないようにすることを決意し、ここに主権が国民に存することを宣言し、この憲法を確定する。
名詞リスト：
日本
国民
国会
子孫
```

国民
成果
わが国
全土
恵沢
政府
惨禍
主権
国民
憲法

　この実行結果から、与えられた日本語の文（日本国憲法の前文の一部）にある名詞がそれぞれ取り出されたことがわかります。

11.3　文書データの数値化：TF-IDF

11.3.1　単語の重み付け

　MeCabを使って、文書から単語を抽出することができました。次は、文書集合のレベルで単語について考えてみましょう。

　文書から抽出した単語は、文書の内容と関係の濃いものもあれば、関係の薄いものもあります。したがって、抽出された単語が文書の内容をどれだけ表しているかを数値的に測ることができれば、より正確に重要な単語を見つけられるようになると考えられます。ただし、ここでいう「内容との関係」とは、人間が意味的に理解できる範囲と異なり、あくまでも機械処理を用いて見つけられる範囲のことです。

　ここで、機械で文書集合の中の単語を簡単に調べる手法として、各文書内の単語の出現回数と単語の出現文書数を調べる方法があります。簡単な機械による文書処理の場合、これらの単純な情報のみを用いて、単語の重み付けに関する数値指標が定義されています。

　例えば、文書内の単語の出現回数をもとに**単語の出現頻度（TF**：Term[*2] Frequency）が定義されます。

　また、単語の出現文書数をもとに**単語の文書頻度（DF**：Document Frequency）が定義されます。

　さらに、この2つの指標を組み合わせて、**TF-IDF**が定義されます。

[*2]　termは通常「用語」と日本語に訳されますが、情報検索の分野で最初にTF-IDFが考え出されたので、いまでも「索引語」の意味でtermが使われています。

11.3.2　単語の出現頻度（TF）

まずは、**出現頻度（TF）**の定義を示します。

いま $tf(k,j)$ は文書 j における単語 t_k の出現頻度を表します。このとき単語 t_k の文書 j における出現回数を $n_{k,j}$ とすると、出現頻度 $tf(k,j)$ は以下にように計算されます。

$$tf(k,j) = \frac{n_{k,j}}{N_j} = \frac{n_{k,j}}{\sum_l n_{l,j}}$$

ここで、$N_j = \sum_l n_{l,j}$ は文書 j にある単語の総数です。したがって、$tf(k,j)$ の値が大きいほど、その単語が重要と判断されます。

11.3.3　単語の文書頻度（DF）

次に、**文書頻度（DF）**の定義を示します。いま $df(k)$ は文書集合全体における単語 t_k が出現した文書の頻度を表します。このとき、文書 j において単語 t_k が 1 回以上出現すれば、その文書に出現したとします。

また、文書集合全体における単語 t_k が 1 回以上出現した文書を数えて、単語 t_k の出現文書数と呼び、d_k と記します。

このとき、文書集合全体の文書数を D とすると、出現頻度 $df(k)$ は以下のように計算されます。

$$df(k) = \frac{d_k}{D}$$

一方、どの文書にも出現する単語は、むしろ重要ではないということが経験的にわかっています。つまり、この場合、$df(k)$ の値が大きいほど単語 t_k が重要ではなくなるので、重要度を示す指標としてその逆数を対数化（一般的に自然対数）したものを用います。これを**逆文書頻度（IDF**：Inverted Document Frequency）と呼びます。

$$idf(k) = \log \frac{1}{df(k)} = \log \frac{D}{d_k}$$

ここでは、対数関数が減衰因子として使われていますので、$idf(k)$ の値が大きいほどその単語 t_k が重要になります。

さらに、平滑化[*3]を導入して、IDF は以下のように計算されます。

$$idf(k) = \log \frac{1+D}{1+d_k}$$

[*3] **平滑化**（smoothing）とは、データの中にある極端な値をなくしてなめらかにすることです。

なお、ソフトウェアライブラリによっては、平滑化には以下の計算式を用いることもあります。

$$idf(k) = \log \frac{D}{d_k} + 1$$

11.3.4 TF-IDF

最後に、ここまで定義した出現頻度（TF）と逆文書頻度（IDF）の積を用いて、単語 t_k の重みを以下のように定義します。

$$tfidf(k, j) = tf(k, j) \cdot idf(k)$$

この $tfidf(k, j)$ の値が大きいほど、その単語が重要と判断されます。

11.3.5 数値計算例

上記の定義を理解するために、具体的な数値計算の例を示します。ある文書集合に対して、MeCab を用いて抽出した各文書の単語のリストがリスト 11.4、11.5、11.6 のようにあるとして、各単語の TF、IDF、および IDF を計算します（表 11.2〜表 11.6）。

リスト 11.4　文書集合

```
doc1 = ['国民', '安心', '安心', '安全']
doc2 = ['国民', '国民', '国民', '生活', '生活','安心']
doc3 = ['生活', '安全', '安全']
doc4 = ['生活', '生活', '生活', '安心', '安心', '安全']
doc5 = ['生活', '生活', '安心', '安心', '安心']
```

リスト 11.5　単語帳

```
word1=国民
word2=安心
word3=安全
word4=生活
```

リスト 11.6　各文書の単語数

```
doc1: 4
doc2: 6
doc3: 3
doc4: 6
doc5: 5
文書数=5
```

表 11.2 出現回数

単語	doc1	doc2	doc3	doc4	doc5
国民	1	3	0	0	0
安心	2	1	0	2	3
安全	1	0	2	1	0
生活	0	2	1	3	2

表 11.3 出現頻度 TF

単語	doc1	doc2	doc3	doc4	doc5
総数	4	6	3	6	5
国民	0.25	0.5	0	0	0
安心	0.5	0.166667	0	0.333333	0.6
安全	0.25	0	0.666667	0.166667	0
生活	0	0.333333	0.333333	0.5	0.4

表 11.4 出現文書数

単語	doc1	doc2	doc3	doc4	doc5	出現文書数
国民	1	3	0	0	0	2
安心	2	1	0	2	3	4
安全	1	0	2	1	0	3
生活	0	2	1	3	2	4

表 11.5 文書頻度 DF と逆文書頻度 IDF

単語	出現文書数	文書数	df	idf
国民	2	5	0.4	0.916291
安心	4	5	0.8	0.223144
安全	3	5	0.6	0.510826
生活	4	5	0.8	0.223144

表 11.6 TF-IDF

単語	doc1	doc2	doc3	doc4	doc5
国民	0.229073	0.458145	0	0	0
安心	0.111572	0.037191	0	0.074381	0.133886
安全	0.127706	0	0.34055	0.085138	0
生活	0	0.074381	0.074381	0.111572	0.089257

この TF–IDF 数値計算の結果から、各文書にある最大値（表中のグレーのセル）に対応する単語がその文書における最も重要な単語です。以上より、各文書の最重要単語を求めると、次のようになります。

```
doc1：国民
doc2：国民
doc3：安全
doc4：生活
doc5：安心
```

11.4 ベクトル空間モデルとコサイン類似度

11.4.1 ベクトル空間モデル

ここまで述べた MeCab による単語抽出と TF–IDF による重み付けを行えば、単語の重み指標を算出できます。

さらに、各文書から抽出した単語を一定の順番で並べて単語帳をつくっておけば、その順番にしたがって各単語の重み指標を以下のように並べることができます。

```
単語1の重み
単語2の重み
 …
単語Mの重み
```

この表記を**重みベクトル**と呼びます。

重みベクトルを用いると、N 個の文書からなる文書集合があるとき、あらかじめ単語帳を用意しておけば、j 番目の文書を以下のように表現できます。

$$d_j = \begin{bmatrix} d_{1j} \\ d_{2j} \\ \vdots \\ d_{Mj} \end{bmatrix}$$

さらに、文書 1, 文書 2, …, 文書 N の重みベクトルを並べると、次のような $M \times N$ の行列を作成できます。

$$D = \begin{bmatrix} d_1 & d_2 & \ldots & \ldots & d_N \end{bmatrix}$$
$$= \begin{bmatrix} d_{11} & \ldots & d_{1N} \\ \vdots & \ddots & \vdots \\ d_{M1} & \ldots & d_{MN} \end{bmatrix}$$

さらに、$D = [d_{ij}]$ と表した場合、i は行（つまり単語）、j は列（つまり文書）を表しています。この行列 D を**単語文書行列**（term-document matrix）と呼びます。この行列の列は特定文書にある各単語の重みを表し、行は特定単語に関する各文書にある重みを表しています。

このように、単語文書行列（重みベクトルの集合）を用いて文書集合の全体を表す手法は、**ベクトル空間モデル**と呼ばれています。

11.4.2　コサイン類似度

以上により、文書を重みベクトルで表すことができるようになりました。さて、2 つの文書ベクトル (d_i, d_j) の間の類似度は、以下のような**コサイン類似度**を用いて計算できます。

$$\text{(コサイン類似度)}(d_i, d_j) = \frac{(d_i \text{と} d_j \text{の内積})}{(d_i \text{の大きさ} \times d_j \text{の大きさ})}$$

$$= \frac{\sum_{k=1}^{M}(d_{ki} \cdot d_{kj})}{\sqrt{\sum_{k=1}^{M}(d_{ki})^2} \cdot \sqrt{\sum_{k=1}^{M}(d_{kj})^2}}$$

11.4.3　数値計算例

上記のコサイン類似度の定義を理解するために、具体的な数値計算例を示します。11.3.3 項の TF–IDF を用いて、文書間のコサイン類似度を計算します。このために、表 11.6 の TF–IDF の計算結果を用いて、順番に重みベクトルの大きさ、重みベクトル間の内積、そして文書間のコサイン類似度を計算します。それぞれの計算結果を表 11.7、表 11.8、表 11.9 に示します。

表 11.7　重みベクトルの大きさ

	doc1	doc2	doc3	doc4	doc5
|doc|	0.285011	0.465632	0.348579	0.158837	0.160911

表 11.8　重みベクトル間の内積

	doc1	doc2	doc3	doc4	doc5
doc1	0.081231	0.109098	0.04349	0.019171	0.014938
doc2	0.109098	0.216813	0.005533	0.011065	0.011618
doc3	0.04349	0.005533	0.121507	0.037292	0.006639
doc4	0.019171	0.011065	0.037292	0.025229	0.019917
doc5	0.014938	0.011618	0.006639	0.019917	0.025892

表 11.9　文書間の類似度

	doc1	doc2	doc3	doc4	doc5
doc1	1	0.822076	0.437755	0.423488	0.325718
doc2	0.822076	1	0.034087	0.14961	0.155066
doc3	0.437755	0.034087	1	0.673548	0.118364
doc4	0.423488	0.14961	0.673548	1	0.779275
doc5	0.325718	0.155066	0.118364	0.779275	1

　この数値計算の結果（表 11.7〜表 11.9）から、類似度の最大値を確認すると、文書 1 と文書 2 の間の類似度は 0.822076 となっているので、文書 1 と文書 2 が最も似ているといえます。

11.5　scikit-learn によるプログラム実現

11.5.1　TF-IDF のプログラム実現

　TF–IDF は、scikit–learn ライブラリの feature_extraction モジュールの text サブモジュールにある TfidfVectorizer クラスを用いて実現できます。ここでは、このクラスの呼び出し方やパラメータの指定について解説します。
　まず、以下のようにモジュールを読み込みます。

```
from sklearn.feature_extraction import text
```

　そして、以下のように TfidfVectorizer を呼び出して、このクラスのオブジェクトを生成します。

```
vectorizer = text.TfidfVectorizer(引数)
```

ここで、よく使われる引数は次のとおりです。

- max_df：df のカットオフ値（境界となる値）。[0.0, 1.0] の実数または整数。df の値がこのカットオフ値より大きい場合は、その単語を省略する。実数の場合は文書の出現頻度。整数の場合は出現回数（デフォルト値＝ 1.0）
- min_df：df のカットオフ値。[0.0, 1.0] の実数または整数。df の値がこのカットオフ値より小さい場合は、その単語を省略する。実数の場合は文書の出現頻度。整数の場合は出現回数（デフォルト値＝ 1）
- max_features：値は int または None。None でなければ、単語帳に上位 max_features 個の単語を登録する
- norm:値は'l1'、'l2' または None。'l1' の場合は、L1 ノルムで正規化を行う。'l2' の場合は、L2 ノルムで正規化を行う。None の場合は、正規化を行わない
- use_idf：ブール値。デフォルト値＝ False。IDF を使用するかどうか設定する
- smooth_tf：ブール値。デフォルト値＝ True。IDF の計算式に平滑化を導入するかどうか設定する

また、よく使われる属性は以下のとおりです。

- vuocabulary_：辞書値。単語と出現回数
- idf_：配列値。単語の IDF の値

よく使われるメソッドは以下のとおりです。

- fit_transform(引数)：引数は文書を要素とする numpy 配列。単語帳と IDF を学習して、単語文書行列を算出する
- get_feature_names()：特徴量の名前を取得する

11.5.2　コサイン類似度のプログラム実現

Python では、コサイン類似度は scikit–kearn ライブラリの sklearn.metrics.pariwise モジュールにある cosine_similarity クラスを用いて実現できます。このクラスの呼び出し方やパラメータの指定について解説します。

まず、以下のようにモジュールを読み込みます。

```
from sklearn.metrics.pairwise import cosine_similarity
```

そして、次のように TfidfVectorizer を呼び出して、このクラスのオブジェクトを生成します。

```
similarity = cosine_similarity(引数X, 引数Y)
```

これによって引数 X と引数 Y が与えられた場合、行列 X の列ベクトルと行列 Y の列ベクトルの、ペアの間で、コサイン類似度を求めます。なお、引数 X のみが与えられた場合は、行列 X の列ベクトルの、ペアの間のコサイン類似度を求めます。

よく使われる引数は以下のとおりです。

- X：行数＝サンプル数、列数＝特徴量数の numpy の配列。入力データ
- Y：行数＝サンプル数、列数＝特徴量数の numpy の配列。入力データ（使われないときがある）

戻り値は、引数 X と引数 Y が与えられた場合は、行数＝引数 X のサンプル数、列数＝引数 Y のサンプル数の配列です。

引数 X のみが与えられた場合は、行数＝引数 X のサンプル数、列数＝引数 X のサンプル数の配列です。

11.6 Python による TF-IDF とコサイン類似度のプログラム例

例題 11-4

以下の仕様要求を実現するプログラムを作成してください。

仕様要求
1. 与えられた文書集合の単語リストから単語文書行列（TF-IDF）を求める。
2. 単語文書行列を表形式で表示する。

</> 作成

VSCode のエディタ画面でリスト 11.7 のソースコードを入力し、python3user フォルダ内の DMandML フォルダにファイル名 ch11ex4.py をつけて保存します。

リスト 11.7　ch11ex4.py

```
1:  # TF-IDFを計算
2:  import numpy as np
3:  from sklearn.feature_extraction.text import TfidfVectorizer
4:
```

```
 5:    # 文書集合
 6:    docs = [
 7:    '国民 安心 安心 安全',
 8:    '国民 国民 国民 生活 生活 安心',
 9:    '生活 安全 安全',
10:    '生活 生活 生活 安心 安心 安全',
11:    '生活 生活 安心 安心 安心',
12:    ]
13:    print("文書集合=")
14:    for doc in docs:
15:        print(doc)
16:
17:    # オブジェクト生成
18:    npdocs = np.array(docs)
19:    vectorizer = TfidfVectorizer(norm=None, smooth_idf=False)
20:    vecs = vectorizer.fit_transform(npdocs)
21:
22:    # 単語帳を表示
23:    terms = vectorizer.get_feature_names()
24:    print("単語文書行列 (TF-IDF)=")
25:    print("単語\t", end='')
26:    for term in terms:
27:        print("%6s   " % term, end='')
28:    print()
29:
30:    # TF-IDFを計算
31:    tfidfs = vecs.toarray()
32:    # 計算結果を表示
33:    for n, tfidf in enumerate(tfidfs):
34:        print("文書", n, "\t", end='')
35:        for t in tfidf:
36:            print("%8.4f" % t, end='')
37:        print()
```

> **解説**

2: numpy を読み込んで np とします。

3: sklearn.feature_extraction.text から TfidfVectorizer を読み込みます。

6〜12: リストで日本語の文書集合を docs に与えます。このリストの要素は、空白区切りで1つの文書内の単語を記述します。

13〜16: docs の中身を表示します。

18: リスト docs を np の配列に変換して、npdocs に代入します。

- **19:** TfidfVectorizer のオブジェクト vectorizer を生成します。ただし、正規化も、平滑化もしません。
- **20:** 入力データ npdocs を用いて、vectorizer の学習を行い、その結果を vecs に代入します。
- **23:** 単語帳を取得して、terms に代入します。
- **24:** 「単語文書行列（TF–IDF）=」を表示します。
- **31:** vecs から TF–IDF の計算結果を取得して、tfidfs に代入します。
- **33〜37:** TF–IDF の計算結果を文書別に表示します。
- **33:** 繰り返し文です。tfidfs の要素に番号をつけて取り出し、n と tfidf とします。
- **34〜36:** 文書番号と tfidf の要素を 1 行で表示します。
- **37:** 改行のみ行います。

▶ 実行

VSCode のターミナル画面から以下のように実行します。

```
> python ch11ex4.py
文書集合=
国民 安心 安心 安全
国民 国民 国民 生活 生活 安心
生活 安全 安全
生活 生活 生活 安心 安心 安全
生活 生活 安心 安心 安心
単語文書行列 (TF-IDF)=
単語      国民      安全      安心      生活
文書 0   1.9163   1.5108   2.4463   0.0000
文書 1   5.7489   0.0000   1.2231   2.4463
文書 2   0.0000   3.0217   0.0000   1.2231
文書 3   0.0000   1.5108   2.4463   3.6694
文書 4   0.0000   0.0000   3.6694   2.4463
```

この実行結果から、与えられた文書集合とその文書単語行列（TF–IDF）を確認できます。

例題 11-5

以下の仕様要求を実現するプログラムを作成してください。

仕様要求
1. 与えられた文書集合の単語リストから単語文書行列（TF–IDF）を求める。
2. 1. で求めた単語文書行列を用いて、各文書の間のコサイン類似度を計算する。
3. 2. の計算結果を表形式で表示する。

作成

VSCode のエディタ画面でリスト 11.8 のソースコードを入力し、python3user フォルダ内の DMandML フォルダにファイル名 ch11ex5.py をつけて保存します。

リスト 11.8　ch11ex5.py

```
 1:   # 文書間の類似度
 2:   import numpy as np
 3:   from sklearn.feature_extraction.text import TfidfVectorizer
 4:   from sklearn.metrics.pairwise import cosine_similarity
 5:
 6:   # 文書集合
 7:   docs = [
 8:   '国民 安心 安心 安全',
 9:   '国民 国民 国民 生活 生活 安心',
10:   '生活 安全 安全',
11:   '生活 生活 生活 安心 安心 安全',
12:   '生活 生活 安心 安心 安心',
13:   ]
14:   print("文書集合=")
15:   for doc in docs:
16:       print(doc)
17:
18:   # オブジェクト生成
19:   npdocs = np.array(docs)
20:   vectorizer = TfidfVectorizer(norm=None, smooth_idf=False)
21:   vecs = vectorizer.fit_transform(npdocs)
22:   # TF-IDF
23:   tfidfs = vecs.toarray()
24:   # コサイン類似度
25:   similarity = cosine_similarity(tfidfs)
```

```
26:
27:    # 計算結果を表示
28:    docno = ["文書0", "文書1", "文書2", "文書3", "文書4"]
29:    print("文書No", end='')
30:    for n in docno:
31:        print("%6s   " % n, end='')
32:    print()
33:    for n, simi in zip(docno, similarity):
34:        print("%s" % n, end='')
35:        for s in simi:
36:            print("%10.4f" % s, end='')
37:        print()
```

> **解説**

2: numpy を読み込んで np とします。
3: sklearn.feature_extraction.text から TfidfVectorizer を読み込みます。
4: sklearn.metrics.pairwise から cosine_similarity を読み込みます。
7〜13: リストで日本語の文書集合を docs に与えます。このリストの要素は、空白区切りで1つの文書内の単語を記述します。
14〜16: docs の中身を表示します。
19: リスト docs を np の配列に変換して、npdocs に代入します。
20: TfidfVectorizer のオブジェクト vectorizer を生成します。ただし、正規化も平滑化もしません。
21: 入力データ npdocs を用いて、vectorizer の学習を行い、その結果を vecs に代入します。
23: vecs から TF-IDF の計算結果を取得して、tfidfs に代入します。
25: tfidfs を入力データとして用いて、コサイン類似度を計算します。その結果を similarity に代入します。
28〜37: コサイン類似度の計算結果を文書別に表示します。
28: 文書番号のリスト docno を用意します。
29〜32: 繰り返し文です。docno の要素を1行で表示します。
29: 「文書No」を表示します。ただし、改行はしません。
30: 繰り返し文です。docno の要素を取得し、n とします。
31: n を表示します。ただし、改行はしません。また、%6s は6文字の書式を指定します。
32: 改行のみ行います。
31〜35: similarity を表形式で表示します。
33: 外側の繰り返し文です。文書番号と similarity の要素を取得し、n と simi とし

34~36: 文書番号と simi の要素を 1 行で表示します。

34: n を表示します。ただし、改行はしません。また、%s は文字列の書式を指定します。

35: 内側の繰り返し文です。simi の要素を取得し、s とします。

36: s を表示します。ただし、改行はしません。また、%10.4f には、全体で 10 桁、小数点以下 4 桁の実数の書式を指定します。

37: 内側の繰り返しの後、改行のみ行います。

▶ 実行

VSCode のターミナル画面から以下のように実行します。

```
> python ch11ex5.py
文書集合=
国民 安心 安心 安全
国民 国民 国民 生活 生活 安心
生活 安全 安全
生活 生活 生活 安心 安心 安全
生活 生活 安心 安心 安心
文書No    文書0      文書1      文書2      文書3      文書4
文書0     1.0000    0.6368    0.4053    0.5132    0.5891
文書1     0.6368    1.0000    0.1442    0.4033    0.3730
文書2     0.4053    0.1442    1.0000    0.5958    0.2081
文書3     0.5132    0.4033    0.5958    1.0000    0.8733
文書4     0.5891    0.3730    0.2081    0.8733    1.0000
```

この実行結果から、与えられた文書集合と各文書間のコサイン類似度がわかります。ここで各文書自身との間はもちろん完全に同じなので、そのコサイン類似度は 1 です。

計算結果をみると、文書 3 と文書 4 の間の値が最も大きいことがわかります。つまり、文書 3 と文書 4 が最も類似していると判断されています。

演習問題

問題 11.1 例題 11-3 と例題 11-4 をもとに、以下の要求を実現するプログラムを作成してください。

1. Web から日本語のニュース記事を 10 個取得して、newsfile1.txt, newsfile2.txt, …, newsfile10.txt に保存する。
2. MeCab を用いて、上記ニュースファイルから一般名詞と固有名詞を抽出して、各単語の各記事における TF–IDF を算出して表示する。

問題 11.2 例題 11-3 と例題 11-5 をもとに、問題 11.1 に以下の追加要求を実現するプログラムを作成してください。

任意の 2 つの記事間でコサイン類似度を算出して表示する。

MEMO

第 12 章

Wikipedia 記事の類似度

　第 11 章では、データマイニングと機械学習の基本理論をテキストデータに応用するための準備段階として、日本語文書データの数値化手法とコサイン類似度について解説しました。
　本章では、Wikipedia の記事を文書集合として用い、最も似ている記事を見つけるという、より実践的な応用例を示します。
　まずは、Wikipedia データの取得手順について説明します。
　そして、Wikipedia データセットを対象に、Python のプログラムを作成して、重み指数 TF-IDF を計算し、文書間の類似度を求めます。

12.1　データの準備

12.1.1　Wikipedia からデータセットをダウンロード

　まずは準備として、Wikipedia からデータセットをダウンロードして用意しておきます。Wikipedia では、以下のサイトに一括ダウンロードできるデータセットが用意されています[*1]。

　　https://dumps.wikimedia.org/jawiki/

　この一番下の latest フォルダが、最新のデータセットです。「latest/」をクリックして、中身のファイル名を確認しましょう。

[*1]　2019 年 7 月時点。

第 12 章　Wikipedia 記事の類似度

図 12.1　Wikipedia のダウンロードサイト（インデックス）

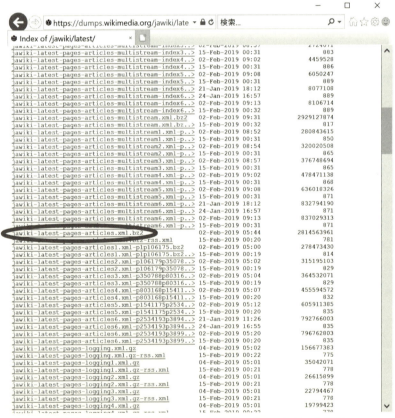

図 12.2　Wikipedia のダウンロードサイト（latest フォルダ内）

ここでは図 12.2 で囲んである「jawiki-latest-pages-articles.xml.bz2」をクリックして、ダウンロードすることにします。筆者の環境では、この作業におおよそ 23 分かかりました。次に、Python のプログラムフォルダ DMandML に wikidata というフォルダを新たに作成し、ダウンロードしたファイルをその中に移動させてください。

12.1.2　ダウンロードしたデータセットから文書を抽出

Wikipedia のデータセットからテキストデータを抽出できる WikiExtractor というツールがあります。ただ、WikiExtractor の公式サイト[*2]にあるプログラムは version 2.40 で、Python 2.7 用のものです。Python 3.3 以降にも対応している WikiExtractor の最新版は、以下の作者の Github サイトからダウンロードできます。

> https://github.com/attardi/wikiextractor（2019 年 7 月現在）

図 12.3 で囲んである、このページの［Clone or download］ボタンをクリックして、全ファイルをまとめたパッケージをダウンロードします。それから、ダウンロードしたパッケージを解凍し、その中にある WikiExtractor.py を先ほどの Wikipedia データセットのフォルダ wikidata にコピーしておきます。そして、ターミナル画面から

```
> cd wikidata
```

を入力してカレントフォルダを wikidata に変えてから、以下のコマンドを実行して、データの抽出処理を行います。

```
> python WikiExtractor.py -o wikiarticles -b 30M jawiki-latest-pages-articles.xml.bz2
```

---

*2　http://medialab.di.unipi.it/wiki/Wikipedia_Extractor（2019 年 7 月現在）

280　第 12 章　Wikipedia 記事の類似度

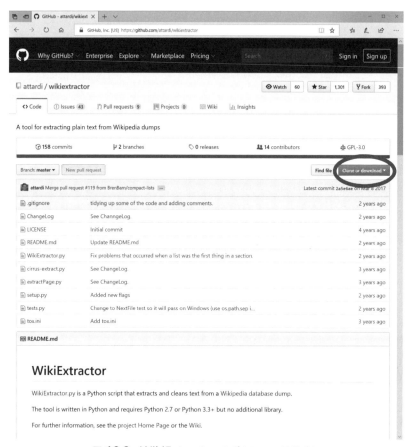

図 12.3　WikiExtractor のダウンロードサイト

```
Anaconda Prompt - python WikiExtractor.py -o wikiarticles -b 30M jawiki-latest-pages-articles.xml.b...
INFO:root:2483  パズル
INFO:root:2484  トリックテイキングゲーム
INFO:root:2485  3月20日
INFO:root:2486  ジョン・レノン
INFO:root:2489  料理
INFO:root:2492  SFアニメ
INFO:root:2491  1917年
INFO:root:2493  1911年
INFO:root:2494  1906年
INFO:root:2495  1901年
INFO:root:2496  とんねるずのみなさんのおかげです
INFO:root:2498  Averaged t-matrix Approximation
INFO:root:2499  セルフコンシステント
INFO:root:2497  とんねるず
INFO:root:2501  仮想結晶近似
INFO:root:2502  リジッドバンドモデル
INFO:root:2503  1902年
INFO:root:2504  1903年
INFO:root:2505  1904年
INFO:root:2506  1905年
INFO:root:2507  1907年
INFO:root:2509  1908年
INFO:root:2510  1909年
INFO:root:2511  1910年
INFO:root:2512  検索
INFO:root:2513  混合基底
INFO:root:2514  ソート
INFO:root:2515  1912年
INFO:root:2517  1913年
INFO:root:2519  1914年
INFO:root:2520  1915年
INFO:root:2521  1916年
INFO:root:2523  1918年
INFO:root:2525  1920年
INFO:root:2526  1921年
INFO:root:2527  1922年
INFO:root:2528  1923年
INFO:root:2529  1924年
INFO:root:2530  1925年
INFO:root:2531  1926年
INFO:root:2532  1927年
INFO:root:2533  1928年
INFO:root:2534  1929年
INFO:root:2535  1930年
INFO:root:2536  1931年
INFO:root:2537  計算複雑性理論
INFO:root:2538  1932年
INFO:root:2539  1933年
INFO:root:2540  1934年
INFO:root:2541  1935年
INFO:root:2542  1936年
INFO:root:2543  スケジューリング
INFO:root:2544  1937年
INFO:root:2545  1938年
INFO:root:2546  小笠原朋子
INFO:root:2547  1939年
INFO:root:2548  1940年
INFO:root:2550  1941年
INFO:root:2551  1942年
INFO:root:2552  1943年
INFO:root:2553  1944年
INFO:root:2554  1946年
INFO:root:2555  1947年
```

図 12.4 WikiExtractor の実行（途中）

実行が始まると、図 12.4 のようにデータファイルにある記事のタイトルが流れて表示されます。

この処理もかなり時間がかかります。筆者の環境では約 1 時間 10 分かかりました。実行終了時の画面は図 12.5 のとおりです。

抽出作業が終わると、wikidata フォルダの中に新たに wikiarticles というフォルダがつくられていて、その中に AA フォルダがあるはずです。この AA フォルダの中

実践編

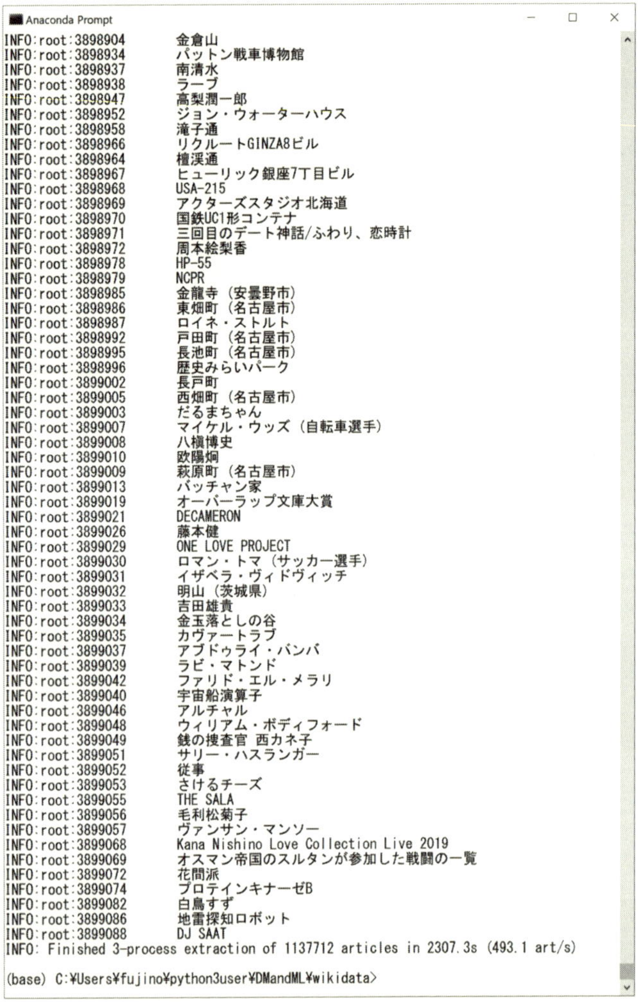

図 12.5 WikiExtractor の実行（最後）

には、wiki_00 から wiki_90 までの 91 個のファイルがあるはずです。また、各ファイルのサイズは約 30 M バイトとなっているはずです。

最後に、この抽出作業で作成されたファイルの中身をみてみましょう。この抽出作業によってできたファイルの一例として wiki_00 の先頭部分を図 12.6 に示します。

ここで、後で文書データを抽出するプログラムを作成するために、データ保管フォーマット（タグの配置）を確認しておきましょう。

12.1 データの準備

```
 wiki_00     ×
wikidata ▸ wikiarticles ▸ AA ▸  wiki_00
 1  <doc id="5" url="https://ja.wikipedia.org/wiki?curid=5" title="アンパサンド">
 2  アンパサンド
 3
 4  アンパサンド (&、英語名：) とは並立助詞「...と...」を意味する記号である。ラテン語の の合字で、Trebuchet MSフォントでは、と表示され "et" の合字で
    あることが容易にわかる。ampersa、すなわち "and per se and"、その意味は"and [the symbol which] by itself [is] and"である。
 5
 6  その使用は1世紀に遡ることができ、5世紀中葉から現代に至るまでの変遷がわかる。
 7  Z に続くラテン文字アルファベットの27字目とされた時期もある。
 8
 9  アンパサンドと同じ役割を果たす文字に「の et」と呼ばれる、数字の「7」に似た記号があった (、U+204A)。この記号は現在もゲール文字で使われている。
10
11  記号名の「アンパサンド」は、ラテン語まじりの英語「& はそれ自身 "and" を表す」(& per se and) のくずれた形である。英語以外の言語での名称は多様で
12  ある。
13  日常的な手書きの場合、欧米でアンパサンドは「ε」に縦線を引く単純化されたものが使われることがある。
14
15  また同様に、「t」または「+ (プラス)」に輪を重ねたような、無声歯茎側面摩擦音を示す発音記号「」のようなものが使われることもある。
16
17  プログラミング言語では、C など多数の言語で AND 演算子として用いられる。以下は C の例。
18  PHPでは変数宣言記号 ($) の直前に記述することで、参照渡しを行うことができる。
19
20  BASIC 系列の言語では文字列の連結演算子として使用される。codice_4 は codice_5 を返す。また、主にマイクロソフト系では整数の十六進表記に
    codice_6 を用い、codice_7 (十進で15) のように表現する。
21
22  SGML、XML、HTMLでは、アンパサンドを使ってSGML実体を参照する。
23
24
25
26  </doc>
27  <doc id="10" url="https://ja.wikipedia.org/wiki?curid=10" title="言語">
28  言語
29
30  この記事では言語（げんご）、特に自然言語について述べる。
31
32  広辞苑や大辞泉には次のようにある。
33
34  辞典等には以上のようにあるわけだが、これは大きく二分すると「自然言語」と「形式言語」とがあるうちの自然言語について述べている。しかし、1950年代以
    降の言語学などでは、定義中にも「記号体系」といった表現もあるように形式的な面やその扱い、言い換えると形式言語的な面も扱うようになっており、こんにち
    の言語学において形式体系と全く無関係な分野はそう多くはない。形式的な議論では、「その言語における文字の、その言語の文法に従った並び」の集合が「言
    語」である、といったように定義される。
```

図 12.6 ファイル wiki_00 の中身（先頭部分）

```
<doc ....................>
文書のテキスト（複数行）
</doc>
```

このように、<doc …>と</doc>タグの間に文書の本文がおかれています。また、各文書データの1行目の doc タグは、以下のような形になっていることも合わせて確認してください。

```
<doc id="5" url="https://ja.wikipedia.org/wiki?curid=5" title="アンパサンド">
```

この中の「title=」の後に、記事のタイトルがあります。

12.2 Wikipedia 記事から特徴量 TF–IDF を抽出する

この節では、実際に Python のプログラムを作成して、Wikipedia 記事の単語文書行列（TF–IDF）を求めます。理解しやすいように 2 段階に分けて解説します。

第 1 段階では、Wikipedia データから記事のタイトルと本文を抽出するプログラムについて説明します。そのうえで、第 2 段階では、Wikipedia データの単語文書行列（TF–IDF）を計算するプログラムについて説明します。

例題 12-1

以下の仕様要求を実現するプログラムを作成してください。

仕様要求
1. データファイル wiki_00 から各記事のタイトルと本文を取り出す。
2. MeCab を使って、記事の本文から単語（名詞、一般または固有名詞）を抽出する。

</> 作成

VSCode のエディタ画面でリスト 12.1 のソースコードを入力し、python3user フォルダ内の DMandML フォルダにファイル名 ch12ex1.py をつけて保存します。

リスト 12.1　ch12ex1.py

```
1:  # wikiデータを読み込む
2:  import MeCab
3:  import re
4:
5:  #ファイルから読む
6:  filename = "./wikidata/wikiarticles/AA/wiki_00"
7:  wikifile = open(filename, "r", encoding="utf_8")
8:  tagger = MeCab.Tagger()
9:  buf = []
10: docdone = False
11: titles = []
12: documents = []
13: doccnt = 0
14: # ファイルから1行ずつ処理する
15: for line in wikifile:
16:     if line.startswith('<doc '):
```

```
17:            buf = []
18:            docdone = False
19:            m = re.search('title=.*>', line)
20:            title = m.group().replace('title="', '')
21:            title = title.replace('">', '').strip()
22:            print("文書番号=", doccnt, "タイトル=", title)
23:        elif line.startswith('</doc>'):
24:            doc = ''.join(buf)
25:            docdone = True
26:            doccnt += 1
27:        else:
28:            if len(line) != 0:
29:                buf.append(line)
30:        # 各タイトルの単語を取り出す
31:        words = ""
32:        if docdone == True:
33:            node = tagger.parseToNode(doc)
34:            while node:
35:                # print(node.surface + '\t' + node.feature)
36:                # 形態素属性を分割してリストに入れる
37:                node_features = node.feature.split(",")
38:                if node_features[0] == "名詞" and (node_features[1] == "一般" or node_features[1] == "固有名詞"):
39:                    words = words + " " + node.surface
40:                node = node.next
41:            if (len(words) >= 100):
42:                titles.append(title)
43:                documents.append(words)
44:    # タイトルと単語を表示。文書数を表示
45:    for title, words in zip(titles, documents):
46:        print(title, ">>>")
47:        print(words)
48:    print("文書数=", len(documents))
```

> 解説

- **2:** 形態素解析パッケージ MeCab を読み込みます。
- **3:** 正規表現のパッケージ re を読み込みます。
- **6:** Wikipedia の記事データのファイル名を指定します。
- **7:** 指定されたファイルを開きます。文字コードを utf-8 に指定します。
- **8:** 形態素解析器 tagger を作成します。
- **9:** 作業用リスト buf を用意します。

10:	記事データの終わりを表すフラグ docdone を用意します。その初期値に False を設定します。
11:	タイトルを入れるリスト titles を用意します。
12:	本文を入れるリストを用意します。
13:	文書数のカウンターを用意します。
15〜43:	データファイルから 1 行ずつ読み込んで、タイトルと本文を抽出し、リスト titles と documents に代入します。
15:	繰り返し文です。データファイルから 1 行を読み込んで、line とします。
16〜22:	doc タグの行の処理。
17:	作業用リスト buf を用意します。
18:	記事データの終わりを表すフラグ docdone を用意します。その初期値に False を設定します。
19:	line から「title="○○○○">」の部分を取り出します。
20:	「title="」を除去します。
21:	「">」を除去します。これにより、「○○○○」の部分のみ title に代入されます。
22:	文書の番号とタイトルを表示します。
23〜25:	</doc>タグの行を処理します。
24:	作業用リスト buf の要素を結合して、記事本文 doc に代入します。
25:	フラグ docdone を True に設定します。
26:	文書数カウンター doccnt に 1 を足します。
27〜29:	<doc>タグと</doc>タグ以外の行の処理をします。
28〜29:	空白行でなければ、buf に line を追加します。
31〜40:	これまでに得られた記事本文 buf に対して形態素解析を行い、一般名詞と固有名詞を抽出します。
31:	空の文字列 words を用意します。
32:	docdone フラグが True の場合、33〜40 行の処理を行います。
33:	tagger の parseToNode メソッドを使って、記事本文 doc に対して形態素解析を行います。その結果を node に代入します。
34:	繰り返し文です。node に値があれば繰り返します。
36:	単語の属性情報を「,」で分割して、node_features に代入します。
38〜39:	品詞の大分類は「名詞」で、中分類は「一般」または「固有名詞」の場合、その単語に半角空白をつけてから、words に追加します。
41〜43:	words の長さが 100 以上の場合、title をリスト titles に追加します。さらに、words をリスト documents に追加します。
45〜47:	抽出したタイトルと本文を表示します。
48:	ファイルにある文書の総数を表示します。

12.2 Wikipedia 記事から特徴量 TF–IDF を抽出する

▶ 実行

VSCode のターミナル画面から以下のように実行します。読み込んだ記事のカウントとタイトルが流れます。

```
> python ch12ex1.py
doccount= 0 title= アンパサンド
doccount= 1 title= 言語
doccount= 2 title= 日本語
doccount= 3 title= 地理学
doccount= 4 title= EU（曖昧さ回避）
doccount= 5 title= 国の一覧
doccount= 6 title= パリ
doccount= 7 title= ヨーロッパ
doccount= 8 title= 生物
doccount= 9 title= コケ植物
doccount= 10 title= 社会学
doccount= 11 title= 古代エジプト
doccount= 12 title= エジプト
doccount= 13 title= 著作権の保護期間
doccount= 14 title= 台東区
doccount= 15 title= 地理
doccount= 16 title= 生物学
doccount= 17 title= 社会
doccount= 18 title= こどもの文化
doccount= 19 title= 特撮
doccount= 20 title= 日常生活
doccount= 21 title= 情報工学
doccount= 22 title= 形式言語
doccount= 23 title= 文脈自由言語
doccount= 24 title= 正規言語
doccount= 25 title= 自然言語処理
```

文書を読み込んだ後に、一般名詞と固有名詞の抽出が行われ、その結果が文書番号とともに表示されます。以下はターミナル画面の最後の部分です。一番下に文書の総数が表示されています。

```
江國香織 >>>
 江 國 香織 江 國 香織 くに 月 日本 小説 児童 文学 作家 詩人 草 丞 童話 作家 神様
ボート 小説 作品 人気 直木賞 海外 絵本 父 エッセイスト 江 國 滋 東京 世田谷 出身 東京
新宿 順 女子 学園 広尾 学園中 学校 学校 目白学園女子短期大学 国文学 アテネ・フランセ
デラウェア 大学 ユリ イカ 綿 菓子 作品 児童 文学 雑誌 教室 桃子 草 丞 童話 大賞 大賞
```

アメリカ 題材 小説 ラドクリフ フェミナ 初 短編 小説 童話 産経 児童 文化 坪田 譲治 文学 アルコール 障害 妻 同性愛 夫 紫式部 文学 映画 小鳥 路傍 石 文学 山本 周五郎 直木賞 が らくた 島 清 文学 夫 銀行 阪神 ファン 選手 中野 佐 阪神 ギャンブル 競艇 ファン チョコ レート 夫 他 女性 チョコレート 雨 子ども 雨 母 妹 夫 様子 籠 ペット アメリカン・コッ カー・スパニエル 雨 オス エッセイ 雨 コーラ 雨 音楽 父 江 國 滋 遊び 色川 武 香織 子供 色 月 江 國 香織 作品
大宮アルディージャ >>>

文書数= 2431

実行結果から、問題の仕様要求について、すべて満足していることが確認できます。

例題 12-2

以下の仕様要求を実現するプログラムを作成してください。

仕様要求
1. データファイル wiki_00 から各記事のタイトルと本文を取り出す。
2. MeCab を使って、記事本文から単語（名詞、一般または固有名詞）を抽出する。
3. 単語文書行列（TF–IDF）を計算して、0 でない値を表示する。

</> 作成

VSCode のエディタ画面でリスト 12.2 のソースコードを入力し、python3user フォルダ内の DMandML フォルダにファイル名 ch12ex2.py をつけて保存します。

リスト 12.2　ch12ex2.py

```python
# wikiデータのTF-IDFを計算する
import MeCab
import re
import numpy as np
from sklearn.feature_extraction.text import TfidfVectorizer

tagger = MeCab.Tagger()

# 関数定義：wikiデータを読み込む
def read_wikidata(filename):
    wikifile = open(filename, "r", encoding="utf_8")
```

12.2 Wikipedia 記事から特徴量 TF-IDF を抽出する

```
12:         tagger = MeCab.Tagger('-Ochasen')
13:         buf = []
14:         docdone = False
15:         titles = []
16:         documents = []
17:         doccnt = 0
18:         # ファイルを読んでから1行ずつ処理する
19:         for line in wikifile:
20:             if line.startswith('<doc '):
21:                 buf = []
22:                 docdone = False
23:                 m = re.search('title=.*>', line)
24:                 title = m.group().replace('title="', '')
25:                 title = title.replace('">', '').strip()
26:                 print("文書番号=", doccnt, "タイトル=", title)
27:
28:             elif line.startswith('</doc>'):
29:                 doc = ''.join(buf)
30:                 docdone = True
31:                 doccnt += 1
32:             else:
33:                 if len(line) != 0:
34:                     buf.append(line)
35:
36:             words = ""
37:             if docdone == True:
38:                 node = tagger.parseToNode(doc)
39:                 while node:
40:                     # 形態素属性を分割してリストに入れる
41:                     node_features = node.feature.split(",")
42:                     if node_features[0] == "名詞" and (node_features[1] == "一般" or node_features[1] == "固有名詞"):
43:                         words=words + " " + node.surface
44:                     node = node.next
45:
46:                 if len(words) >= 100:
47:                     titles.append(title)
48:                     documents.append(words)
49:
50:         return(titles, documents)
51:
52:     # 関数定義：TF-IDFを計算
53:     def calculate_tfidf(titles, docs):
```

```
54:      # オブジェクト生成
55:      npdocs = np.array(docs)
56:      vectorizer = TfidfVectorizer(norm=None, smooth_idf=False)
57:      vecs = vectorizer.fit_transform(npdocs)
58:      # 単語帳を表示
59:      terms = vectorizer.get_feature_names()
60:      print("単語文書行列 (TF-IDF)=")
61:      print("単語", "\t", end='')
62:      for term in terms:
63:          print("%6s   " % term, end='')
64:      print()
65:      # TF-IDFを計算
66:      tfidfs = vecs.toarray()
67:      # 計算結果を表示
68:      for n, tfidf in enumerate(tfidfs):
69:          print("文書番号=", n, "タイトル=", titles[n], ">>>", end='')
70:          for t in tfidf:
71:              if (t != 0.0000):
72:                  print("%10.4f" % t, end='')
73:          print()
74:
75:      return tfidfs
76:
77: # メイン処理
78: wikifilename = "./wikidata/wikiarticles/AA/wiki_00"
79: wikititles, wikidocuments = read_wikidata(wikifilename)
80: wikitfidfs = calculate_tfidf(wikititles, wikidocuments)
```

解説

プログラムが少し長くなるので、最初から機能別に関数を定義し、メイン処理で各関数を呼び出して全体機能を実現しました。定義した関数は以下の2つです。

- read_wikidata(filename)：例題12-1の処理を関数にまとめたものです。引数filenameによって Wikipedia データのファイル名が与えられます。関数内部のプログラムの詳細についてはすでに説明済みなので、ここでは省略します。関数の最初の行（10行目）と最後の行（50行目）は新しく追加されたものなので、以降で説明します
- calculate_tfidf(titles, documents)：read_wikidata 関数で得られた文書集合の TF-IDF を計算します

10: 関数定義です。関数名は read_wikidata で、引数は filename です。

12.2 Wikipedia 記事から特徴量 TF–IDF を抽出する

- **50:** 関数 read_wikidata の return 文です。戻り値は titles と documents です。
- **54:** 関数定義です。関数名は calculate_tfidf で、引数はリスト titles、リスト docs です。
- **56:** docs を numpy の配列 npdocs に変換します。
- **57:** TfidfVectorizer のオブジェクトを作成します。引数の設定は正規化なし、平滑化なしです。
- **58:** npdocs のデータから学習して、オブジェクトのインスタンス（値を入れたもの）vecs を生成します。
- **60:** オブジェクトから属性名（単語帳）を取り出して、terms に代入します。
- **61〜65:** 単語帳 terms を表示します。
- **67:** vecs から tfidf の値を取り出して、tfidfs に代入します。
- **69〜74:** TF–IDF の計算結果を表示します。
- **69:** 繰り返し文です。tfidfs の文書別に取り出します。文書の tfidf に文書番号 n をつけます。
- **70:** 文書番号とタイトルを表示します。
- **71〜73:** tfidf の 0 でない値を、改行なしで表示します。
- **74:** 改行のみします。
- **75:** 関数 calculate_tfidf の return 文です。戻り値は tfidfs です。
- **78〜80:** メイン処理部分です。
- **78:** Wikipedia データのファイル名を与えます。
- **79:** 関数 read_wikidata() を呼び出して、Wikipedia のデータを取得します。取得結果のタイトルを wikititles、本文を wikidocuments に代入します。
- **80:** 関数 calculate_tfidfs() を呼び出して、TF–IDF を計算します。計算結果を wikitfidfs に代入します。

▶ 実行

VSCode のターミナル画面から以下のように実行します。

```
> python ch12ex2.py
(最後の2つの文書)
文書番号= 2429 タイトル= 江國香織 >>>    8.1029    5.7515    5.7050    2.3892
   4.6064    4.8840    5.4288    4.5766    5.9057
   5.5772    5.5772    8.7961    6.2311    8.7961   11.9257    7.6974    6.3953
   8.7961    8.7961    5.5380    5.9628    6.5988
   8.7961    5.5380    5.1851    2.6890    6.4257    6.2318   12.2327    2.3631
   6.4935    7.1866    7.1866    8.7961    2.5895
   8.2652    4.3417    2.8096    4.5476    3.2163    4.5620    8.1029    5.2739
  13.1467    7.1866    4.4016    8.1029    4.9459
```

```
 2.7207    21.8914     4.5914     1.3906     2.7702     4.8083     8.1029     3.8761
 3.1793     6.7166     8.7961    12.6223     4.0511
 6.0880    18.9335     6.4935     6.7166     5.5380     8.7961     5.4639     5.0349
 7.6974     8.7961     4.3772     4.0086     4.1326
 9.5414     3.7209     2.7946     3.0061     3.7023    30.7898
文書番号= 2430 タイトル= 大宮アルディージャ >>>    6.3112     8.7961     8.7961
 5.8516    47.2455    78.1146     4.8448    12.4840
 7.0043    76.7739    23.8514     5.9057     5.7515     6.4935    45.6401    35.1842
39.3989     6.0880     7.6974    10.3169     7.1866
 3.2587    65.5913     5.5380     7.0043     8.1029     5.8003     6.8501    16.2058
 3.4301     7.1866     4.4016    35.1842    64.8233
 8.7961     7.1866    15.3949     4.8258    17.5921     7.0043    13.4332     3.9285
 4.9459     4.0169    16.2058     5.3621     8.7961
（途中一部省略）
12.3140     8.7961    10.7897    23.0923     7.4098    12.8887     5.5002     5.9628
10.2650    14.0086    24.3087     7.6974    32.0685
 9.8085     5.1585     5.7515    11.0004    13.7003    15.3949     6.3982    20.9047
21.1982    12.0508     4.1421     6.7166    18.9335
 5.2407    11.9257     5.7515     3.7722    56.9038     8.7961    34.1882     8.7961
 5.3303    10.8575     3.1829     8.4019    24.3087
10.4814    29.2581    21.8554     6.7166     7.6974     6.4935     6.7166
```

　紙面の都合で、上記では最後の2つの文書（文書番号＝ 2429 と文書番号＝ 2430）の TF–IDF の値しか示していませんが、実際には、流れて表示された実行結果から、問題の仕様要求について、すべて満足していることが確認できます。

12.3　Wikipedia 記事間の類似度

例題 12-3

以下の仕様要求を実現するプログラムを作成してください。

仕様要求
1. データファイル wiki_00 から各記事のタイトルと本文を取り出す。
2. MeCab を使って、記事の本文から単語（名詞、一般または固有名詞）を抽出する。
3. 単語文書行列（TF–IDF）を計算する。
4. 文書間の類似度を計算する。
5. 類似度 ≧0.2 の場合のみ、2つの文書の番号、タイトルとその間の類似度を表示する。

12.3 Wikipedia 記事間の類似度

作成

VSCode のエディタ画面でリスト 12.3 のソースコードを入力し、python3user フォルダ内の DMandML フォルダにファイル名 ch12ex3.py をつけて保存します。

リスト 12.3　ch12ex3.py

```
 1:  # wikiデータの文書の類似度を計算
 2:  import MeCab
 3:  import re
 4:  import numpy as np
 5:  from sklearn.feature_extraction.text import TfidfVectorizer
 6:  from sklearn.metrics.pairwise import cosine_similarity
 7:  import datetime
 8:
 9:  # 形態素解析器
10:  tagger = MeCab.Tagger()
11:
12:  # 関数定義：wikiデータを読み込む
13:  def read_wikidata(filename):
14:      wikifile = open(filename, "r", encoding="utf_8")
15:      tagger = MeCab.Tagger()
16:      buf = []
17:      docdone = False
18:      titles = []
19:      documents = []
20:      doccnt = 0
21:      # ファイルを読んでから1行ずつ処理する
22:      for line in wikifile:
23:          if line.startswith('<doc '):
24:              buf = []
25:              docdone = False
26:              m = re.search('title=.*>', line)
27:              title = m.group().replace('title="', '')
28:              title = title.replace('">', '').strip()
29:              print("文書番号=", doccnt, "タイトル=", title)
30:
31:          elif line.startswith('</doc>'):
32:              doc = ''.join(buf)
33:              docdone = True
34:              doccnt += 1
35:          else:
36:              if len(line) != 0:
```

```
37:                buf.append(line)
38:
39:        words = ""
40:        if docdone == True:
41:            node = tagger.parseToNode(doc)
42:            while node:
43:                # 形態素属性を分割してリストに入れる
44:                node_features = node.feature.split(",")
45:                if node_features[0] == "名詞" and (node_features[1] == "一般" or node_features[1] == "固有名詞"):
46:                    words = words + " " + node.surface
47:                node = node.next
48:
49:        if len(words) >= 100:
50:            titles.append(title)
51:            documents.append(words)
52:
53:    return(titles, documents)
54:
55: # 関数定義：TF-IDFを計算
56: def calculate_tfidf(titles, docs):
57:     # オブジェクト生成
58:     npdocs = np.array(docs)
59:     vectorizer = TfidfVectorizer(norm=None, smooth_idf=False)
60:     vecs = vectorizer.fit_transform(npdocs)
61:     # TF-IDF
62:     tfidfs = vecs.toarray()
63:     # 単語帳を表示
64:     terms = vectorizer.get_feature_names()
65:     # TF-IDFを計算
66:     tfidfs = vecs.toarray()
67:
68:     return tfidfs
69:
70: # コサイン類似度
71: def calculate_similarity(titles, tfidfs):
72:     similarity = cosine_similarity(tfidfs)
73:     # 計算結果を表示
74:     for n1, simi in enumerate(similarity):
75:         print("-------文書1 = %d    タイトル = %s ----------" % (n1, titles[n1]))
76:         for n2, s in enumerate(simi):
77:             if( n1 != n2 and s >= 0.2):
```

```
78:            print("文書1=%s 文書2=%s 類似度=%8.6f" % (titles[n1],
   titles[n2], s))
79:        return
80:
81:  # メイン処理
82:  def main():
83:      # ファイル名を指定
84:      wikifilename = "./wikidata/wikiarticles/AA/wiki_00"
85:      wikititles, wikidocuments = read_wikidata(wikifilename)
86:      wikitfidfs = calculate_tfidf(wikititles, wikidocuments)
87:      calculate_similarity(wikititles, wikitfidfs)
88:
89:  # ここから実行する
90:  if __name__ == "__main__":
91:      start_time = datetime.datetime.now()
92:      main()
93:      end_time = datetime.datetime.now()
94:      elapsed_time = end_time-start_time
95:      print("経過時間=", elapsed_time)
96:      print("すべて完了 !!!")
```

解説

先ほどと同様やはりプログラムが少し長くなるので、最初から機能別に関数を定義して、メイン処理で各関数を呼び出して全体機能を実現します。定義した関数は以下の4つです。

- read_wikidata(filename)：(説明済み)
- calculate_tfidf(titles, documents)：(説明済み)
- calculate_similarity(titles, tfidfs)：TF-IDFから類似度を計算して、表示する。引数はtitlesで、文書集合のタイトルリストです。また、tfidfsは文書集合の単語文書行列です。戻り値はありません。
- main()：メイン処理をまとめた関数です。

続いて、関数 calculate_similarity() と、メイン処理の関数 main() のプログラムについて解説します。

71: 関数定義です。関数名は calculate_similarity で、引数はリスト titles、リスト tfidfs です。
72: 関数 cosine_similarity() を呼び出して類似度を計算します。その際、引数として

第 12 章 Wikipedia 記事の類似度

tfidfs をわたします。また、計算結果を similarity に代入します。
- **74〜78：** 二重ループで similarity の値を表示します。
- **74：** 外側の繰り返しです。2 次元配列 similarity の行要素を simi とし、そのときの番号を n1 とします。
- **75：** 文書 1 のタイトルを表示します。
- **76：** 内側の繰り返しです。simi の要素を s とし、そのときの番号を n2 とします。
- **77〜78：** 文書番号が同じでない、かつ類似度の値 ≧0.2 ならば、2 つの文書のタイトルとその間の類似度 s を表示します。
- **82〜87：** メイン処理関数です。
- **82：** 関数を定義しています。関数名は main() で、引数はありません。
- **84：** Wikipedia のデータファイル名を与えます。
- **85：** 関数 read_wikidata() を呼び出して、Wikipedia のデータを取得します。取得結果のタイトルを wikititles、本文を wikidocuments に代入します。
- **86：** 関数 calculate_tfidfs() を呼び出して、TF–IDF を計算します。計算結果を wikitfidfs に代入します。
- **87：** 関数 calculate_similarity() を呼び出して、文書間の類似度を計算して表示します。
- **90〜96：** main() 関数を呼び出します。合わせて実行時間を測定して、表示します。
- **90：** 条件文です。このプログラム（ここでは ch12ex3.py）が直接実行された場合のみ、91〜96 行の処理を行います。
- **91：** 実行開始時刻を取得します。
- **92：** main() 関数を呼び出します。
- **93：** 実行終了時刻を取得します。
- **94：** 実行の経過時間を算出します。
- **95：** 経過時間を表示します。
- **96：** 「すべて完了!!!」を表示します。

ポイント 12.1　if __name__ == "__main__":

Pythonのプログラムを実行する場合、モジュール名は変数__name__に記録されます。

直接実行するときにはモジュール名は自動的に__main__となりますが、条件文「**if __name__ == "__main__":**」を明示的に書くことで、このプログラムは直接実行された場合のみ、以下の文の処理を行うことになります。

こうすることで、他のプログラムからは、import文によってこのプログラムを実行することができなくなります。したがってこの文は通常、プログラムのセキュリティ強化のために使われています。

▶ 実行

VSCodeのターミナル画面から以下のように実行します。

```
> python ch12ex3.py
(…省略…)
-------文書1 = 2429    タイトル = 江國香織 ----------
文書1=江國香織 文書2=文学 類似度=0.264949
文書1=江國香織 文書2=アメリカ文学 類似度=0.203292
文書1=江國香織 文書2=日本文学 類似度=0.294900
文書1=江國香織 文書2=直木三十五賞 類似度=0.236229
文書1=江國香織 文書2=小説家 類似度=0.206259
文書1=江國香織 文書2=ドイツ文学 類似度=0.217841
文書1=江國香織 文書2=小説 類似度=0.255838
-------文書1 = 2430    タイトル = 大宮アルディージャ ----------
文書1=大宮アルディージャ 文書2=日本プロ野球 類似度=0.266090
文書1=大宮アルディージャ 文書2=日本プロサッカーリーグ 類似度=0.344226
文書1=大宮アルディージャ 文書2=UEFAチャンピオンズリーグ 類似度=0.227367
文書1=大宮アルディージャ 文書2=UEFAヨーロッパリーグ 類似度=0.236806
文書1=大宮アルディージャ 文書2=リーグ戦 類似度=0.309536
文書1=大宮アルディージャ 文書2=三浦知良 類似度=0.317127
文書1=大宮アルディージャ 文書2=鹿島アントラーズ 類似度=0.259149
文書1=大宮アルディージャ 文書2=浦和レッドダイヤモンズ 類似度=0.295296
文書1=大宮アルディージャ 文書2=清水エスパルス 類似度=0.482975
文書1=大宮アルディージャ 文書2=ガンバ大阪 類似度=0.478384
文書1=大宮アルディージャ 文書2=サンフレッチェ広島F.C 類似度=0.404188
文書1=大宮アルディージャ 文書2=横浜フリューゲルス 類似度=0.257434
文書1=大宮アルディージャ 文書2=湘南ベルマーレ 類似度=0.422236
```

```
文書1=大宮アルディージャ 文書2=柏レイソル 類似度=0.532767
文書1=大宮アルディージャ 文書2=京都サンガF.C. 類似度=0.457276
文書1=大宮アルディージャ 文書2=ヴィッセル神戸 類似度=0.523850
文書1=大宮アルディージャ 文書2=アビスパ福岡 類似度=0.310782
文書1=大宮アルディージャ 文書2=北海道コンサドーレ札幌 類似度=0.491796
文書1=大宮アルディージャ 文書2=川崎フロンターレ 類似度=0.540548
文書1=大宮アルディージャ 文書2=FC東京 類似度=0.519758
文書1=大宮アルディージャ 文書2=ベガルタ仙台 類似度=0.530821
文書1=大宮アルディージャ 文書2=大分トリニータ 類似度=0.495786
文書1=大宮アルディージャ 文書2=J1参入決定戦 類似度=0.321184
文書1=大宮アルディージャ 文書2=横浜FC 類似度=0.407330
文書1=大宮アルディージャ 文書2=水戸ホーリーホック 類似度=0.459375
経過時間= 0:00:39.771012
すべて完了 !!!
```

上記の画面表示から、文書1と文書2の間の類似度がわかります。また、表示された文書のタイトルをみると、2つの文書には似たような記述があると推測できます。

紙面の都合で、最後の2つの文書（文書番号＝2429, 2430）と他の文書間の類似度（値 ≧0.2 の場合）しか掲載できませんが、実際はプログラム実行中に流れて表示された実行結果から、問題の仕様要求について、すべて満足されていることが確認できます。

例題 12-4

以下の仕様要求を実現するプログラムを作成してください。

仕様要求

1. 複数のデータファイル（ファイル名：wiki_00, wiki_01, ……）から各記事のタイトルと本文を取り出す。
2. MeCab を使って、記事の本文から単語（名詞、一般または固有名詞）を抽出する。
3. 単語文書行列（TF–IDF）を計算する。
4. 文書間の類似度を計算する。
5. 類似度の値が ≧0.2 の場合のみ、2つの文書のタイトルとその間の類似度を表示する。

12.3 Wikipedia 記事間の類似度

作成

VSCode のエディタ画面でリスト 12.4 のソースコードを入力し、python3user フォルダ内の DMandML フォルダにファイル名 ch12ex4.py をつけて保存します。

リスト 12.4　ch12ex4.py

```
 1:  # 複数wikiデータファイルから文書の類似度を計算
 2:  import MeCab
 3:  import re
 4:  import numpy as np
 5:  from sklearn.feature_extraction.text import TfidfVectorizer
 6:  from sklearn.metrics.pairwise import cosine_similarity
 7:  import datetime
 8:  from os.path import join, relpath
 9:  import glob
10:
11:  # 形態素解析器
12:  tagger = MeCab.Tagger()
13:
14:  # 関数定義：wikiデータを読み込む
15:  def readwikidata(path, filenames):
16:      buf = []
17:      docdone = False
18:      titles = []
19:      documents = []
20:      doccnt = 0
21:      for filename in filenames:
22:          wikifile = open(path+"/"+filename, "r", encoding="utf_8")
23:          # ファイルから1行ずつ処理する
24:          for line in wikifile:
25:              if line.startswith('<doc '):
26:                  buf = []
27:                  docdone = False
28:                  m = re.search('title=.*>', line)
29:                  title = m.group().replace('title="', '')
30:                  title = title.replace('">', '').strip()
31:                  print("文書番号=", doccnt, "タイトル=", title)
32:              elif line.startswith('</doc>'):
33:                  doc = ''.join(buf)
34:                  docdone = True
35:                  doccnt += 1
36:              else:
```

```
37:                 if len(line) != 0:
38:                     buf.append(line)
39:             words = ""
40:             if docdone == True:
41:                 node = tagger.parseToNode(doc)
42:                 while node:
43:                     # 形態素属性を分割してリストに入れる
44:                     node_features = node.feature.split(",")
45:                     if node_features[0] == "名詞" and (node_features[1] == "一般" or node_features[1] == "固有名詞"):
46:                         words = words + " " + node_features[6]
47:                     node = node.next
48:                 if len(words) >= 100:
49:                     titles.append(title)
50:                     documents.append(words)
51:
52:     return(titles, documents)
53:
54: # 関数定義：TF-IDFを計算
55: def calculatetfidf(titles, docs):
56:     # オブジェクト生成
57:     npdocs = np.array(docs)
58:     vectorizer = TfidfVectorizer(norm=None, smooth_idf=False)
59:     vecs = vectorizer.fit_transform(npdocs)
60:     # TF-IDF
61:     tfidfs = vecs.toarray()
62:     # TF-IDFを計算
63:     tfidfs = vecs.toarray()
64:
65:     return tfidfs
66:
67: # コサイン類似度
68: def calculatesimilarity(titles, tfidfs):
69:     similarity = cosine_similarity(tfidfs)
70:     # 計算結果を表示
71:     for n1, simi in enumerate(similarity):
72:         print("-------文書1 = %d    タイトル = %s ----------" % (n1, titles[n1]))
73:         for n2, s in enumerate(simi):
74:             if( n1 != n2 and s >= 0.2):
75:                 print("文書1=%s 文書2=%s 類似度=%8.6f" % (titles[n1], titles[n2], s))
76:
```

12.3 Wikipedia 記事間の類似度

```
77:         return
78:
79:  # メイン処理
80:  def main():
81:      # ファイル名を指定
82:      wikipath = "./wikidata/wikiarticles/AA"
83:      # wikipathにある全ファイル名を取得する
84:      # filenames = [relpath(x, wikipath) for x in glob.glob(join(wikipath, '*'))]
85:      # ファイル名を指定する
86:      filenames = ['wiki_00', 'wiki_01', 'wiki_02', 'wiki_03']
87:      wikifilenames =sorted(filenames)
88:      wikititles, wikidocuments = readwikidata(wikipath, wikifilenames)
89:      print("TF-IDFを計算します... ")
90:      wikitfidfs = calculatetfidf(wikititles, wikidocuments)
91:      print("類似度を計算します... ")
92:      calculatesimilarity(wikititles, wikitfidfs)
93:
94:  # ここから実行する
95:  if __name__ == "__main__":
96:      start_time = datetime.datetime.now()
97:      main()
98:      end_time = datetime.datetime.now()
99:      elapsed_time = end_time-start_time
100:     print("経過時間 = ", elapsed_time)
101:     print("すべて完了 !!!")
```

解説

　本章のはじめに WikiExtractor を用いて wikiarticles フォルダに 91 個のデータファイルを作成しましたが、いままでのプログラムでは、そのうちの最初の wiki_00 しか使用しませんでした。今度は複数個のデータファイルをまとめて、Wikipedia 記事のタイトルと本文を取得するように、前述の関数 read_wikidata() を拡張していきます。

　ここでは、この拡張に関連する部分についてのみ解説します。今回は主に 2 か所の拡張を行いました。1 つは、main() 関数にあるファイル名リストの作成部分です。もう 1 つは、read_wikidata() 関数を、従来の 1 つのファイルからデータを読み込む仕様から、ファイル名リストにある全ファイルを読み込んで、そのタイトルと本文を抽出するように変更しました。

　行ごとの説明を次ページに示します。

import 文の追加
- **8:** os パッケージを読み込みます。
- **9:** glob パッケージを読み込みます。

read_wikidata() 関数の変更
- **21:** 従来の 1 つのデータファイルに対する処理の外側に繰り返し文を導入し、リスト filenames にある各データファイルに対して同様な処理を行います。

main() 関数の変更
- **82:** データファイルのフォルダ名を wikipath に与えます。
- **84:** wikipath にある全ファイル名を取得して、リスト filenames に代入します（筆者の環境では、メモリ不足のためにこのまま実行できませんでした。したがって、この行はコメントアウトされています）。
- **86:** リスト filenames に直接、複数個のファイル名を与えます。
- **87:** finenames をソートして wikifinames に代入します。
- **88:** read_wikidata() を呼び出して、Wikipedia 記事のタイトルと本文を取得します。ここで、引数は wikipath と wikifilenames です。また、戻り値をそれぞれ wikititles と wikidocuments に代入します。
- **90:** 関数 calculate_tfidfs() を呼び出して、TF–IDF を計算します。この計算結果を wikitfidfs に代入します。
- **92:** 関数 calculate_similarity() を呼び出して、文書間の類似度を計算して表示します。

▶ 実行

VSCode のターミナル画面から以下のように実行します。

```
> python ch12ex4.py
(…省略…)
-------文書1 = 11709    タイトル = 禁錮 ----------
文書1=禁錮 文書2=刑罰 類似度=0.441992
文書1=禁錮 文書2=行政刑 類似度=0.245396
文書1=禁錮 文書2=輪姦 類似度=0.272244
文書1=禁錮 文書2=併合罪 類似度=0.280524
文書1=禁錮 文書2=身体刑 類似度=0.234767
文書1=禁錮 文書2=自由刑 類似度=0.297787
文書1=禁錮 文書2=懲役 類似度=0.537295
-------文書1 = 11710    タイトル = 第43回衆議院議員総選挙 ----------
文書1=第43回衆議院議員総選挙 文書2=石原慎太郎 類似度=0.240335
```

文書1=第43回衆議院議員総選挙 文書2=平成 類似度=0.240066
文書1=第43回衆議院議員総選挙 文書2=衆議院 類似度=0.309638
文書1=第43回衆議院議員総選挙 文書2=国会議員 類似度=0.345417
文書1=第43回衆議院議員総選挙 文書2=自由党（日本 1998-2003）類似度=0.266064
文書1=第43回衆議院議員総選挙 文書2=松浪健四郎 類似度=0.205100
文書1=第43回衆議院議員総選挙 文書2=タレント政治家 類似度=0.252213
文書1=第43回衆議院議員総選挙 文書2=議員 類似度=0.312549
文書1=第43回衆議院議員総選挙 文書2=宇野宗佑 類似度=0.223958
文書1=第43回衆議院議員総選挙 文書2=海部俊樹 類似度=0.216244
文書1=第43回衆議院議員総選挙 文書2=日本の政治 類似度=0.277087
文書1=第43回衆議院議員総選挙 文書2=木村守男 類似度=0.282568
文書1=第43回衆議院議員総選挙 文書2=参議院議員一覧 類似度=0.337990
文書1=第43回衆議院議員総選挙 文書2=辻元清美 類似度=0.229241
文書1=第43回衆議院議員総選挙 文書2=日本社会党 類似度=0.382602
文書1=第43回衆議院議員総選挙 文書2=政党制 類似度=0.213946
文書1=第43回衆議院議員総選挙 文書2=社会民主党（日本 1996-）類似度=0.399552
文書1=第43回衆議院議員総選挙 文書2=さいたま市議会 類似度=0.242304
文書1=第43回衆議院議員総選挙 文書2=日本共産党 類似度=0.261298
文書1=第43回衆議院議員総選挙 文書2=公明党 類似度=0.390184
文書1=第43回衆議院議員総選挙 文書2=民社党 類似度=0.284613
文書1=第43回衆議院議員総選挙 文書2=総選挙 類似度=0.244789
文書1=第43回衆議院議員総選挙 文書2=小渕恵三 類似度=0.207935
文書1=第43回衆議院議員総選挙 文書2=新進党 類似度=0.400126
文書1=第43回衆議院議員総選挙 文書2=村山富市 類似度=0.209902
文書1=第43回衆議院議員総選挙 文書2=扇千景 類似度=0.216828
文書1=第43回衆議院議員総選挙 文書2=羽田孜 類似度=0.229628
文書1=第43回衆議院議員総選挙 文書2=比例代表制 類似度=0.541393
文書1=第43回衆議院議員総選挙 文書2=一党制 類似度=0.231075
文書1=第43回衆議院議員総選挙 文書2=議員定数 類似度=0.243471
文書1=第43回衆議院議員総選挙 文書2=新党さきがけ 類似度=0.242671
文書1=第43回衆議院議員総選挙 文書2=保守新党 類似度=0.469926
文書1=第43回衆議院議員総選挙 文書2=中選挙区制 類似度=0.384132
文書1=第43回衆議院議員総選挙 文書2=コスタリカ方式 類似度=0.237261
-------文書1 = 11711   タイトル = 小栗虫太郎 ----------
文書1=小栗虫太郎 文書2=江戸川乱歩 類似度=0.220405
文書1=小栗虫太郎 文書2=推理小説 類似度=0.234758
文書1=小栗虫太郎 文書2=横溝正史 類似度=0.473190
文書1=小栗虫太郎 文書2=金田一耕助 類似度=0.225629
文書1=小栗虫太郎 文書2=海野十三 類似度=0.435764
経過時間= 0:06:29.042063
すべて完了 !!!

前ページまでの結果から、文書1と文書2の間の類似度がわかります。また、表示された文書のタイトルより、2つの文書には似たような記述があると推測できます。

　なお、紙面の都合で前ページまでででは3つの文書（文書番号＝11709, 11710, 11711）と他の文書間の類似度（値≧0.2の場合）しか確認できませんが、プログラム実行中に流れて表示された実行結果から、実際には、問題の仕様要求について、すべて満足されていることが確認できます。さらに、プログラムの実行時間が6分29秒と確認できます。

第13章 画像データの取り扱い手法

　第11章と第12章では、テキストデータにデータマイニングを行う基本手順について解説し、総合応用例としてWikipediaの記事間の類似度を求めるプログラムを示しました。第13章と第14章では、画像データの取り扱い手法について説明し、総合応用例として、画像間の類似度プログラムを示していきます。

　本章ではまず簡単な例として、scikit-learnライブラリにある手書き数字データセットを用いて、第8章で説明したサポートベクトルマシン法による分類を実現します。その後、より実用的な画像処理を行えるように、OpenCVライブラリを導入します。

　そして、OpenCVを用いた画像の特徴点、特徴量の抽出と、2枚の画像間の特徴点マッチングについて解説し、Pythonによるプログラム例を示します。

13.1　簡単な例：手書き数字の認識

　第8章では、Irisデータセットに対してサポートベクトルマシンによる分類を実現するプログラム例を示しました。そのときのIrisデータセットは、scikit-learnにあらかじめ用意されていたもので、Pythonのプログラムから簡単に読み込めました。

　実はIrisデータセットのほかにも、Boston house-prices、Diabets、Digits、Linnerudなどのデータセットが用意されています。その1つ、Digitsデータセットには、0～9の数字の手書き画像が含まれています。ここでは、画像認識の簡単な例として、このデータセットを用いて説明します。

　scikit-learnでは手書き数字のデータは、datasets.load_digits()関数を使ってまとめて読み込むことができます。このデータセットは、各種データをディクショナリの形（属性と値のペア）で保管しています。その手書き数字サンプルは全部で1,797個あり、各画像は8行8列の17グレーレベル（0から16までの値）で記録されています。なお、実際のimages属性では画像データを8×8の行列形式で保管していますが、data属性では同じデータを64次元のベクトル形式で保管しています。詳細につ

例題 13-1

以下の仕様要求を実現するプログラムを作成してください。

仕様要求
1. Digits データセットのデータフォーマットを調べる。
2. 手書き数字データを画像で表示する。

作成

VSCode のエディタ画面でリスト 13.1 のソースコードを入力し、python3user フォルダ内の DMandML フォルダにファイル名 ch13ex1.py をつけて保存します。

リスト 13.1　ch13ex1.py

```python
# 手書き数字データセットdigits
from sklearn import datasets
import matplotlib.pyplot as plt

digits = datasets.load_digits()
# データを確認
print("属性名：")
for key in digits.keys():
    print(key)
print("ベクトルデータ：")
print(digits['data'][:3])
print("ベクトルデータのユニークな値：")
for i in range(3):
    print(list(set(digits['data'][i])))
mm, nn = digits['data'].shape
print("行数=", mm, "列数=", nn)
print("画像データ：")
print(digits['images'][:3])
ii, mm, nn = digits['images'].shape
print("番号=", ii, "行数=", mm, "列数=", nn)
print("ラベルデータ")
print(digits['target'][:20])
ii = len(digits['target'])
print("ラベルデータ数=", ii)
```

13.1 簡単な例：手書き数字の認識　　307

```
25:     print("ラベル名")
26:     print(digits['target_names'])
27:     mm = len(digits['target_names'])
28:     print("ラベル数=", mm)
29:
30:     # 画像サンプルを20個表示
31:     plt.subplots_adjust(wspace=0.4, hspace=0.6)
32:     for i in range(20):
33:         plt.subplot(4, 5, i + 1.
34:         plt.imshow(digits['images'][i], cmap='gray', interpolation='None')
35:         plt.axis('off')
36:         plt.title('Label=%i' % digits['target'][i])
37:
38:     plt.show()
```

解説

- **2:** sklearn パッケージから datasets を読み込みます。
- **3:** matplotlib.pyplot パッケージを読み込んで plt とします。
- **5:** Digits データを読み込んで、digits に代入します。
- **7〜9:** digits にある属性の名称を表示します。
- **10〜11:** digits['data'] にベクトル形式で保存されている画像データを、最初の 3 つだけ表示して、形式を確認します。
- **12〜14:** digits['data'] のベクトルのユニークな値をリストにして表示します。
- **15〜16:** digits['data'] の行数と列数を表示します。行数＝サンプル数、列数＝ベクトルの次元数です。
- **17〜18:** digits['images'] に行列形式で保存されている画像データを、最初の 3 つだけ表示して、形式を確認します。
- **19〜20:** digits['data'] の番号、行数と列数を表示します。番号＝サンプル数、行数＝画像の横ピクセル数、列数＝画像の縦ピクセル数です。
- **21〜22:** digits['target'] に保存されているラベルデータの値について、最初の 20 個だけ表示して、形式を確認します。
- **23〜24:** digits['target'] の要素数を表示します。
- **25〜27:** digits['target_names'] に保存されているラベルの種類の名称を表示して、形式を確認します。
- **28:** digits['target_names'] の要素数（ラベルの種類の数）を表示します。
- **31〜38:** 手書き数字の画像データを使って、実際にその画像を表示します。
- **31:** 複数画像をタイル状に並べるときに、画像間の間隔を設定します。
- **32:** 繰り返し文です。作業変数 i = 0, 1, ⋯ , 19 のようにします。

実践編

33: 画像を 4 行 5 列で表示するようにセットします。
34: digits['images'][i] を表示するようにセットします。
35: 座標軸が非表示するようにセットします。
36: タイトルに「Label=i の値」を表示するようにセットします。
38: これまでにセットしたグラフを一括表示します。

▶ 実行

VSCode のターミナル画面から以下のように実行します。

```
> python ch13ex1.py
属性名:
data
target
target_names
images
DESCR
ベクトルデータ:
[[ 0.  0.  5. 13.  9.  1.  0.  0.  0.  0. 13. 15. 10. 15.  5.  0.  0.  3. 15.
  2.  0. 11.  8.  0.  0.  4. 12.  0.  0.  8.  8.  0.  0.  5.  8.  0.  0.  9.  8.
  0.  0.  4. 11.  0.  1. 12.  7.  0.  0.  2. 14.  5. 10. 12.  0.  0.  0.  0.  6.
 13. 10.  0.  0.  0.]
 [ 0.  0.  0. 12. 13.  5.  0.  0.  0.  0.  0. 11. 16.  9.  0.  0.  0.  0.  3.
 15. 16.  6.  0.  0.  0.  7. 15. 16. 16.  2.  0.  0.  0.  0.  1. 16. 16.  3.  0.
  0.  0.  0.  1. 16. 16.  6.  0.  0.  0.  0.  1. 16. 16.  6.  0.  0.  0.  0.  0.
 11. 16. 10.  0.  0.]]
ベクトルデータのユニークな値:
[0.0, 1.0, 2.0, 3.0, 4.0, 5.0, 6.0, 7.0, 8.0, 9.0, 10.0, 11.0, 12.0, 13.0,
14.0, 15.0]
[0.0, 1.0, 2.0, 3.0, 5.0, 6.0, 7.0, 9.0, 10.0, 11.0, 12.0, 13.0, 15.0, 16.0]
[0.0, 1.0, 3.0, 4.0, 5.0, 6.0, 8.0, 9.0, 11.0, 12.0, 13.0, 14.0, 15.0, 16.0]
行数= 1797 列数= 64
画像データ:
[[[ 0.  0.  5. 13.  9.  1.  0.  0.]
  [ 0.  0. 13. 15. 10. 15.  5.  0.]
  [ 0.  3. 15.  2.  0. 11.  8.  0.]
  [ 0.  4. 12.  0.  0.  8.  8.  0.]
  [ 0.  5.  8.  0.  0.  9.  8.  0.]
  [ 0.  4. 11.  0.  1. 12.  7.  0.]
  [ 0.  2. 14.  5. 10. 12.  0.  0.]
  [ 0.  0.  6. 13. 10.  0.  0.  0.]]
```

```
[[ 0.  0.  0. 12. 13.  5.  0.  0.]
 [ 0.  0.  0. 11. 16.  9.  0.  0.]
 [ 0.  0.  3. 15. 16.  6.  0.  0.]
 [ 0.  7. 15. 16. 16.  2.  0.  0.]
 [ 0.  0.  1. 16. 16.  3.  0.  0.]
 [ 0.  0.  1. 16. 16.  6.  0.  0.]
 [ 0.  0.  1. 16. 16.  6.  0.  0.]
 [ 0.  0.  0. 11. 16. 10.  0.  0.]]]
番号= 1797 行数= 8 列数= 8
ラベルデータ
[0 1 2 3 4 5 6 7 8 9 0 1 2 3 4 5 6 7 8 9]
ラベルデータ数= 1797
ラベル名
[0 1 2 3 4 5 6 7 8 9]
ラベル数= 10
```

この実行結果から、画像のベクトル形式データは 1,797 サンプルで、64 次元であること、画像の行列形式データは 1,797 サンプルで、8 行 × 8 列であること、ラベルデータの数は 1,797 個であることが確認できます。

ここで、次の例題との関連で、ラベル名の表示結果が整数値のリストになっていることに特に注目してください。

また、このプログラムを実行すると、新しいウィンドウが開いて、図 13.1 の手書き数字の画像も表示されます。

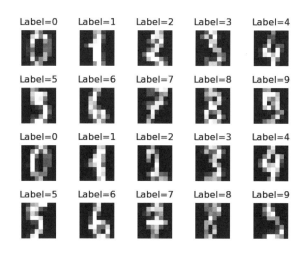

図 13.1　手書き数字データセットの画像例

例題 13-2

以下の仕様要求を実現するプログラムを作成してください。

仕様要求

手書き数字データセット Digits に対して、以下を行う。

1. サポートベクトルマシン法を用いて、分類を行う。
2. 1. の分類結果について評価する。

</> 作成

VSCode のエディタ画面でリスト 13.2 のソースコードを入力し、python3user フォルダ内の DMandML フォルダにファイル名 ch13ex2.py をつけて保存します。

リスト 13.2　ch13ex2.py

```python
# SVM法による分類（digitsデータセット）
from sklearn import datasets
from sklearn import model_selection
from sklearn import metrics
from sklearn import svm

# データを取得
digits = datasets.load_digits()
data_train, data_test, label_train, label_test = model_selection.train_test_split(digits['data'], digits['target'], test_size=0.5)
targetnames = []
for name in digits['target_names']:
    targetnames.append(str(name))

# モデルを作成
# ペナルティパラメータ
C = 100
# RBFカーネルのパラメータ
gamma = 0.001
model = svm.SVC(C=C, gamma=gamma)
model.fit(data_train, label_train)

# データを分類
label_train_pred = model.predict(data_train)
```

```
24:   label_test_pred = model.predict(data_test)
25:
26:   # 分類結果の評価
27:   print("訓練データによる分類結果：")
28:   print("精度=", metrics.accuracy_score(label_train, label_train_pred))
29:   print(metrics.classification_report(label_train, label_train_pred,
      target_names=targetnames))
30:   print()
31:   print("テストデータによる分類結果：")
32:   print("精度=", metrics.accuracy_score(label_test, label_test_pred))
33:   print(metrics.classification_report(label_test, label_test_pred,
      target_names=targetnames))
```

解説

このプログラムのもとは、第 8 章の例題 8-3 のプログラムです。

例題 8-3 では Iris データセットに対して分類を行いましたが、今回はほぼこれを Digits に置き換えただけです。ただし、分類結果の評価関数 classification_report() を使用する際にエラーが発生するので、整数値のラベル名称の各要素を文字型に置き換えてあります。

詳細については以下に解説しますが、途中で以前の説明を参照しなくても済むように、例題 8-3 の解説にある同じ部分も再掲しています。

解説

- **2:** sklearn から datasets を読み込みます。
- **3:** sklearn から model_selection を読み込みます。
- **4:** sklearn から metrics を読み込みます。
- **5:** sklearn から svm を読み込みます。
- **8:** Digits データセットを datasets からロードします。
- **9:** model_selection の train_test_split() 関数を用いて、Digits データセットを訓練データとテストデータに分割します。
- **10〜12:** digits['target_names'] の要素を文字型に変換して、リスト targetnames に代入します。
- **16:** ペナルティパラメータ C を 100 に設定します。
- **18:** RBF カーネルの gamma を 0.001 に設定します。
- **19:** モデルを作成します（デフォルトの RBF カーネルを使用）。
- **20:** 訓練データを使って、サポートベクトルマシン法の model を構築します。
- **23:** model の predict() メソッドを使って、訓練データのラベルを予測し、結果を

label_train_pred に代入します。
24: model の predict() メソッドを使って、テストデータのラベルを予測し、結果を label_test_pred に代入します。
27～33: モデルを評価します。
28: 訓練データの予測結果から予測精度を算出して表示します。
29: 訓練データの予測結果からモデル評価レポートを作成して表示します。
32: テストデータの予測結果から予測精度を算出して表示します。
33: テストデータの予測結果からモデル評価レポートを作成して表示します。

▶ 実行

VSCode のターミナル画面から次のように実行します。

```
> python ch13ex2.py
訓練データによる分類結果：
精度= 1.0
              precision    recall  f1-score   support

           0       1.00      1.00      1.00        87
           1       1.00      1.00      1.00       104
           2       1.00      1.00      1.00        96
           3       1.00      1.00      1.00        82
           4       1.00      1.00      1.00        82
           5       1.00      1.00      1.00        86
           6       1.00      1.00      1.00        93
           7       1.00      1.00      1.00        81
           8       1.00      1.00      1.00        94
           9       1.00      1.00      1.00        93

   micro avg       1.00      1.00      1.00       898
   macro avg       1.00      1.00      1.00       898
weighted avg       1.00      1.00      1.00       898


テストデータによる分類結果：
精度= 0.9911012235817576
              precision    recall  f1-score   support

           0       1.00      1.00      1.00        91
           1       0.96      1.00      0.98        78
           2       1.00      1.00      1.00        81
           3       1.00      0.99      1.00       101
```

4	1.00	1.00	1.00	99
5	0.97	0.99	0.98	96
6	0.99	1.00	0.99	88
7	1.00	1.00	1.00	98
8	0.99	0.96	0.97	80
9	1.00	0.97	0.98	87
micro avg	0.99	0.99	0.99	899
macro avg	0.99	0.99	0.99	899
weighted avg	0.99	0.99	0.99	899

　上記の結果からわかるように、訓練データに対する精度は 100% に達しており、テストデータに対する精度も 99% に達しています。すなわち、このような簡単な手書き数字の画像の識別では、画像データをそのまま特徴量として用いても、サポートベクトルマシン法を使えば十分な精度が得られることがわかります。

13.2 OpenCV を始めよう

13.2.1 OpenCV の概要

　画像データをそのまま表示、あるいは直接的に処理する場合は、matplotlib や scikit-learn を使っても簡単にできますが、少し難しい処理、高度なレベルの処理をする場合は、時間がかかったり、対応するツールがなかったりします。**OpenCV** とは、その名のとおり、オープンソース（BSD ライセンス[*1]）のソフトウェアで、コンピュータビジョン（Computer Vision）の各種画像表示ツールやまた、画像分析処理機能、および機械学習のアルゴリズムをまとめたライブラリです。OpenCV は C++ 言語で開発されており、そのアプリケーションインターフェースは、C++、Python、Java、MATLAB など複数言語に対応しています。

　OpenCV の主な機能やアルゴリズムは以下のとおりです。

- 画像の変換とフィルタ処理
- 画像の特徴点抽出とマッチング
- 顔認識、ジェスチャ認識
- オブジェクト同定
- モーションの理解と追跡

[*1] BSD ライセンス（Berkeley Software Distribution License）とは、オープンソースソフトウェアに適用されるライセンスで、これを与えられているソフトウェアは基本的に、①開発者、配布者はいかなる保証もしない、②著作権の表示、③派生物の宣伝に開発者、配布者の名前を無断で使用しない、ということを守っていれば、再利用も再配布も自由です。

●パターン認識と機械学習

13.2.2 OpenCVの簡単なプログラム例

ここからはOpenCVを用いて画像を処理するプログラムを作成しますが、本書では著作権などに配慮して、これに使う画像のデータファイルは配布しません。したがって、読者が事前にこれに使う画像ファイルを用意してください。なお、以下のプログラム例ではスマートフォンの写真のようなものでも使用できます。

python3userにあるDMandMLフォルダの中にimagedataというフォルダを新たに作成し、その中に用意された画像ファイルをコピーしてください。なお、以降のプログラムでは、画像のファイル名が「image（番号）.jpg」という名前になっていることを前提としています。必要に応じて、用意した画像ファイルのファイル形式や名前を変更してください。

例題 13-3

与えられた画像のデータファイルに対して、以下の仕様要求を実現するプログラムを作成してください。

仕様要求
1. データファイルから画像を読み込んで表示する。
2. 画像をグレー画像に変換して表示する。
3. 画像をトリミングして表示する。
4. 画像をリサイズして表示する。

</> 作成

VSCodeのエディタ画面でリスト13.3のソースコードを入力し、python3userフォルダ内のDMandMLフォルダにファイル名ch13ex3.pyをつけて保存します。

リスト 13.3　ch13ex3.py

```
1:  # OpenCVの簡単な例
2:  import cv2.cv2 as cv
3:
4:  # カラー画像データのロード
5:  img1 = cv.imread('./imagedata/image3.jpg')
6:  print("カラー画像のサイズ：", img1.shape)
```

```
7:    cv.imshow("original image", img1)
8:    cv.waitKey(0)
9:    cv.destroyAllWindows()
10:
11:   # モノクロ画像
12:   img2 = cv.cvtColor(img1, cv.COLOR_BGR2GRAY)
13:   print("モノクロ画像のサイズ：", img2.shape)
14:   cv.imshow("gray image", img2)
15:   cv.waitKey(0)
16:   cv.destroyAllWindows()
17:
18:   # トリミング画像
19:   img3 = img1[500:2620, 300:3460]
20:   print("トリミング画像のサイズ：", img3.shape)
21:   cv.imshow("trimmed image", img3)
22:   cv.waitKey(0)
23:   cv.destroyAllWindows()
24:
25:   # リサイズ画像
26:   img4 = cv.resize(img1,(300,200))
27:   print("リサイズ画像のサイズ：", img4.shape)
28:   cv.imshow("resized image", img4)
29:   cv.waitKey(0)
30:   cv.destroyAllWindows()
```

解説

- **2:** cv2.cv2 を読み込んで cv とします。
- **5:** 与えられたファイルから画像データを読み込んで、img1 に代入します。
- **6:** img1 のサイズを表示します。
- **7:** 新しいウィンドウを開いて img1 を表示します。そのウィンドウにタイトルを与えます。
- **8:** キー入力を待ちます。
- **9:** ウィンドウを閉じます。
- **12:** 画像 img1 をグレー変換して、img2 に代入します。
- **13:** img2 のサイズを表示します。
- **14:** 新しいウィンドウで img2 を表示します。そのウィンドウにタイトルを与えます。
- **15:** キー入力を待ちます。
- **16:** ウィンドウを閉じます。
- **19:** 画像 img1 をトリミングして、img3 に代入します。

- 20： img3 のサイズを表示します。
- 21： 新しいウィンドウで img3 を表示します。そのウィンドウにタイトルを与えます。
- 22： キー入力を待ちます。
- 23： ウィンドウを閉じます。
- 26： 画像 img1 をリサイズして、img4 に代入します。
- 27： img4 のサイズを表示します。
- 28： 新しいウィンドウで img4 を表示します。そのウィンドウにタイトルを与えます。
- 29： キー入力を待ちます。
- 30： ウィンドウを閉じます。

▶ 実行

VSCode のターミナル画面から以下のように実行します。

```
> python ch13ex3.py
```

すると、新しいウィンドウが開いてもとの画像が表示されます。Enter キーを押すと、ウィンドウが閉じます。同じように、順番にモノクロ画像、トリミング画像、リサイズ画像が表示されます（もとの画像、モノクロ画像とトリミング画像のサイズが大きいので、ディスプレイに表示しきれない場合があります）。印刷紙面ではすべて同じに見えてしまいますが、リサイズ画像のみ図 13.2 に示します。

図 13.2　例題 13-3 のリサイズ画像（印刷の関係でモノクロで示しています）

また、ターミナル画面には、最終的に以下のような実行結果が表示されます。

```
カラー画像のサイズ： (3120, 4160, 3)
モノクロ画像のサイズ： (3120, 4160)
トリミング画像のサイズ： (2120, 3160, 3)
リサイズ画像のサイズ： (200, 300, 3)
```

13.3 画像の表現と特徴量

13.3.1 画像の RGB 空間表現

画像の情報を記録するには、まず、1 枚の画像を行と列の情報をもったピクセル（画素）の行列と捉えます。単色画像なら、各ピクセルにおけるその色の明度を数値化するだけで表現できます。また、フルカラー画像なら、例えば RGB カラーモデルを加えて表現します。

Python では、R（Red）、G（Green）、B（Blue）の三原色の明度を、それぞれ数値（整数 0～255）で表し、多様な色を合成して表現します。実際にプログラムを作成して、これらを確認します。

例題 13-4

以下の仕様要求を実現するプログラムを作成してください。

仕様要求
1. データファイルからカラー画像を読み込んで、その画像のサイズを表示する。
2. 1. の画像を指定されたサイズにリサイズして、その画像のサイズを表示する。
3. 2. の画像の RGB 成分のデータを表示する。

作成

VSCode のエディタ画面でリスト 13.4 のソースコードを入力し、python3user フォルダ内の DMandML フォルダにファイル名 ch13ex4.py をつけて保存します。

リスト 13.4 ch13ex4.py

```
1:  # カラー画像
2:  import cv2.cv2 as cv
3:
```

```
 4:   # カラー画像データのロード
 5:   img1 = cv.imread('./imagedata/image3.jpg')
 6:   print("カラー画像のサイズ：", img1.shape)
 7:   # リサイズ画像
 8:   w = 12
 9:   h = 7
10:   img2 = cv.resize(img1, (w, h))
11:   print("リサイズ画像のサイズ：", img2.shape)
12:   print("赤 (R):")
13:   for row in img2[:, :, 0]:
14:       for data in row:
15:           print(data, " ", end="")
16:       print()
17:   print("緑 (G):")
18:   for row in img2[:, :, 1]:
19:       for data in row:
20:           print(data, " ", end="")
21:       print()
22:   print("青 (B):")
23:   for row in img2[:, :, 2]:
24:       for data in row:
25:           print(data, " ", end="")
26:       print()
```

解説

- **2:** cv2.cv2 を読み込んで cv とします。
- **5:** 与えられたファイルから画像データを読み込んで、img1 に代入します。
- **6:** img1 のデータのサイズを表示します。
- **8〜9:** リサイズ画像のサイズを指定します。
- **10:** img1 をリサイズして img2 に代入します。
- **11:** img2 のデータのサイズを表示します。
- **12〜16:** img2 の赤（R）成分（3番目のインデックスは 0）を表示します。
- **17〜21:** img2 の緑（G）成分（3番目のインデックスは 1）を表示します。
- **22〜26:** img2 の青（B）成分（3番目のインデックスは 2）を表示します。

実行

VSCode のターミナル画面から次ページのように実行します。

```
> python ch13ex4.py
カラー画像のサイズ： (3120, 4160, 3)
リサイズ画像のサイズ： (7, 12, 3)
赤 (R):
78  102 107 143 219 213 144  94  89 143 158 123
68   77  89 101 137 156 115  94 105 114 109  85
62   63  73  87  95 254 158 111  97  92  82  67
63   65  64 116 208 255 222 148 101  82  74  75
66   60  62  43  87 255  40  47 177 189  71  68
57   60  61  56  65 177  86  48  49  60  67  72
69   67  68  52  48  34  30  35  43  51  62  66
緑 (G):
69   94 100 131 205 199 136  97  94 145 152  99
65   74  84  97 132 147 107  93 106 114 104  81
69   66  74  89  94 254 140  91  97  96  82  76
72   70  71 103 169 255 193 105  87  87  78  80
72   70  64  37  41 224  25  35 161 167  73  76
69   69  68  62  55  99  71  56  56  66  71  75
73   76  71  59  53  40  39  37  48  58  68  75
青 (B):
59   81  96 129 199 193 143 112 109 144 153 105
67   74  86 102 135 150 117 109 116 120 113  80
78   77  84  99 110 254 129  86 112 107  94  88
82   83  83  90 131 242 178  96  81 102  96  95
79   79  74  32   0   0  16  29 138 132  83  83
69   76  77  67  38   0  62  63  65  73  76  83
84   88  79  63  69  53  48  48  57  61  78  84
```

この実行結果から、赤、緑と青の3色にそれぞれ7行14列のデータが記録されていることがわかります。また、各要素の値が、0以上で255以下であることもわかります。

13.3.2 画像の特徴量

RGB空間表現のデータとして記録された画像は、画面に表示して、人間が目でみてその画像を鑑賞したり、識別したりするためのものです。しかし、画像そのものを画面に表示するような目的ではなく、例えばコンピュータで画像の識別や認識といったデータ処理をしたい場合は、RGB空間表現を直接に使う必要はありません。あるいは、直接に使ってもうまくいきません。

具体的に問題点をあげると、RGB空間表現はそれぞれのプロセスごとに色の明度情報を記録しているため、隣のピクセルとの関係が表現できず、画像の形や特徴を読

み取れません。なお、ここでいう画像の形や特徴とは、1つのピクセルで表せるものではなく、注目点の周辺を含めた小領域の画像セルのみから識別できるものです。

対して、物体の形やヘッジとは、画素の明暗や色が大きく変化したところを認識するもので、画像の大きさや向きが変わってもその認識結果に変わりはありません。このことに注目して、基本的な考え方として、ある画像セル中にあるピクセルの値が大きく変化したところに関する情報（変化の方向や度合いなど）を求めておけば、画像の特徴を表すことができると考えられます。また、もし2つの画像から同じような画像セルをたくさん見つけられたら、この2つの画像は似ていると考えられます。

このような、画像の特徴を表すデータ集合のことを、**特徴量**（feature）といいます。また、特徴量を処理した結果は、**キーポイント**（Key Point）と呼ばれる画像セルを代表するピクセルの座標と、**記述子**（Descriptor）と呼ばれるその画像セルの特徴量を表す数値ベクトルの2つの部分からなります。この、キーポイントと記述子を画像から抽出する作業のことを、**特徴点抽出**といいます。

また、特徴点抽出は、アルゴリズムの違いでさまざまな種類がありますが、代表的なものとして、SIFT、SURF、HOG、ORB、AKAZE、DAISY があります。以下ではこれらの各アルゴリズムについて、簡単に紹介します。

SIFT（Scale-Invariant Feature Transform）
1999 年に Lowe, D. によって提案されたもので、画像の縮尺によって変化しない特徴量の抽出方式です。SIFT では、DoG 画像[*2]をベースに特徴点を抽出しています。しかし、実用画像に使う場合は、SIFT の計算速度では十分といえません。

SURF（Speeded Up Robust Features）
DoG 画像の処理に近似計算を導入して、SIFT の計算処理を改善した方式です。照明の変化にも頑健という特長があります。しかし、SIFT と SURF はともに特許によって保護されているため、無料で使用することはできません[*3]。

ORB（Oriented FAST and Rotated BRIEF）
2011 年に Rubble., E. らによって、SIFT と SURF のかわりになるものとして提案されました。このアルゴリズムは、既存のコーナー検出のアルゴリズム FAST と、記述子の高速算出法 BRIEF（Binary Robust Independent Elementary Features）アルゴリズムを組み合わせたものです。ORB は特許の制約を受ける

[*2] **DoG**（Difference of Gaussian）**画像**とは、標準偏差の値が異なる2つのガウシアン（Gaussian）フィルタ画像の差分で得られた画像です。

[*3] OpenCV の旧バージョンには SIFT も SURF も含まれていましたが、バージョン 3.1 以降の無料配布版には含まれなくなっています。

ことがなく、また SURF よりも処理速度の面で優れています。

AKAZE（Accelarated KAZE）
OpenCV 3.0 から組み込まれた特徴量抽出アルゴリズムで、従来の KAZE というアルゴリズムを高速化したものです。KAZE アルゴリズムでは、AOS（Additive Operator Splitting）と VCD（Variable Conductance Diffusion）技術の導入によって、重要な特徴を残したまま、ノイズの除去に成功しています。

13.4 OpenCV による特徴量の抽出と画像マッチング

13.4.1 OpenCV による特徴量の抽出

特徴量抽出にあたって、従来よく使われたのは SIFT と SURF アルゴリズムです。しかし、最近の OpenCV（リスト 13.5 参照）の無料パッケージには含まれていないため、ORB（リスト 13.6 参照）と AKAZE（リスト 13.7 参照）の使い方について説明します。

リスト 13.5　OpenCV ライブラリの読み込み

```
import cv2.cv2 as cv
```

リスト 13.6　ORB クラスのオブジェクトの生成

```
detector = cv.ORB_create()
```

リスト 13.7　AKAZE クラスのオブジェクトの生成

```
detector = cv.AKAZE_create()
```

リスト 13.8 で、第 1 引数は抽出対象画像の変数名です。また、第 2 引数は特徴点を抽出する領域のマスクです（None の場合は画像全体から特徴点を抽出します）。

リスト 13.8　キーポイントと特徴量の抽出

```
kp, des = detector.detectAndCompute(img, None)
```

リスト 13.9 で、第 1 引数は画像の変数名、第 2 引数は画像から抽出したキーポイントの変数名です。

リスト 13.9　キーポイント付き画像の作成

```
imgkps = cv.drawKeypoints(img, kps, None)
```

13.4.2　OpenCV による画像のマッチング

ここまでに解説した方法で抽出された画像の特徴量を用いて、**画像のマッチング**ができます。また、マッチングの処理方式としては、**Brute-Force（BF）法**があります。

BF 法は総当たり法で、画像 1 の特徴点と画像 2 の特徴点の間の、すべての組み合わせについて 2 点間の距離を計算します。OpenCV にもそのクラスが用意されており、リスト 13.10、13.11、13.12 のように呼び出して使用することができます。

リスト 13.10　OpenCV ライブラリの読み込み

```
import cv2.cv2 as cv
```

リスト 13.11　BF クラスのオブジェクトの生成

```
bf = cv2.BFMatcher()
```

リスト 13.12　2 つの画像のマッチング処理

```
matches = bf.knnMatch(des1, des2, k=2)
```

リスト 13.12 で、des1 は画像 1 の特徴量の記述子で、des2 は画像 2 の特徴量の記述子です。また、第 3 引数の k=2 は、des1 の特徴点に対して最も近い 2 つの特徴点について、計算結果に出力することを指定します。さらに、Lowe, D. の論文[4]によると、この場合、1 番目の特徴点の距離と 2 番目の特徴点の距離の比率が 0.75〜0.8 より大きければ、マッチングが正しくない確率が大きくなります。そのため、以下のプログラムでは、この比率が 0.75〜0.8 より小さければ、マッチングの結果が正しいと判断するようにしました。

```
matches = bf.match(des1, des2)
```

---

[4]　Lowe, D.G. : Distinctive Image Features from Scale-Invariant Keypoints, *Int. J. Com. Vis.* (2004).

この処理の結果は DMatch オブジェクトとして返され、DMatch.distance が 2 つの特徴量ベクトルの間の距離です。DMatch.distance が小さいほどよいマッチング結果となります。

リスト 13.13　マッチング画像の作成

```
imgmatching = cv.drawMatchesKnn(img1, kp1, img2, kp2, matched, None, flags=2)
```

- 第 1 引数：画像 1 の変数名
- 第 2 引数：画像 1 から抽出したキーポイントの変数名
- 第 3 引数：画像 2 の変数名
- 第 4 引数：画像 2 から抽出したキーポイントの変数名
- 第 5 引数：画像 1、画像 2 とマッチングしたキーポイントの集合
- 第 6 引数：画像 2 から抽出したキーポイントの変数名
- 第 7 引数：表示形式の設定。0 の場合は、対応キーポイントだけでなく、対応しないキーポイントも描きます。2 の場合は、対応キーポイントのみ描きます。また、4 の場合は、キーポイントの周辺に円を描きますが、そのサイズと方向はキーポイント変数の値によります

13.5　Python によるプログラム例

例題 13-5

以下の仕様要求を実現するプログラムを作成してください。

仕様要求
1. 与えられたファイルから画像を読み込む。
2. 1. の画像を (600, 400) にサイズ変更する。
3. ORB 特徴量の検出器を作成する。
4. 特徴点と特徴量を抽出する。
5. もと画像に特徴点を描き加えて表示する。

</> 作成

VSCode のエディタ画面でリスト 13.14 のソースコードを入力し、python3user フォルダ内の DMandML フォルダにファイル名 ch13ex5.py をつけて保存します。

リスト 13.14　ch13ex5.py

```
 1: # ORB特徴量＋キーポイントを表示
 2: import cv2.cv2 as cv
 3:
 4: # 画像ファイルの読み込み
 5: img = cv.imread('./imagedata/image6.jpg')
 6: img = cv.resize(img, (600, 400))
 7: # ORB特徴量検出器
 8: detector = cv.ORB_create()
 9: # 特徴点と特徴量検出
10: kp, des = detector.detectAndCompute(img, None)
11: print("特徴量：")
12: print(des)
13: print("特徴量のサイズ：")
14: print(des.shape)
15: print("特徴量のデータタイプ：")
16: print(des.dtype)
17: # 画像への特徴点の書き込み
18: imgkp = cv.drawKeypoints(img, kp, None)
19: # 画像表示
20: cv.imshow("keypoints", imgkp)
21:
22: cv.waitKey(0)
23: cv.destroyAllWindows()
```

解説

- **2:** cv2.cv2 を読み込んで cv とします。
- **5:** 与えられたファイルから画像データを読み込んで、img に代入します。
- **6:** img を (600, 400) にリサイズします。
- **8:** ORB 方式の特徴点検出器を作成します。
- **10:** img から特徴点を検出して kp に代入します。同時に特徴量を計算して、des に代入します。
- **12:** des の値を表示します。
- **14:** des のサイズを表示します。
- **16:** des のデータタイプを表示します。
- **18:** もと画像に特徴点を描き加えて、imgkp に代入します。
- **20:** 画像 imgkp を表示します。

実行

VSCode のターミナル画面から以下のように実行します。

```
> python ch13ex5.py
```

新しいウィンドウが開いて、キーポイント付きの画像（図 13.3）が表示されます。

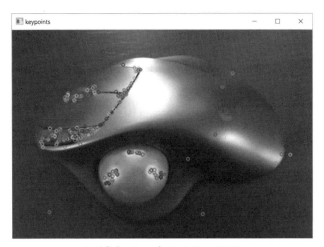

図 13.3　キーポイント付きの画像

また、ターミナル画面には以下のように実行結果が表示されます。

```
特徴量：
[[122  51 122 ... 162 134 115]
 [228 164 149 ... 121 202   6]
 [244 164 157 ... 121  70  34]
 ...
 [108 176 177 ... 227   6 114]
 [229 233 141 ...  49  66 120]
 [229 124  29 ... 241  66  32]]
特徴量のサイズ：
(483, 32)
特徴量のデータ型：
uint8
```

この実行結果から、画像の ORB 特徴量の記述子行列の値、および行列のサイズと

データタイプが確認できます。

例題 13-6

以下の仕様要求を実現するプログラムを作成してください。

仕様要求
1. 与えられた 2 つのファイルから画像を読み込む。
2. 1. の画像を (600, 400) にサイズ変更する。
3. ORB 特徴量の検出器を作成する。
4. 2. の特徴点と特徴量を抽出する。
5. 2 つの画像間の対応する特徴点のリストを作成する。
6. 5. の結果を画像で表示する。

作成

VSCode のエディタ画面でリスト 13.15 のソースコードを入力し、python3user フォルダ内の DMandML フォルダにファイル名 ch13ex6.py をつけて保存します。

リスト 13.15　ch13ex6.py

```python
# 特徴量の抽出と画像間チング
# 特徴量：ORB
import cv2.cv2 as cv

# 画像ファイルの読み込み
img1 = cv.imread('./imagedata/image6.jpg')
img1 = cv.resize(img1, (600, 400))
img2 = cv.imread('./imagedata/image2.jpg')
img2 = cv.resize(img2, (600, 400))
# ORB特徴検出器
detector = cv.ORB_create()
# 特徴量抽出
kp1, des1 = detector.detectAndCompute(img1, None)
kp2, des2 = detector.detectAndCompute(img2, None)
bf = cv.BFMatcher()
matches = bf.knnMatch(des1, des2, k=2)
# マッチングリスト
matched = []
for match1, match2 in matches:
```

```
20:              ratio = match1.distance / match2.distance
21:              if ratio < 0.8:
22:                  matched.append([match1])
23:  # 画像表示
24:  imgmatches = cv.drawMatchesKnn(img1, kp1, img2, kp2, matched, None, flags=2)
25:  cv.imshow("image matching", imgmatches)
26:
27:  cv.waitKey(0)
28:  cv.destroyAllWindows()
```

解説

- **3:** cv2.cv2 を読み込んで cv とします。
- **6:** 与えられたファイルから画像データを読み込んで、img1 に代入します。
- **7:** img1 を (600, 400) にリサイズします。
- **8:** 与えられたファイルから画像データを読み込んで、img2 に代入します。
- **9:** img2 を (600, 400) にリサイズします。
- **11:** ORB 方式の特徴点検出器を作成します。
- **13:** img1 から特徴点を検出して kp1 に代入します。同時に特徴量を計算して、des1 に代入します。
- **14:** img2 から特徴点を検出して kp2 に代入します。同時に特徴量を計算して、des2 に代入します。
- **15:** Brute-Force 照合器を作成します。
- **16:** 特徴量 des1 と特徴量 des2 のマッチングを行い、その結果を matches に代入します。
- **18~22:** マッチング点のリストを作成します。
- **18:** マッチング点を入れる空のリストを用意します。
- **19:** 繰り返し文です。matches にあるマッチングオブジェクトのペアを取り出して、match1 と match2 に代入します。
- **20:** match1 の距離と match2 の距離の比率を計算して、ratio に代入します。
- **21~22:** ratio<0.8 の場合は、match1 をマッチングリストに追加します。
- **24:** もとの 2 つの画像にマッチングした特徴点を描き加えて imgmatches に代入します。
- **25:** 画像 imgmatches を表示します。

▷ 実行

VSCode のターミナル画面から以下のように実行します。

```
> python ch13ex6.py
```

新しいウィンドウが開いて、2つの画像どうしの対応する特徴点を直線で連結した画像が表示されます（図 13.4）。

図 13.4　2つの画像間の特徴点の対応付け

この結果から、2つの画像の間に同じような画像セルの対応付けができていることが確認できます。

演 習 問 題

問題 13.1　例題 13-6 をもとに、以下の変更要求を実現するプログラムを作成し、実行結果を確認してください。
自分で類似部分のある画像 2 枚を用意する。そして、プログラムの画像ファイルを置き換える。

問題 13.2　例題 13-6 をもとに、以下の変更要求を実現するプログラムを作成し、実行結果を確認してください。
画像の特徴量抽出方式を ORB から AKAZE に変える。

第14章
画像の類似判別とクラスタリング

　第 13 章では、Python のプログラムから画像データを取り扱う手法について説明しました。特に、画像の特徴量の抽出、およびそれを用いた画像間マッチングを行うプログラムの実現について解説しました。

　本章では、総合応用例として、画像間の類似判別と画像集合のクラスタリングを行うプログラムを示して解説していきます。まず、第 13 章で示した画像間マッチングのプログラムの発展として、一致する特徴点を数える手法と平均距離による手法で類似画像を求めます。

　そして、ベクトル量子化を導入して、特徴量のベクトルをコードに置き換えることで、以前に学んだ TF-IDF とコサイン類似度を、画像に対して適用可能し、より高精度に類似画像を求めます。

　最後に、特徴量のコードの出現頻度ベクトルを作成することで、与えられた画像集合に対して、以前に勉強したクラスタリング手法を画像集合に適用し、その結果をデンドログラムで表示します。

　本章は総合応用なのでプログラムが少し長くなりますが、実現手法の説明だけではなく、プログラムの作成や実行結果などを含めて詳しく解説していきます。

14.1　画像類似判別問題

　これから例題で扱う画像類似判別問題について、少し簡単に説明しておきます。用意した画像は図 14.1 の 7 つです（いずれもスマートフォンで撮った写真です）。

　人間の目でみると、画像 0 と画像 1、画像 2 と画像 3 と画像 6、画像 4 と画像 5 はそれぞれ同じ物体です。このような、ある画像を基準画像として用い、残りのターゲット画像のうち基準画像と同じ物体を探す問題を、画像の類似判別問題といいます。

　以下では、この画像の類似指標を取り出す方法について解説し、画像判別問題のためのいくつかの手法を示します。また、Python のプログラムを作成して、各手法の性能確認を行う方法を解説します。

330　第 14 章　画像の類似判別とクラスタリング

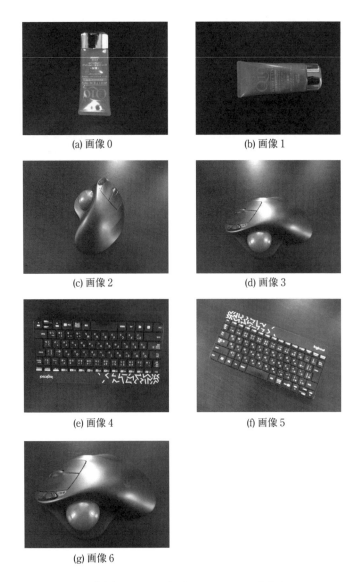

図 14.1　画像類似判別問題に用いる画像集合

14.2 一致する特徴点を数える手法

例題 14-1

以下の仕様要求を実現するプログラムを作成してください。

仕様要求
1. 4つの画像をファイルから読み込む。
2. 4つの画像から特徴量を抽出する。
3. 2つずつ画像の特徴量のマッチングを行い、マッチした特徴量の数を数える。
4. 4つの画像のすべての組み合わせについて、3. を行い、結果を表示する。

作成

VSCodeのエディタ画面でリスト14.1のソースコードを入力し、python3userフォルダ内のDMandMLフォルダにファイル名ch14ex1.pyをつけて保存します。

リスト 14.1　ch14ex1.py

```python
# 特徴量の抽出と類似判別
# 特徴量：AKAZE
import cv2.cv2 as cv
import numpy as np
import datetime

# 画像の特徴量を計算
def extract_features():
    # 画像ファイルの読み込み
    img0 = cv.imread('./imagedata/image0.jpg')
    img1 = cv.imread('./imagedata/image1.jpg')
    img2 = cv.imread('./imagedata/image2.jpg')
    img3 = cv.imread('./imagedata/image3.jpg')
    # 特徴検出器
    detector = cv.AKAZE_create()
    # 特徴検出
    kp0, des0 = detector.detectAndCompute(img0, None)
    kp1, des1 = detector.detectAndCompute(img1, None)
    kp2, des2 = detector.detectAndCompute(img2, None)
    kp3, des3 = detector.detectAndCompute(img3, None)

```

```
22:         return des0, des1, des2, des3
23:
24: # 一致する特徴点を数える
25: def count_matched_point(desa, desb):
26:     bf = cv.BFMatcher()
27:     matches = bf.knnMatch(desa, desb, k=2)
28:     # マッチングリスト
29:     ratio = 0.8
30:     matched = []
31:     for match1, match2 in matches:
32:         if match1.distance < ratio * match2.distance:
33:             matched.append([match1])
34:
35:     return len(matched)
36:
37: # 計算結果を表示
38: def print_result(result):
39:     docno = ["画像0", "画像1", "画像2", "画像3"]
40:     print("画像No\t", end='')
41:     for n in docno:
42:         print("%8s" % n, end='')
43:     print()
44:     for n, res in zip(docno, result):
45:         print("%5s\t" % n, end='')
46:         for r in res:
47:             print("%10.0f" % r, end='')
48:         print()
49:
50:     return
51:
52: # メイン処理
53: def main():
54:     descs = extract_features()
55:     results = np.empty([4, 4], dtype=np.float)
56:     for i in range(4):
57:         for j in range(4):
58:             results[i, j] = count_matched_point(descs[i], descs[j])
59:     print_result(results)
60:
61:     return
62:
63: # ここから実行する
64: if __name__ == "__main__":
```

```
65:     start_time = datetime.datetime.now()
66:     main()
67:     end_time = datetime.datetime.now()
68:     elapsed_time = end_time - start_time
69:     print("経過時間=", elapsed_time)
70:     print("すべて完了 !!!")
```

解説

- **3:** cv2.cv2 を読み込んで、cv とします。
- **4:** numpy を読み込んで、np とします。
- **5:** datetime を読み込みます。
- **8〜22:** 関数を定義しています。
    関数名：extract_features
    機能　：画像の特徴量を抽出する
    引数　：なし
    戻り値：4 つの画像の特徴量
- **8:** 関数の定義文です。
    関数名：extract_features
    引数　：なし
- **10:** ファイル image0 から画像を読み込んで、img0 に保存します。
- **11:** ファイル image1 から画像を読み込んで、img1 に保存します。
- **12:** ファイル image2 から画像を読み込んで、img2 に保存します。
- **13:** ファイル image3 から画像を読み込んで、img3 に保存します。
- **15:** 特徴量抽出器を作成します。抽出方式は AKAZE です。
- **16:** img0 から特徴点と特徴量を抽出します。特徴点を kp0 に、特徴量を des0 に保存します。
- **17:** img1 から特徴点と特徴量を抽出します。特徴点を kp1 に、特徴量を des1 に保存します。
- **19:** img2 から特徴点と特徴量を抽出します。特徴点を kp2 に、特徴量を des2 に保存します。
- **20:** img3 から特徴点と特徴量を抽出します。特徴点を kp3 に、特徴量を des3 に保存します。
- **22:** return 文です。戻り値は特徴量 des0, des1, des3, des4 です。
- **25〜35:** 関数を定義しています。
    関数名：count_matched_point
    機能　：2 つの画像間の特徴量のマッチングを行い、一致する特徴点を数える
    引数　：特徴量 desa、desb

第 14 章 画像の類似判別とクラスタリング

戻り値 ：一致した特徴量の数
25: 関数の定義文です。
関数名：count_matched_point
引数 ：desca, descb
26: Brute-Force 照合器を作成します。
27: 特徴量 desa と特徴量 desb のマッチングを行い、その結果を matches に代入します。
29: 比率 ratio の値を設定します。
30: 一致点を入れる空のリストを用意します。
31: 繰り返し文です。matches にあるマッチングオブジェクトのペアを取り出して、match1 と match2 に代入します。
32: （match1 の距離）＜（ratio×match2 の距離）である場合、match1 をマッチングリストに追加します。
35: return 文です。戻り値はリスト matched の要素数です。
38〜50: 関数を定義しています。
関数名：print_result
機能 ：4 つの画像間の一致する特徴点の数を表示する
引数 ：4 × 4 の配列 result
戻り値：なし
38: 関数を定義しています。
関数名：print_result
引数 ：result
39: 画像番号のリストを作成します。
40: 「画像 No」を表示します。ただし、表示後は改行しません。
41〜43: 画像番号のリストを表示します。表示後に改行します。
44〜48: 二重ループで result にある要素を表示します。
44: 外側の繰り返しです。docno と result の全要素のペアで繰り返しを行います。docno の要素を n に、対応する result の要素を res に入れます。
45: n を表示します。ただし、表示後に改行しません。
46: 内側の繰り返しです。res の要素を r に入れます。
47: r を表示します。ただし、表示後に改行しません。
48: 改行を行います。
50: return 文です。戻り値はありません。
53〜61: 関数を定義しています。
関数名：main()
機能 ：メイン処理

14.2 一致する特徴点を数える手法　335

引数　：なし
戻り値：なし
53: 関数を定義しています。
関数名：main
引数　：なし
54: 関数 extract_features を呼び出して、戻り値を descs に代入します。
55: 配列 results を定義します。サイズは 4 × 4 で、データ型は float64 です。
56〜58: 二重ループで results の中身を計算します。
56: 外側の繰り返しです。変数 i は 0〜3 です。
57: 内側の繰り返しです。変数 j は 0〜3 です。
58: 関数 count_matched_point を呼び出して、戻り値を result[i, j] に代入します。
59: 関数 printresults を呼び出して、処理結果を表示します。
61: return 文です。戻り値はありません。
64〜70: プログラムはここから実行します。main() 関数を呼び出し、合わせて実行時間を測定して表示します。

▶ 実行

VSCode のターミナル画面から以下のように実行します。

```
> python ch14ex1.py
画像No     画像0     画像1     画像2     画像3
  画像0    2317      187       14       15
  画像1     200     3066       20       26
  画像2       7        6      825       15
  画像3      11       13       30      992
経過時間= 0:00:09.762894
すべて完了 !!!
```

この実行結果は、画像間に一致する特徴量ベクトルの数を表形式で示しています。この表の要素の値から、2 つの画像間で一致した特徴量の数を確認できます。なお、評価指標が一致した特徴量の数を用いる場合は、値が大きければ大きいほど、2 つの画像が類似します。

また、画像 0 については、自分自身との値が 2,317 で一番大きいですが、他の画像との間では、一番大きい値は画像 1 との値である 187 です。つまり、画像 0 が画像 1 と最も類似するといえます。

続けて、順番にみていくと、画像 1 については、他の画像との間では、一番大きい値は画像 0 との値である 200 です。つまり、画像 1 が画像 0 と最も類似するといえ

ます。画像 2 については、他の画像との間では、一番大きい値は画像 3 との値である 15 です。つまり、画像 2 が画像 3 と最も類似するといえます。また、画像 3 については、他の画像との間では、一番大きい値は画像 2 との値である 30 です。つまり、画像 3 が画像 2 と最も類似するといえます。

ここまでの判別結果をまとめると、画像 0 と画像 1 が類似して、画像 2 と画像 3 が類似する、という結論にいたります。

14.3 一致する特徴点間の平均距離を用いる手法

例題 14-2

以下の仕様要求を実現するプログラムを作成してください。

仕様要求
1. 4 つの画像をファイルから読み込む。
2. 4 つの画像から特徴量を抽出する。
3. 2 つずつ画像間の特徴量のマッチングを行い、マッチした特徴量を数える。
4. 4 つの画像のすべての組み合わせについて、3. を行い、結果を表示する。

作成

VSCode のエディタ画面でリスト 14.2 のソースコードを入力し、python3user フォルダ内の DMandML フォルダにファイル名 ch14ex2.py をつけて保存します。

リスト 14.2　ch14ex2.py

```
1:  # 特徴量の抽出と類似判別
2:  # 特徴量：AKAZE
3:  import cv2.cv2 as cv
4:  import numpy as np
5:  import datetime
6:
7:  # 画像の特徴量を計算
8:  def extract_features():
9:      # 画像ファイルの読み込み
10:     img0 = cv.imread('./imagedata/image0.jpg')
11:     img1 = cv.imread('./imagedata/image1.jpg')
12:     img2 = cv.imread('./imagedata/image2.jpg')
13:     img3 = cv.imread('./imagedata/image3.jpg')
```

```
14:        # 特徴検出器
15:        detector = cv.AKAZE_create()
16:        # 特徴検出
17:        kp0, des0 = detector.detectAndCompute(img0, None)
18:        kp1, des1 = detector.detectAndCompute(img1, None)
19:        kp2, des2 = detector.detectAndCompute(img2, None)
20:        kp3, des3 = detector.detectAndCompute(img3, None)
21:
22:        return des0, des1, des2, des3
23:
24:    # 画像の一致する特徴点の平均距離
25:    def calculate_ave_dist(desa,desb):
26:        bf = cv.BFMatcher()
27:        matches = bf.match(desa, desb)
28:        matches = sorted(matches, key = lambda x : x.distance)
29:        nn = int(len(matches) / 100)
30:        dists = [m.distance for m in matches[0:nn]]
31:        aved = sum(dists) / len(dists)
32:
33:        return aved
34:
35:    # 計算結果を表示
36:    def print_result(result):
37:        docno = ["画像0", "画像1 ", "画像2 ", "画像3 "]
38:        print("画像No   ", end='')
39:        for n in docno:
40:            print("%6s  " % n, end='')
41:        print()
42:        for n, res in zip(docno, result):
43:            print("%s" % n, end='')
44:            for r in res:
45:                print("%10.2f" % r, end='')
46:            print()
47:
48:        return
49:
50:    # メイン処理
51:    def main():
52:        descs = extract_features()
53:        avedist = np.empty([4, 4], dtype=np.float)
54:        for i in range(4):
55:            for j in range(4):
56:                avedist[i, j] = calculate_ave_dist(descs[i], descs[j])
```

```
57:        print_result(avedist)
58:
59:        return
60:
61:    # ここから実行する
62:    if __name__ == "__main__":
63:        start_time = datetime.datetime.now()
64:        main()
65:        end_time = datetime.datetime.now()
66:        elapsed_time = end_time - start_time
67:        print("経過時間=", elapsed_time)
68:        print("すべて完了 !!!")
```

解説

このプログラムは、例題 14-1 をもとにしています。今回は、2 つの画像間の一致する特徴点の数で類似度を測るのではなく、2 つの画像間のマッチング結果である特徴点ペア間の平均距離を、類似度の評価指標として用います。この変更のため、例題 14-1 の関数 count_matched_point が不要となりますので、かわりとなる新しい関数をつくらなければなりません。

ここで、この新しくつくった関数のみ解説します。

25～33: 関数を定義しています。
関数名：calculate_ave_dist
機能　：2 つの画像間の特徴量のマッチングを行い、結果にある全特徴点の平均距離を算出する
引数　：特徴量 desa, desb
戻り値：平均距離 aved

25: 関数の定義文です。
関数名：imageavedist
引数　：desca, descb

26: Brute-Force 照合器を作成します。

27: match メソッドで特徴量 desa と特徴量 desb のマッチングを行い、その結果を matches に代入します。

28: matches にある要素をその距離の昇順に並べ替えて、matches に書き戻します。

29: matches の要素数の、100 分の 1 の数を nn に代入します。

30: matches から上位 nn 個要素を取り出して、その距離を計算し、リスト dists に保存します。ここでは、距離の小さい nn（全体の 100 分の 1）個までの要素を一致

した特徴量とみなします。

31: dists の平均値を計算して、aved に代入します。

33: return 文です。戻り値は aved です。

また、この新しく作成した関数を呼び出すために、main 関数の関連箇所を変更します。

56: 関数 calculate_ave_dist を呼び出して、戻り値を avedist[i, j] に代入します。

▶ 実行

VSCode のターミナル画面から以下のように実行します。

```
> python ch14ex2.py
画像No    画像0     画像1     画像2     画像3
画像0     0.00    280.02   391.42   372.69
画像1   292.78     0.00    423.40   400.75
画像2   356.96   400.69     0.00    324.62
画像3   350.94   361.69   330.58     0.00
経過時間= 0:00:09.940380
すべて完了 !!!
```

実行結果は、画像間で一致した特徴量を平均距離を表形式で示します。そして、この表の要素の値から、2 つの画像間の平均距離が確認できます。ここで、評価指標に平均距離を用いる場合は、値が小さければ小さいほど 2 つの画像が類似します。

具体的には、画像 0 については、他の画像との一番小さい値は画像 1 との値である 280.02 です。つまり、画像 0 が画像 1 と最も類似するといえます。続けて、順番にみていくと、画像 1 については、他の画像との一番小さい値は画像 0 との値である 292.78 です。つまり、画像 1 が画像 0 と最も類似するといえます。画像 2 については、他の画像との一番小さい値は画像 3 との値である 324.62 です。つまり、画像 2 が画像 3 と最も類似するといえます。また、画像 3 については、他の画像との一番小さい値は画像 2 との値である 330.58 です。つまり、画像 3 が画像 2 と最も類似するといえます。

ここまでの判別結果をまとめると、画像 0 と画像 1 が類似して、画像 2 と画像 3 が類似する、という結論にいたります。これは例題 14-1 と同じ結論です。

14.4　ベクトル量子化

「量子化」という言葉は、もともと信号処理の分野で使われていました。すなわち、

信号処理ではアナログ信号をデジタル信号に変換するために、サンプリングホールド→量子化→符号化の順に処理を行います。この場合は、一定範囲内における1次元実数値の時系列の信号を整数レベルに分けて、信号値を整数で表すことを**量子化**といいます。例えば1Vの電圧範囲を10のレベルに均等に分割して、表14.1のようなコードブックをつくるのです。

表 14.1　信号処理分野における量子化のコードブック

電圧レベル（V）	コード
0.0	0
0.1	1
0.2	2
0.3	3
0.4	4
0.5	5
0.6	6
0.7	7
0.8	8
0.9	9
1.0	10

これによって、仮に表14.2のような実際に測定された時系列信号があるとすると、表14.1のコードブックにもとづいて、信号値の時系列をコードの時系列に変換できます。

表 14.2　信号値の時系列からコードの時系列への変換例

時刻（秒）	実測値（V）	近似値（V）	コード
1	0.01	0.0	0
2	0.52	0.5	5
3	0.33	0.3	3
4	0.36	0.4	4
5	0.66	0.7	7
6	0.71	0.7	7
7	0.54	0.5	5
8	0.22	0.2	2
9	0.81	0.8	8
10	0.11	0.1	1
11	0.43	0.4	4

次に、この考え方を多次元のベクトルに拡張していきます。まず、以前にクラスタリングのときに使っていた2次元ベクトルの例を用いて説明しましょう。読者の利便性のため、例題 5-1 で示したデータ集合の表を表 14.3 として再掲します。

表 14.3　例題 5-1 用のデータ集合（再掲）

要素番号	属性 x	属性 y
0	1	2
1	3	1
2	2	3
3	3	6
4	4	6
5	7	2
6	7	4

今回は 2 次元ベクトルのデータを**量子化**したいのですが、単純に考えれば、1 次元時系列の量子化を 2 次元に拡張すればよいでしょう。したがって、2 次元平面を図 14.2 のように均等に分割して、コードブックを作成します。

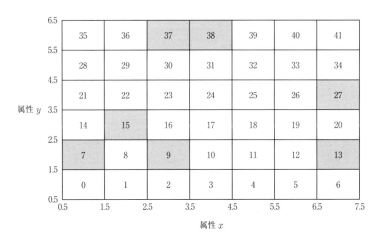

図 14.2　2 次元属性ベクトルの均等割り付けコードブック

このコードブックを用いれば、各要素のコードを表 14.4 のように作成できます。

表 14.4 均等割りつけコードブックによる量子化の結果

要素番号	属性 x	属性 y	コード
0	1	2	7
1	3	1	9
2	2	3	15
3	3	6	37
4	4	6	38
5	7	2	13
6	7	4	27

しかし、このような均等割りつけでコードブックを作成するには、多くのコードが必要となります。しかも、現実の問題では、ある特定部分のコードはよく現れても、それ以外のコードはあまり現れないということが普通です。そのため、使われないコードが多くできてしまいます。

この問題を回避するために、均等割りつけをやめて、それとは違う新しい考え方でコードブックをつくります。それがクラスタリングにもとづく方法です。図 14.3 は、第 6 章の例題 6-1(c) の k–平均法によるクラスタリングの結果に、クラスタごとの番号を振ったものです。これで使い勝手のよいコードブックが作成できます。

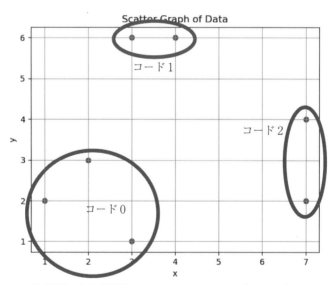

図 14.3 2 次元属性ベクトルのクラスタリングコードブック

表 14.5 クラスタリングコードブックによる量子化の結果

要素番号	属性 x	属性 y	コード
0	1	2	0
1	3	1	0
2	2	3	0
3	3	6	1
4	4	6	1
5	7	2	2
6	7	4	2

このコードブックを用いれば、各要素のコードは表 14.5 のようになります。

これをデータマイニングにおける**ベクトル量子化**と呼びます。ベクトル量子化によって、近い要素をグループにまとめて 1 つのコードを与えることで、コード数が少なくなり、とても簡単に表現できます。また、クラスタリングの際に、クラスタの数、つまりコードの数を指定できるので、量子化の精度の調整も可能になります。

14.5 ベクトル量子化とコサイン類似度を用いる手法

例題 14-3

以下の仕様要求を実現するプログラムを作成してください。

仕様要求
1. 4 つの画像をファイルから読み込む。
2. 4 つの画像から特徴量を抽出する。
3. 2. で得られた特徴量に対して、ベクトル量子化を行い、各特徴量のコードを求める。
4. 特徴量のコードを単語として用い、文書集合を作成する。
5. 4. で得られた文書集合から TF–IDF を算出し、4 つの画像間のコサイン類似度を計算する。
6. 5. で得られた結果を表示する。

</> 作成

VSCode のエディタ画面でリスト 14.3 のソースコードを入力し、python3user フォルダ内の DMandML フォルダにファイル名 ch14ex3.py をつけて保存します。

リスト 14.3　ch14ex3.py

```python
1:  # 特徴量の抽出とベクトル量子化とコサイン類似度
2:  # 特徴量：AKAZE
3:  import cv2.cv2 as cv
4:  import numpy as np
5:  import datetime
6:  import scipy.cluster
7:  from sklearn.feature_extraction.text import TfidfVectorizer
8:  from sklearn.metrics.pairwise import cosine_similarity
9:
10: # 画像の特徴量を計算
11: def extract_features():
12:     # 画像ファイルの読み込み
13:     img0 = cv.imread('./imagedata/image0.jpg')
14:     img1 = cv.imread('./imagedata/image1.jpg')
15:     img2 = cv.imread('./imagedata/image2.jpg')
16:     img3 = cv.imread('./imagedata/image3.jpg')
17:     # 特徴検出器
18:     detector = cv.AKAZE_create()
19:     # 特徴検出
20:     kp0, des0 = detector.detectAndCompute(img0, None)
21:     kp1, des1 = detector.detectAndCompute(img1, None)
22:     kp2, des2 = detector.detectAndCompute(img2, None)
23:     kp3, des3 = detector.detectAndCompute(img3, None)
24:
25:     return des0, des1, des2, des3
26:
27: # データをクラスタリング
28: def create_docs(des0, des1, des2, des3):
29:     desall = np.vstack((des0, des1, des2, des3))
30:     npdesall = np.array(desall, dtype='float64')
31:     # ベクトル量子化
32:     kk = 100
33:     codebook, destortion = scipy.cluster.vq.kmeans(npdesall, kk, iter=30, thresh=1e-06)
34:     # 各データをセントロイドに分類する
35:     code0, dist0 = scipy.cluster.vq.vq(des0, codebook)
36:     code1, dist1 = scipy.cluster.vq.vq(des1, codebook)
37:     code2, dist2 = scipy.cluster.vq.vq(des2, codebook)
38:     code3, dist3 = scipy.cluster.vq.vq(des3, codebook)
39:     print("画像0のコード数 =", len(code0))
40:     print("画像1のコード数 =", len(code1))
```

14.5 ベクトル量子化とコサイン類似度を用いる手法

```
41:        print("画像2のコード数 =", len(code2))
42:        print("画像3のコード数 =", len(code3))
43:        # docsを作成する
44:        codeall = [code0, code1, code2, code3]
45:        docs = []
46:        for codes in codeall:
47:            words = ""
48:            for code in codes:
49:                words = words + " " + str(code)
50:            docs.append(words)
51:
52:        return docs
53:
54:    # TF-IDF、コサイン類似度を計算
55:    def calculate_similarity(docs):
56:        # オブジェクト生成
57:        npdocs = np.array(docs)
58:        vectorizer = TfidfVectorizer(norm=None, smooth_idf=False)
59:        vecs = vectorizer.fit_transform(npdocs)
60:        # TF-IDF
61:        tfidfs = vecs.toarray()
62:        # コサイン類似度
63:        similarity = cosine_similarity(tfidfs)
64:
65:        return similarity
66:
67:    # 計算結果を表示
68:    def print_result(result):
69:        docno=["画像0 ", "画像1 ", "画像2 ", "画像3 "]
70:        print("画像No", end='')
71:        for n in docno:
72:            print("%6s  " % n, end='')
73:        print()
74:        for n, res in zip(docno, result):
75:            print("%s" % n, end='')
76:            for r in res:
77:                print("%9.4f" % r, end='')
78:            print()
79:
80:        return
81:
82:    # メイン処理
83:    def main():
```

```
84:        des0, des1, des2, des3 = extract_features()
85:        docs = create_docs(des0, des1, des2, des3)
86:        similarity = calculate_similarity(docs)
87:        print_result(similarity)
88:
89:        return
90:
91:    # ここから実行する
92:    if __name__ == "__main__":
93:        start_time = datetime.datetime.now()
94:        main()
95:        end_time = datetime.datetime.now()
96:        elapsed_time = end_time - start_time
97:        print("経過時間 =", elapsed_time)
98:        print("すべて完了 !!!")
```

解説

このプログラムは、例題 14-1 をもとにしています。これまでの例題で文書間の類似度を 2 回計算していますが、今回は、さらにベクトル量子化を導入して、画像の特徴量のコードを文書の単語と見立て、第 11 章で説明した TF–IDF とコサイン類似度を用いて、画像間の類似判別に試みます。

この変更の関係で、例題 14-1 の関数 count_matched_point が不要となるかわりに、2 つの新しい関数 create_docs と calculate_similarity をつくります。また、これらの新しくつくった関数に合わせて、main() 関数も書き直す必要があります。そのため、以下では、これらの新しくつくった 2 つの関数と、書き直した main() 関数について解説します。

28～52: 関数を定義しています。
　　関数名：create_docs
　　機能　：画像の特徴量から、ベクトル量子化を用いて、文書集合を作成する
　　引数　：特徴量 des0, des1, des2, des3
　　戻り値：文書集合 docs
28: 関数の定義文です。
　　関数名：create_docs
　　引数　：des0, des1, des2, des3
29: 特徴量 des0, des1, des2, des3 を行として結合して、desall に代入します。
30: desall を numpy の実数配列に変換して、npdesall に代入します。
33: scipy から関数を呼び出して、ベクトル量子化を行い、コード表を作成します。

14.5 ベクトル量子化とコサイン類似度を用いる手法 347

35： scipy から関数を呼び出して、特徴量 des0 のコードリスト code0 を作成します。
36： scipy から関数を呼び出して、特徴量 des1 のコードリスト code1 を作成します。
37： scipy から関数を呼び出して、特徴量 des2 のコードリスト code2 を作成します。
38： scipy から関数を呼び出して、特徴量 des3 のコードリスト code3 を作成します。
39〜42： code0, code1, code2, code3 の要素数を表示します。
44〜50： code0, code1, code2, code3 から文書集合 docs を作成します。
44： code0, code1, code2, code3 をまとめて、codeall とします。
45： 空のリスト変数 docs を用意します。
46： 外側の繰り返しです。codeall から code0, code1, code2, code3 を順番に取り出して、codes とします。
47： 空の文字列変数 words を用意します。
48〜49： codes にある code を文字列に変換して、半角スペースをつけて結合します。その結果を words に代入します。
50： words を docs に追加します。
52： return 文です。戻り値は docs です。
55〜65： 関数を定義しています。
　関数名：calculate_similarity
　機能　：文書集合 docs から、TF-IDF を用いて、各画像間のコサイン類似度を計算する
　引数　：文書集合 docs
　戻り値：画像間のコサイン類似度
55： 関数の定義文です。
　関数名：calculate_similarity
　引数　：docs
57： docs を numpy の配列に変換して、npdocs に代入します。
58： TF-IDF 変換器である TfidfVectorizer を作成します。
59： npdocs の TF-IDF 変換を行います。
61： TF-IDF の結果を取り出して、tfidfs に代入します。
63： 関数 cosine_similarity を呼び出して、tfidfs からコサイン類似度を計算します。計算結果を similarity に代入します。
65： return 文です。戻り値は similarity です。
83〜89： 関数を定義しています。
　関数名：main
　機能　：各処理の関数を呼び出して、画像間のコサイン類似度を計算する
　引数　：なし
　戻り値：なし

83: 関数の定義文です。
関数名：main
引数　：なし
84: 関数 extract_features を呼び出して、画像の特徴量を求め、des0, des1, des2, des3 に代入します。
85: 関数 create_docs を呼び出して、文書集合を作成し、docs に代入します。
86: 関数 calculate_similarity を呼び出して、画像間の類似度を算出します。その結果を similarity に代入します。
87: 関数 print_result を呼び出して、similarity の結果を表示します。
89: return 文です。戻り値はありません。

▶ 実行

VSCode のターミナル画面から以下のように実行します。

```
> python ch14ex3.py
画像0のコード数 = 2317
画像1のコード数 = 3066
画像2のコード数 = 825
画像3のコード数 = 992
画像No  画像0     画像1     画像2     画像3
画像0   1.0000   0.9335   0.5678   0.4486
画像1   0.9335   1.0000   0.5888   0.4262
画像2   0.5678   0.5888   1.0000   0.7489
画像3   0.4486   0.4262   0.7489   1.0000
経過時間 = 0:00:18.599272
すべて完了 !!!
```

　この実行結果は、画像間のコサイン類似度を表形式で表示します。評価指標にコサイン類似度を用いる場合は、最も類似で最大値の 1 となり、最も非類似で最小値の 0 となります。
　画像 0 については、自分自身との値は 1.0000 で一番大きいのですが、他の画像との間では、一番大きい値は画像 1 との値である 0.9335 です。つまり、画像 0 が画像 1 と最も類似するといえます。続けて、順番にみていくと、画像 1 については、他の画像との間では、一番大きい値は画像 0 との値である 0.9335 です。つまり、画像 1 が画像 0 と最も類似するといえます。画像 2 については、他の画像との間では、一番大きい値は画像 3 との値である 0.7489 です。つまり、画像 2 が画像 3 と最も類似するといえます。また、画像 3 については、他の画像との間では、一番大きい値は画像 2 との値である 0.7489 です。つまり、画像 3 が画像 2 と最も類似するといえます。

ここまでの判別結果をまとめると、画像 0 と画像 1 が類似して、画像 2 と画像 3 が類似する、という結論にいたります。これは例題 14-1 および例題 14-2 と同じ結論です。

　一方、コサイン類似度の場合、その最大値と最小値が一定、2 つの画像間の値が対称、非類似画像と類似画像の値が大きく離れている、といった計算処理上、非常によい性質ももち合わせているので、これまでに説明した他の手法と比べても、より優れたものといえます。

14.6　画像集合のクラスタリング

例題 14-4

以下の仕様要求を実現するプログラムを作成してください。

仕様要求
1. 7 つの画像をファイルから読み込む。
2. 7 つの画像から特徴量を抽出する。
3. 2. で得られた特徴量に対して、ベクトル量子化を行い、各特徴量のコードを求める。
4. 特徴量のコードを単語として用い、文書集合を作成する。
5. 4. で得られた文書集合からコードの出現頻度を算出し、7 つの画像間のクラスタリングを行う。
6. 5. で得られた結果を表示する。

作成

　VSCode のエディタ画面でリスト 14.4 のソースコードを入力し、python3user フォルダ内の DMandML フォルダにファイル名 ch14ex4.py をつけて保存します。

リスト 14.4　ch14ex4.py

```
1:  # 特徴量の抽出とベクトル量子化とクラスタリング
2:  # 特徴量：AKAZE
3:  import cv2.cv2 as cv
4:  import numpy as np
5:  import datetime
6:  import scipy.cluster
7:  from sklearn.feature_extraction.text import CountVectorizer
```

```
 8:    import scipy.cluster.hierarchy as hclst
 9:    from matplotlib import pyplot as plt
10:
11:    # 画像の特徴量を計算
12:    def extract_features():
13:        # 画像ファイルの読み込み
14:        img0 = cv.imread('./imagedata/image0.jpg')
15:        img1 = cv.imread('./imagedata/image1.jpg')
16:        img2 = cv.imread('./imagedata/image2.jpg')
17:        img3 = cv.imread('./imagedata/image3.jpg')
18:        img4 = cv.imread('./imagedata/image4.jpg')
19:        img5 = cv.imread('./imagedata/image5.jpg')
20:        img6 = cv.imread('./imagedata/image6.jpg')
21:        # 特徴検出器
22:        detector = cv.AKAZE_create()
23:        # 特徴検出
24:        kp0, des0 = detector.detectAndCompute(img0, None)
25:        kp1, des1 = detector.detectAndCompute(img1, None)
26:        kp2, des2 = detector.detectAndCompute(img2, None)
27:        kp3, des3 = detector.detectAndCompute(img3, None)
28:        kp4, des4 = detector.detectAndCompute(img4, None)
29:        kp5, des5 = detector.detectAndCompute(img5, None)
30:        kp6, des6 = detector.detectAndCompute(img6, None)
31:
32:        return des0, des1, des2, des3, des4, des5, des6
33:
34:    # データをクラスタリング
35:    def create_docs(des0, des1, des2, des3, des4, des5, des6):
36:        desall = np.vstack((des0, des1, des2, des3, des4,des5, des6))
37:        npdesall = np.array(desall, dtype='float64')
38:        codebook, destortion = scipy.cluster.vq.kmeans(npdesall, 100, iter=30, thresh=1e-06)
39:        # ベクトル量子化
40:        # 各データをセントロイドに分類する
41:        code0, dist0 = scipy.cluster.vq.vq(des0, codebook)
42:        code1, dist1 = scipy.cluster.vq.vq(des1, codebook)
43:        code2, dist2 = scipy.cluster.vq.vq(des2, codebook)
44:        code3, dist3 = scipy.cluster.vq.vq(des3, codebook)
45:        code4, dist4 = scipy.cluster.vq.vq(des4, codebook)
46:        code5, dist5 = scipy.cluster.vq.vq(des5, codebook)
47:        code6, dist6 = scipy.cluster.vq.vq(des6, codebook)
48:        codeall = [code0, code1, code2, code3, code4, code5, code6]
49:        # コードの文書集合を作成
```

```
50:         docs = []
51:         for codes in codeall:
52:             words = ""
53:             for code in codes:
54:                 words = words + " " + str(code)
55:             docs.append(words)
56:
57:         return docs
58:
59:     # コードベクトル作成、クラスタリング
60:     def clustering_images(docs):
61:         # コードの出現回数のデータを作成
62:         npdocs = np.array(docs)
63:         vectorizer = CountVectorizer()
64:         vecs = vectorizer.fit_transform(npdocs)
65:         data = vecs.toarray()
66:         # コードの出現回数のデータを表示
67:         for no, dd in enumerate(data):
68:             print("画像番号 =", no)
69:             print("データ =")
70:             for n, d in enumerate(dd):
71:                 if ((n + 1) % 15 != 0):
72:                     print("%4d" % d, end="")
73:                 else:
74:                     print("%4d" % d)
75:             print()
76:         # クラスタリングは以下3行中の1行だけ。
77:         # results = hclst.linkage(data, method='single', metric='euclidean')
78:         # results = hclst.linkage(data, method='complete', metric='euclidean')
79:         results = hclst.linkage(data, method='ward', metric='euclidean')
80:         # デンドログラムで結果を表示
81:         hclst.dendrogram(results)
82:         plt.title("Dendrogram of Clustering Images")
83:         plt.xlabel("image number")
84:         plt.ylabel("distance")
85:         plt.savefig("ch14ex1Figure1.png")
86:
87:         return
88:
89:     # メイン処理
90:     def main():
91:         des1, des2, des3, des4, des5, des6, des7 = extract_features()
```

352　第 14 章　画像の類似判別とクラスタリング

```
92:         docs = create_docs(des1, des2, des3, des4, des5, des6, des7)
93:         clustering_images(docs)
94:
95:         return
96:
97:     # ここから実行する
98:     if __name__ == "__main__":
99:         start_time = datetime.datetime.now()
100:        main()
101:        end_time = datetime.datetime.now()
102:        elapsed_time = end_time-start_time
103:        print("経過時間 =", elapsed_time)
104:        print("すべて完了 !!!")
```

解説

　このプログラムは、例題 14-3 をもとにしています。ただし、例題 14-3 では、画像間のコサイン類似度を算出して、画像間の類似判別に試みましたが、今回は画像集合のクラスタリングを行っています。そのため、例題 14-3 の関数 calculate_similarity が不要となるかわりに、新たにクラスタリングを行う関数をつくる必要があります。また、この新しくつくった関数に合わせて、main 関数も書き直す必要があります。

　以下では、この新しくつくった関数と、書き直した main 関数のみ解説します。ただし、他の関数においても、これまでは画像が 4 つであることを前提として変数名や処理を番号 0〜3 で扱っていましたが、今回は画像が 7 つなので、番号 0〜6 で扱うよう変数名や処理も追加しています。

60〜88:　関数を定義しています。
　　　関数名：clustering_images
　　　機能　：文書集合 docs から、単語の出現回数を用いて、与えられた画像集合のクラスタリングを行う。また、その結果をデンドログラムで表示する
　　　引数　：文書集合 docs
　　　戻り値：なし
60:　関数の定義文です。
　　　関数名：clustering_images
　　　引数　：docs
62:　docs を numpy の配列に変換して、npdocs に代入します。
63:　単語の出現回数変換器 CountVectorizer を作成します。
64:　npdocs の出現回数変換を行います。

14.6 画像集合のクラスタリング

- **65:** 出現回数の結果を取り出して、data に代入します。
- **67～75:** 画像別に data の中身を表示します。
- **77:** 関数 hclst.linkage を呼び出して、コード出現回数ベクトルからクラスタリングを行います。そして、計算結果を results に代入します。ここでは、最短距離法を用いています。
- **78:** 関数 hclst.linkage を呼び出して、コード出現回数ベクトルからクラスタリングを行います。そして、計算結果を results に代入します。ここでは、最長距離法を用いています。
- **79:** 関数 hclst.linkage を呼び出して、コード出現回数ベクトルからクラスタリングを行います。そして、計算結果を results に代入します。ここでは、ウォード法を用いています。
- **81～85:** results のデンドログラムを作成して、PNG ファイルに保存します。
- **87:** return 文です。戻り値はありません。
- **90～95:** 関数を定義しています。

  関数名：main
  機能　：各処理の関数を呼び出して、画像集合のクラスタリングを行う
  引数　：なし
  戻り値：なし

- **90:** 関数の定義文です。

  関数名：main
  引数　：なし

- **91:** 関数 extract_features を呼び出して、画像の特徴量を求め、des0, des1, des2, des3, des4, des5, des6 に代入します。
- **92:** 関数 create_docs を呼び出して、文書集合を作成し、docs に代入します。
- **93:** 関数 clustering_images を呼び出して、クラスタリングを行い、その結果をデンドログラムで表示します。
- **95:** return 文です。戻り値はありません。

▷ 実行

VSCode のターミナル画面から以下のように実行します。

```
> python ch14ex4.py
画像番号 = 0
データ =
   3  39  39  18  22  14  43   8  22  29  24  35  29  20  19
   7  24  32  31  21  32  26  25  23  35  18  30  25   3   4
  36  29  28  15  16   4  38  24  19  21   3  39  27  18  24
```

第14章　画像の類似判別とクラスタリング

```
  10   1  26  69  10  15  38  33   4  21   9  18  62  30  16
  25  11  30  20  57  32   6  20  31   7  34  11   8  33  30
   0  12   1  30  33  49  28   2  26  44  28  20  38  39  26
```

画像番号 = 1
データ =
```
   1  34  54  32  17  36  55   4  23  41  32  58  17  70  22
   8  38  61  41  30  36  34  30  36  42  18  39  26   5   6
  68  53  42  19  24   6  35  40   8  28   3  56  54  16  31
  17   3  45  65  15  24  61  41   4  18   8  17  44  33  17
  34   9  38  18  43  45  23  34  55   8  49  22   6  70  31
   0  18   5  37  48  81  46   2   7  50  40  38  41  31  37
```

画像番号 = 2
データ =
```
  27   5   9   4   4  10   3  12   6   4   8   9   0   5   3
  28   9   4  10   6  18   6   0   2   7  37   0   9   5   4
   7  30  13   8   7  14   3   1   2   1   8   6   7   2   9
   8   0  36   2   5   8   5   3   4   5  32   2   6   0   3
  13   9   4   4  12   7   6  30   8   4   1   3  12  10
   2   3  25  10   7  21   4   2   2   9   4  23  11   6   3
```

画像番号 = 3
データ =
```
  77   4   9  11   2   5  10  16  14   4  10   2   1  10  12
  48   9   7  14  13  21   2   7   1   4  28   4  26   7  11
   1   7  14   6   1  20  10   1   2   2  14   5   1   3   7
  19   0   9   0   3  11   4   3   4   6  23  25   7   3   8
   5   4   4   3  12   6   6   3  13  10   5   2   6   2   2
   4   6  74   5   2  13   2   5   7   3   5  23   3  11   9
```

画像番号 = 4
コードの出現回数データ =
```
 164 225  41  21  54  57 130  88  31 124 147 134  86  71 144
  80  85  83  56 126 135 188 191  10  90  66  96 147 107  13
  77 104 157  97 281 104 165 227 125 120 204 205  63  42 155
 101  76  21  80  84 107  82  69  97  47 267  83 130 195 105
 196  30 102  14  64  90  62 199 200 103  57 108  30  71  74
  76 137  62 115  83  26  31 194  61  78 142  87  48 108  31
```

画像番号 = 5
コードの出現回数データ =
```
 101 232  88  66  88  28 103 123  38  89  52 115 111 101 135
```

```
 56 135  78  34  88 134  93 192  69  85 109  71 101  52  72
 59 192 189  76 223 133 138 126  81  59  66 208 111 111  87
 62  62 150  71  88  88  48  58  80 102 133  86  85 209 121
 37 145 109  36  69  69  56 190 167  37  68 143 147 134  24
100 108  80 101  67  46 124 137 138  41 106  97  64 144  34
```

画像番号 = 6
コードの出現回数データ =
```
 4  3  9 29  7  2  2  1  1 17  1  2 13  4 26
 5  5  0  9  8  9  4  7 69  2 21 10  2 11 64
 4  3  8  3 13 10  6  6  5  7  9  6  6 10  7
 6  3 17  6  4  2  9  2  5 19  8  1  1  6 10
 6 64  6 74  3  7 13 12  3 10  4 14  8  6  7
 2  3 15  2  4 19  6  1 17  4  6 21  6  2 17
```

経過時間 = 0:01:50.208343
すべて完了 !!!

　この実行結果から、画像 0 から画像 6 までの、コードの出現回数のデータを確認できます。また、ウィンドウが開いて、クラスタリングの結果のデンドログラムが表示されます (図 14.4)。

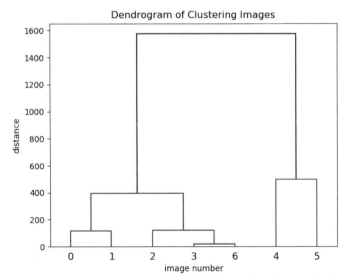

図 14.4 例題 14-4 の実行結果 (画像クラスタリングのデンドログラム)

この結果をみると、画像 3 と画像 6 が最も近く、その次に画像 2 を加えて、1 つのクラスタになっていることがわかります。

　また、クラスタリングの階層に注目すると、distance<300 の条件のもとでは、[2, 3, 6], [0, 1], [4], [5] の 4 つのクラスタになり、distance<500 の条件のもとでは、[0, 1, 2, 3, 6] と [4, 5] の 2 つのクラスタになっていることがわかります。

　この結果は、人の目で直接画像を見て、判別したものと同じです。

索　引

記　号
+ 63

アルファベット
AKAZE 321
Anaconda 6
BF 法 322
Brute–Force 法 322
DF 261, 262
DoG 画像 320
for 文 38
F 値 165

IDF 262
if __name__ == "__main__": 297
if 文 35
k–平均法 141
len() 関数 47, 48
LMS 法 99
MAE 212
MAP 推定 171
MARE 212
matplotlib 86
MeCab 20
Microsoft Visual Studio Code 11
MSE 105, 212
MSRE 212
NumPy 82

OpenCV 25, 313
ORB 320
pandas 92
print() 関数 32
R^2 決定係数 104
range() 関数 39, 40
scikit–learn 88
SciPy 84
SIFT 320

str() 関数 63
strip() 関数 58, 59
SURF 320
TF 261, 262
TF–IDF 261

VSCode 11
while 文 44

あ行
インスタンス 71
　――の生成 71
　――変数 71
インデックス 93

重みベクトル 265

か行
回帰係数 99
階層型クラスタリング 122
学　習 98, 162
画像のマッチング 322
カーネル 193
　――関数 198
関係演算子 36
関　数 67

機械学習 4
記述子 320
キーポイント 320
逆文書頻度 262
教師あり学習 162
教師なし学習 162
凝集型アルゴリズム 124
凝集型クラスタリング 125

クラス 70
クラスタ分析 117

索引

クラスタリング 117
訓　練 162

形態素 253
　――解析 253
決定係数 104

コサイン類似度 266
混同行列 165

さ行

最近隣法 125
再現率 165
最小二乗法 99
最大事後確率推定 171
最短距離法 125, 126
サポートベクトルマシン法 184

時系列数値データ 205
時系列データ 205
自己相関係数 207
辞　書 50
重回帰解析 102
集合変数 46
樹形図 123
出現頻度 262
条件確率 166
乗法定理 167
真　値 164

正解率 165
正規方程式 104
制御文 35
正則化 110
説明変数 98
線形分離問題 183

相関係数 206
相互相関係数 207
属　性 70
損失関数 99, 100

た行

代入演算子 34
代入文 34
単一連結法 125
単回帰解析 99
単　語
　――の出現頻度 261
　――の文書頻度 261
　――分割 253
　――文書行列 266
単純ベイズ法 170

ディクショナリ 50
適合率 165
テスト 162
データ 1
データフレーム 92
データマイニング 2, 4
デンドログラム 123

特徴点抽出 320
特徴量 320
独　立 167

な行

ナイーブベイズ法 170

二重 for 文 42

は行

非階層型クラスタリング 122
評価指標平均絶対相対誤差 212
標準ライブラリ 81
品詞のタグ付け 254

ファイル出力 56
ファイル入力 55
文書頻度 262
分離直線のサポートベクトル 184
分類器 162
分類問題 161

平滑化 262

平均絶対誤差	212
平均二乗誤差	105, 212
平均二乗相対誤差	212
ベイズの公式	168, 169
ベイズの定理	167
ベクトル空間モデル	266
ベクトル量子化	343

ま行

マージン	185
メソッド	70
目的変数	98
文字列の結合演算子	63
モデル	3

や行

ユークリッド距離	121
予測	98, 162
——値	164
——問題	211

ら行

ライブラリ	81
ラグランジュ乗数法	187
リスト	46
リッジ回帰	111
量子化	340, 341
ローカル変数	71
論理演算子	37

〈著者略歴〉
藤野　巖（ふじの　いわお）
博士（工学）
東海大学 情報通信学部 通信ネットワーク工学科 教授
1991 年　　東海大学大学院工学研究科博士課程 修了
1994 年〜　東海大学短期大学部電気通信工学科 講師、准教授、教授
2008 年より現職
2004 年　　イギリス・サウサンプトン大学 客員教授
2016 年　　フランス海軍アカデミー 招聘研究員

- 本書の内容に関する質問は、オーム社書籍編集局「（書名を明記）」係宛に、書状または FAX（03-3293-2824）、E-mail（shoseki@ohmsha.co.jp）にてお願いします。お受けできる質問は本書で紹介した内容に限らせていただきます。なお、電話での質問にはお答えできませんので、あらかじめご了承ください。
- 万一、落丁・乱丁の場合は、送料当社負担でお取替えいたします。当社販売課宛にお送りください。
- 本書の一部の複写複製を希望される場合は、本書扉裏を参照してください。
JCOPY ＜出版者著作権管理機構 委託出版物＞

Python によるデータマイニングと機械学習

2019 年 8 月 25 日　　第 1 版第 1 刷発行

著　　者　藤野　巖
発 行 者　村上和夫
発 行 所　株式会社 オーム社
　　　　　郵便番号　101-8460
　　　　　東京都千代田区神田錦町 3-1
　　　　　電話　03(3233)0641(代表)
　　　　　URL https://www.ohmsha.co.jp/

© 藤野　巖 2019

組版　トップスタジオ　　印刷　美研プリンティング　　製本　協栄製本
ISBN978-4-274-22412-6　Printed in Japan

関連書籍のご案内

ストーリーを楽しみながら
Pythonで機械学習のプログラミングがわかる！

好評の
シリーズ
第3弾！

Pythonで
機械学習入門

深層学習から
敵対的生成ネットワークまで

大関 真之 著
定価(本体2400円【税別】)／A5判／416頁

機械学習入門
ボルツマン機械学習から深層学習まで

大関 真之 著
定価(本体2300円【税別】)／A5判／212頁

ベイズ推定入門
モデル選択からベイズ的最適化まで

大関 真之 著
定価(本体2400円【税別】)／A5判／192頁

もっと詳しい情報をお届けできます。
○書店に商品がない場合または直接ご注文の場合も
　右記にご連絡ください。

ホームページ　https://www.ohmsha.co.jp/
TEL／FAX　TEL.03-3233-0643　FAX.03-3233-3440

(定価は変更される場合があります)

F-1907-259